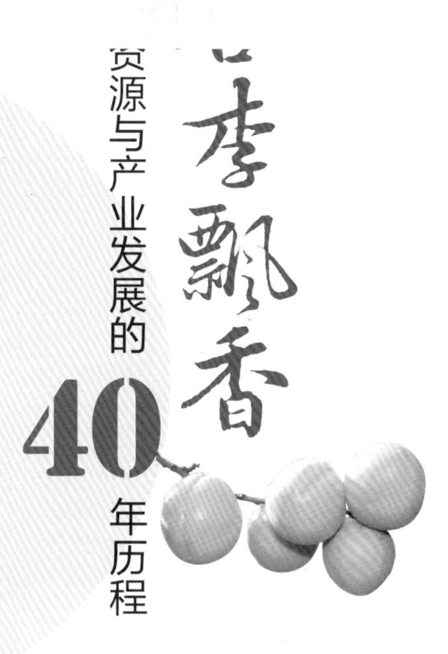

杏李飘香

资源与产业发展的40年历程

The Apricot and Plum

The development process
of Apricot and Plum Industry
over the past 40 years

张加延　著

中国林业出版社

春季新疆吐尔根野杏盛花（廖康 提供）

杏李飘香

——资源与产业发展的40年历程

The Apricot and Plum

The development process of Apricot and Plum Industry over the past 40 years

张加延 著

中国林业出版社

扉页图片为‘魁金杏’由王金政提供

图书在版编目（CIP）数据

杏李飘香：资源与产业发展的40年历程 / 张加延著. —北京：中国林业出版社，2013.5

ISBN 978-7-5038-6983-9

Ⅰ.①杏… Ⅱ.①张… Ⅲ.①杏－果树园艺－文集 ②李－果树园艺－文集 Ⅳ. ①S662-53

中国版本图书馆CIP数据核字（2013）第045386号

责任编辑：何增明　印芳

出版发行：中国林业出版社（100009　北京西城区德内大街刘海胡同7号）

http://lycb.forestry.gov.cn

电话：（010）83286967

制　　版：北京美光制版有限公司

印　　刷：北京卡乐富印刷有限公司

版　　次：2013年7月第1版

印　　次：2013年7月第1次

开　　本：710mm × 1000mm　1/16

印　　张：25

字　　数：486千字

定　　价：99.00元

序一

杏与李都是原产于我国的古老果树之一，在我国有着悠久的栽培历史，在自然界漫长的物竞天择和人为的长久优选过程中，形成了多种多样的种类、品种和类型。在我国辽阔的土地上，又有着适宜它们生长的多种生态环境。因此，在山野和农宅旁蕴藏着极其丰富的种质资源，祖先们驯化、种植杏李至今已有4000余年，积累了非常丰富的栽培管理经验。系统地调查、收集、保存、整理、鉴定、研究和利用这些宝贵资源，总结前人经验并加以创新，使其形成一个产业，最终造福于人类，是我们果树科技工作者的光荣使命，也是一项十分艰巨的任务。

张加延同志和他领导的这个团队（中国园艺学会李杏分会），历时40余年，几乎走遍了全国各地，查清了我国李杏资源的种类、数量和地理分布，发现了3个杏树分布新区，扩展了栽培区域；收集了1200余份种质资源，建立了被誉为世界之最的“国家果树种质熊岳李杏圃”；发现并鉴定命名了一些杏属和李属的新种与新变种，发现一些杏属和李属的多倍体与嵌合体资源，鉴定筛选出一批性状特异的种质资源，完成了160余万字的《中国果树志·李卷》和《中国果树志·杏卷》的编写和出版工作；选育、引进和推广了一批优良品种。

李杏分会是中国园艺学会最活跃的团队之一，在40年期间里，他们召开过30余次大型全国学术交流与研讨会议，举办过数十次现场观摩活动及科普讲座，出版了5部论文集和10期内部《通讯》，以及40多册科普书籍。提高了果农的科技素质，搭建了信息交流的平台，团结了全国从事李杏果树科研、教学、生产、加工、农资与营销等全行业的人士，促进了我国李和杏的产业化发展。

他们在辽宁的阜新和朝阳市，北京的延庆县和门头沟区，内蒙古的赤峰市，河北的巨鹿、涿鹿、蔚县和易县，山东的招远县，山西的阳高、广灵和岚县，陕西的延安、榆林市和蓝田县，宁夏的永宁和彭阳县，甘肃的庆阳和敦煌市，新疆的和硕、轮台、英吉沙和叶城县，以及河南的渑池县和福建的永泰县等地，都建立了数十万乃至上百万亩集约化杏或李的生产示范基地。既绿化了我国大片荒漠化土地，也致富了当地百姓，还带动了“三北”地区经济的发展。他们把发掘李杏资源、开拓李杏产业和治理荒漠化与发展贫困地区

杏品种评比鉴定（廖康　提供）

经济的宏伟目标，有机而紧密地结合在一起。

现在，我国以优质杏和李为原料加工的果脯、蜜饯、杏浆、杏仁、杏仁油、杏仁油胶囊、杏仁油化妆品、杏壳活性炭等多种终端产品已经进入国际市场，其中杏浆、杏仁和活性炭在国际市场都占据很大的份额。在国内市场上，也增添了杏酒、李酒、杏仁霜、杏仁露、开口杏核等备受人们喜爱的饮料和休闲食品。

张加延同志写作出版了《杏李飘香——资源与产业发展的40年历程》一书。记载了他们发掘李杏资源的重大战略意义和建议，从资源考察收集到资源的性状鉴定，从良种选育到示范推广，从产业化开发到精深加工，直至产品进入国内外市场的全过程。以他们亲身的经历和生动有趣的故事及优美的图片，为我们展示了他们是怎样艰苦地从偏远山区和农家宅旁发掘出众多宝贵的杏李种质资源，又是怎样改变了千古传统的自食性零星种植习俗，建成了现代化的大规模、集约化、商品性生产示范基地，形成了利国利民和发展前景远大的李杏产业，实现了一个果树科技工作者的光荣使命。

他在这本书中，还介绍了一批正在这条战线努力奋斗的中青年优秀科学家与企业家，让我们看到了这个宏伟事业能够持续发展的动力和希望。

我和张加延同志认识已久，他请我为本书作序，我欣然答应。他多年从事李杏果树的科学研究，手脚勤快，常年奔走在全国各地，以第一手资料撰写论文颇多，取得了丰硕的科研成果，奠定了我国李杏果树科学研究和产业化发展的基石。他今新著近50万字75篇文章有300余幅精美图片的《杏李飘香——资源与产业发展的40年历程》一书，是他多年研究成果与工作经验的结晶，其中既有成功的喜悦也有失败的教训，还有一些未达目的的遗憾，更有一些有益的启示，具有战略性、知识性、科学性、前瞻性、实用性和趣味性。不论您是从事果业或园林绿化事业的宏观领导者，还是从事园艺研究、教学、生产、加工等微观的科技工作者，以及农林与食品加工等相关院校的师生，甚至就是“门外汉”均可一读这本书，读后一定会感受到远大于杏和李果实的芳香。

山东农业大学教授　中国工程院院士　束怀瑞

2012年9月于泰安

龙园秋李（牟蕴慧 提供）

序二

《杏李飘香——资源与产业发展的40年历程》的诞生，意义深远。这本书，是张加延先生和他的团队40年艰苦奋斗历程的真实写照，展现了果树科技工作者的执著追求和无私奉献。几十年来，他们不断求索，用辛勤和汗水为中国的李杏事业谱写了辉煌的篇章，中国李杏产业因此新意迭出、生机勃发，杏李香飘于东北、华北、西北和江南大地，带来了巨大的经济、社会和生态效益。

张加延先生是李杏研究领域优秀的学者和领军人，也是中国园艺学会李杏分会的创始人之一。他组织了数百名李杏界的专家学者和从事李杏产、加、销活动的业内人士，先后深入28个省（直辖市、自治区）366个县（区）的850余个偏远山乡，考察、收集资源1100余份，建成了世界上资源最丰富的"国家果树种质熊岳李杏圃"；又整理第一手资料，编写了170余万字、400余幅彩色资源图片的世界首部李、杏果树科技专著——《中国果树志·李卷》和《中国果树志·杏卷》；他们发现并鉴定命名了杏属与李属植物的许多新种和新变种，以及一批珍贵稀有的种质资源；明确标定了我国李属资源的南北界线；修正了世界杏栽培品种生态群和亚群划分方案。通过鉴定筛选和生产示范，将优良品种和丰产栽培技术推广到全国各地，把过去少有问津的李、杏果树，开拓成为当今既治荒又富民的大产业，使众多的李杏精深加工产品进入了国内外市场。

张加延先生作为省级科研单位的"小树种"果树专家，心系国家的食物安全和"三北地区"的经济与生态建设，跨出辽宁省，把专业研究与西部大开发和荒漠化治理等国家重大发展战略有机地结合，更具深刻的现实意义。他多次向国家部委、国家领导人提出的意见和建议，得到了重视与肯定。特别是在他"第二次退休"后，年逾古稀，仍笔耕不辍，在短短一年时间里，写就并出版了这部近50万字、300余幅精美图片的专著，反映了无数心系李杏事业发展的专家学者、企业家、农民为之付出的辛苦和取得的业绩，将丰富的实践活动系统地整理并真实地记录下来，这种精神更值得我们学习。

相信《杏李飘香——资源与产业发展的40年历程》会让大家享受一次丰富的精神盛宴。

辽宁省农业科学院院长　中国园艺学会李杏分会理事长

2012年12月2日于沈阳

鲜食制干兼用优良品种——阿克那瓦提（廖康 提供）

满江红·李杏春色

杏林放歌，唱不尽满园春色，
东风起；李花飞雪，杏枝摇曳。
百花争艳舞彩蝶，层峦叠翠天地接，
莽昆仑秀三江五岳；绮云燮。
沐风雨、关山越；忆往事、翻新页；
喜李杏果业，济济英杰。
志赋华章腾七彩，踏遍万山人未歇；
待从头，古稀话新征，磨戈钺。

序三

此书是张加延先生毕生从事李杏果业科学研究和产业开发的结晶，张加延先生是我国李杏果业界的老前辈、老专家，他为我国李杏产业的兴起与发展，做出了卓越的成绩，享誉国内外。他从1980年起组织了各省的李杏专家学者对全国李杏资源进行了系统考察，不仅查清了其种类、数量和地理分布，而且发现并命名了3个新种和4个新变种，以及一批农家良种；建成了被誉为世界之最的国家李杏资源圃，并使之成为研究中心，组建了全国李杏协作组及随后成立的中国园艺学会李杏分会，并长期担任分会会长，任《中国果树志·李卷》和《中国果树志·杏卷》的主编；先后获得国家和农业部一、二等奖5项，发表论文和著作达160余篇（部）。

我与张加延先生是忘年交，他不仅是我的良师益友，而且使我从他身上学到做事诚为本、做人德为先的高尚品格，缜密严谨的科学风范，勇于开拓的创新精神。有两件事使我至今记忆犹新，一是1996年1月18日，冒着漫天飞舞的雪花，我陪同他一起到位于川鄂交界处的湖北省巴东县官渡口镇万流乡马家村，实地调查公元前二世纪《尔雅》古籍中记载的“无核李”这一珍稀资源。二是2005年2月20日，我又一次陪同早已过了花甲之年的他来到湖北省当阳市李聚海先生创建的数百亩仁用杏产业基地考察，这也是我国利用“小气候”栽培仁用杏最南端的生产基地，从中可以看出他不辞辛劳、率先垂范的优良作风。张加延先生根据自己长期的研究积累及工作经验，编著完成了《杏李飘香——资源与产业发展的40年历程》乃是我国李杏果业界又一重大学术成果，同时不失理论和学术上的闪光点，可供从事李杏工作的领导、种植者、科研及农林院校师生们参考。

张加延先生德高望重，深受我国李杏果业界敬重，此次张加延先生邀我作序，甚感荣幸，欣然从之，以表由衷的敬佩之情并填词一首庆贺（见左页）。

中国科学院武汉植物研究所研究员 张忠慧

2012年8月24日于中国科院武汉植物园

观赏杏开花状

前言

2010年7月，在超期义务工作了12年之后，我辞去了中国园艺学会李杏分会的领导职务，再次“退休”，正式加入老年人的行列，本该充分地享受天伦之乐和幸福的晚年生活了。

可是，多年来已经忙碌成习，连星期天和年节假日都极少休息，并且摒弃了众多爱好、兴致专一的我，生活节奏的突然放慢，深感不适，又不情愿“入乡随俗”地去老人活动中心消磨宝贵的生命与时光……于是我开始寻找适宜老年人的新乐趣。

2011年春节前夕，《西北园艺》编辑部给我寄来一本好书，是我国著名地理学家单之蔷先生写的，书名为《中国景色》，读起来使我感到耳目一新，整个春节期间都充满着猎奇的读书乐趣，增长了许多跨专业、跨学科而有实际用途的科学知识；不久另一位北京的朋友，怕我退休后寂寞，又给我寄来一本好书，书名叫《拾贝集》，是我国著名的汉字改革专家周有光教授，106岁高龄时出版的醒世警言，使我受到莫大的鼓舞和启发。

回想在2002年，沈阳农业大学李怀玉教授，赠送我一本她写的叫《果实》的书；不久李家福教授也出版了一本叫《岁月》的书；2005年，老红军、农业部刘培植老部长，也送我一套《刘培植文选》；2008年，我国沙产业专家田裕钊教授，还送我一本《留下阳光》的书；2009年，我特别敬重的相重扬老部长也寄我一本《余力》……

他们都是整理旧文成书的，给读者以知识和乐趣。这可能就是我正在寻找的、适合老年人的新工作和乐趣吧！

于是我把这一想法向张秉宇所长和赵锋副所长做了汇报，得到他们的大力支持，不仅给我保留了一间办公室，还特意更换了电脑，并且安排跟随我多年的南会秋同志继续协助我。

现在我从旧文中挑选出45篇，又重新撰写了30篇文章，近50万字，挑选出300余幅精美的纪实照片，图文并行地排版、整理、编辑成这本书。因为在整理和撰写每篇文章时，我感到这些老古董式的文章尚有“余香”和一定的收藏价值，故将本书取名为《杏李飘香——资源与产业发展的40年历程》。

李锋同志热情地帮助我，把这些文章分别归纳为七个部分，即我国李杏产业发展的战略思考与建议、李杏种质资源考察与收集、李杏资源鉴定和品种改良及开发利用、观赏杏资源的研究与利用、丰产栽培实用技术研究、杏的营养与保健，以及相关重要的社会活动。

我又将每部分的文章按撰写时间排序，还在所有文章后面都加上注解，注明文章发表的期刊名称，或内部交流的时间及呈报的部门，或写作的时代背景与探索经历，或文章发表后的社会反响，或附上一些相关的短资料，以及参加本项研究的有关同志等。

李品系（牟蕴慧 提供）

李锋同志直言不讳地说我的文章口语性太强。是的，这应该算是我的文风吧。因为，我虽然知道要遵照论文规定的格式写，但我最不喜欢看那些枯燥、刻板、缺少作者研究与写作情感的文章。因此，在我的文章中，除充分表达论点论据的真实、科学与实用性外，多少还要表达一点我的情感，有时甚至是在呐喊！我认为只有这样才能增加文章的感染力和说服力。

所以，在严格遵守本书纪实性的基础上，我尽量增加本书的可读性和趣味性的内容。我相信这本书，业内人士看了会受到启发与深思，可以作为从事果树研究与生产的领导者及科技人员、农林院校师生乃至农林企业家们的参考书或工具书；业外人士看了也会成为“准内行”，并从中获得一些有益的知识与情趣。一定会有许多人喜欢这本书，因为，大家都喜欢吃美味的李杏果实和杏仁，并且都希望能够健康、长寿！

我写这本书的目的是真实客观地记载我们这段拼搏的经历、经验和教训，记载我们这个团队从小到大的发展历程，乃至取得的成就和诸多未能如愿的遗憾。希望后人能够站在这个基础上，把我们千辛万苦从深山老林和偏远农家发掘的“宝藏”与开创的宏伟事业，继续发扬光大，将天赐我国的李杏资源优势转化为产业优势，为人民创造更多更好的财富，同时，也把祖国装扮得更加美丽。

在本书的编辑整理过程中，我知道后文常包含前文的一些内容，读起来不仅会感到重复，也增加了本书的篇幅和排版难度，还会浪费读者的宝贵时间。因此，我把发表过的文章进行了压缩，并删去了其中的表格，专业读者如果要深究，可根据文注去查找原文，不便之处请予以理解。

本书在编辑过程中，得到了我夫人张书兰以及儿子张铁肩、女儿张铁华和张铁英、女婿刘晓光的鼎力支持，他们特别给我设计组装购买了一台有手写等多功能的电脑，教会我如何使用，还帮我抄打了部分文稿。从此我告别了纸墨，体会到用电脑“办公” 的方便、快捷和高效。这篇“前言”和30余篇新作就是我使用电脑独自完成的，在此我要向他们表示由衷的感谢！

许多长期共事的同志们得知我在编撰这本书，纷纷提供了珍藏的精美图片，中国工程院束怀瑞院士、辽宁省农业科学院陶承光院长和中国科学院张忠慧研究员欣然拾笔为本书作序，中国林业出版社也对本书的编排和出版给予诸多支持，在此我向大家表示衷心的感谢！

最后，由于本人的水平有限，难免会出现许多错误，请读者给予批评指正。

张加延

2013年5月8日

河边的野生樱桃李，红色部分为野杏，已落花（廖康 提供）

野生樱桃李结果状（廖康·提供）

目录

第2部分
李、杏种质资源考察与收集 ······ 71

第3部分
李杏资源鉴定和品种改良及开发利用 ······ 153

第7部分

后记

第1部分

我国李、杏产业发展的战略思考与建议

1 从巨鹿杏良种示范基地看果业如何创高效益

1986年春，我接受农业部的任务，选中河北省的巨鹿县和广宗县以及山东省的招远县为全国杏良种示范推广基地。其中位于河北省南部的巨鹿县，地处黑龙港流域，土地低平，土壤pH值高。1985年全县工农业总产值仅1.33亿元，其中工业总产值占0.53亿元，农业总产值占0.8亿元，农业人均收入259元，是一个典型的以农业为主的贫困县。

1985年全县有零星杏树281.3hm^2，7590株，年产量为32.2万kg。从1986年至1988年，我们大力成片发展‘串枝红’杏，使杏的栽培总面积达到3440hm^2，180余万株，新发展的良种在先进栽培技术的管理下，创造出3年生亩产500kg，4年生亩产1000kg的幼树早丰典型，全县杏产量迅速提高，1990年全县杏产量达150万kg，1991年达300万kg，1992年达400万kg，每千克

1984年7月，作者观察‘串枝红’杏的结果习性

杏售价1.40～1.60元，果农收入增加，得到实惠。

在建设大面积良种示范基地的同时，县政府采纳我们的建议，牢牢抓住杏果加工业不放松，县、乡、村各级先后办起了十几家杏果加工厂。1988年河北省外贸指定该县生产的杏脯为出口免检产品，出口每吨杏脯收购价达1.2万～1.4万元；1990年该县生产的糖水杏罐头，被指定为亚运会专用产品；1992年9月，该县首创的中华杏茶又填补了国内外的空白，在北京举办的全国57家饮料展销会上独占鳌头，荣获中国保护消费者基金会和中国少年儿童活动中心的金奖，被评为1992年少年儿童最喜爱的优质饮料；1993年3月，在全国星火项目科研成果展销会中再获金奖。

为此，全县建起了杏罐头、杏脯、杏茶等加工企业，和为此配套的造纸厂、纸箱厂、印刷厂，以及运输服务队等。一业兴带来了百业兴，巨鹿县有了自己的特色工业，县财政收入明显增加，1991年县工农业总产值达5.93亿元，其中工业总产值3.94亿元，农业总产值1.99亿元，县财政收入达1626.8万元，农村人均收入达429元。

由于杏基地带来了显著的经济和社会效益，1992年10月河北省政府批准在该县实施杏茶二期工程，总投资5148万元（其中港商投资65万美元，韩国还拟投资三片罐生产线），引进意大利先进设备，建设年产2万t的中华杏茶大型现代化加工企业，预计仅此一厂每年需消化杏果400余万kg，年产值1.92亿元，利润4612万元，税金1841.5万元，内部效益88.7%，一年半即可收回全部投资，该厂从施工到投产仅用了8个月。

‘串枝红’杏果实特写

农民看到杏的收购价高，而且不存在卖杏难的问题，因此，提高了农民爱树与管树的积极性，先进的栽培技术得以推广应用。从巨鹿杏良种示范基地的建设和发展中，我们得到了以下几点启示。

（1）果品深加工是建设果树生产基地的重要内容之一，它是生产基地产品销售的保障和发展动力。在规划基地时，应同时规划加工企业，而加工企业的建设速度和规模应与基地的产量变化相吻合。始终保证果品的销路和稳定的价格，保护果农的生产积极性，示范基地才能巩固和发展。

（2）果品深加工是果业创高效益的捷径。据轻工业部资料：在国际上水果加工成饮料半成品增值400%，制成饮料增值1700%，1t水果原汁或浓缩汁目前国际市场平均价为1万元或几万元。巨鹿加工中华杏茶收购杏原料价为每千克1.40元，可以加工成中华杏茶18瓶，工厂每加工一瓶获利0.79元，1kg鲜杏加工后增值14.22元，是原料价的10倍以上，经济效益显著。

（3）加工商品的销售是否畅通，经济效益是否明显，又是加工企业生存与发展的前提和保障。商业渠道是否通畅往往决定了企业的经济效益，而效益大小又决定于商品的质量、数量和市场。巨鹿的杏脯全部出口日本，吨价最高达1.4万元，巨鹿的中华杏茶填补了国内外市场空白，且一出世即频获金奖，在北京的国宾馆和大饭店每瓶零售价为8.00元，每瓶获利5.50元，经济效益很高，国内外商家争相订购，销售市场缺口很大。

（4）巨鹿县杏的加工制品品质优良、畅销、经济效益高的主要原因是什么？我们认为一是市场短缺，二是产品质量好。而加工产品质量的好坏往往决定于加工的原料（品种），俗称三分工艺七分原料是有道理的。从巨鹿县杏良种示范基地规划时，我们即确立了以适宜加工的‘串枝红’杏在本基地栽培面积中要占80%，这就为日后的深加工原料和商品质量，以及企业的经济效益都奠定了基础，所以选择适宜的品种和发展规模与产量至关重要。

综上所述，良种生产基地、深加工企业、商业销售三者是相辅相成的，是果业创高效益缺一不可的三个重要环节。以往我们只抓基地建设，不抓深加工和商业销售两个环节，使果农出现卖果难，甚至砍树的不良后果（如山楂、桃、葡萄等树种的现状）。所以我们认为果－工－商一体化，相互之间有机结合，比例适当，形成良性循环，才是果业创高效益的必由之路，也是果业实现现代化、良种化、集约化、商品性生产的必由之路。

注：1993年10月，原文曾在中国园艺学会召开的“中国果业高效益技术研讨会”上交流，并收入该会论文集中（内部发行），本文有删节。参加巨鹿县杏良种示范基地建设的还有辽宁省果树科学研究所的李体智、何跃、彭晓东、李秀杰，河北农业大学园艺系的吕增仁，河北省石家庄果树研究所的常振田、赵习平，山东省果树研究所的于希志等，以及邢台专区、林业局和巨鹿县的领导与科技人员等。最值得记载的是该县林业局局长张玉湘同志，他原为该县才华横溢的优秀中学校长，为建杏基地特调他担任林业局领导，是他非凡的组织协调能力和强烈的责任心，以及卓有成效的社会活动，才促使本基地比广宗和招远两县更快建成，并最先走上工业化的道路。

2　巨鹿杏示范基地建设之始末与失败的原因

1986年3月至1988年6月，我们与巨鹿县新上任的年轻县委书记曹能仁同志，一同吃住在县招待所，我们昼夜共事了三年多。我负责技术组，进行规划和技术培训（每村要培训出1～2个"明白人"），组织安排各项试验研究和建设本县的杏树科学研究所，以及引进良种等工作；他负责行动组，协调银行给困难农户贷款、按规划给各乡镇下达任务、发动群众和现场检查验收等工作。

经过培训和动员，如同建国初期的土地改革一样，每村在一个"明白人"和村干部的带领下全村重新丈量规划土地，统一株行距，统一采购苗木，统一种植杏树，然后按人口重新分配地段，实行集体建园分户管理，收获归个人的办法。全县低产农田改种杏树的宏伟工程就这样轰轰烈烈地开展起来了。

1989年6月，该基地通过了农业部科教司费开伟司长和辽宁省农业科学院邓纯

2007年6月，作者（中）与河北农业大学教授杨建民（右2）重访河北省巨鹿县国家级农业标准化'串枝红'杏示范区

宝副院长等领导及专家们的现场验收，同时验收的还有我们同期在河北省广宗县和山东省招远县建的杏良种生产示范基地。在这三个杏良种生产示范基地中，我们在巨鹿县下的功夫最大，效益也最高，该县还通过县人民代表大会把杏树选为“县树”，每年6月上旬杏熟时，全县人民热热闹闹地过一次“杏节”，至2011年该县除“非典”流行时期外，已坚持举办了20届“杏节”。

1989年8月22～25日，我在巨鹿县召开了“第三次全国李杏学术交流会议”，让与会的代表们参观了生产基地和加工企业，证明杏也和苹果、梨、葡萄等大宗水果一样，是可以大规模种植和集约化生产的，并向全国推广这一成果。

遗憾的是：在我们进巨鹿县前，巨鹿县是个长年拖欠政府工作人员和教师工资，下乡工作没有补贴，全县职工多年不能报销医疗费，一年三次更换县主要领导的著名贫困县。在我们的帮助下，全县经济刚刚好转了几年，却出现了后任的县委、县政府多名主要负责人，因经济问题被“双开”的丑闻，腐败致使本县杏茶加工企业停产倒闭，县税收下滑，工人失业，好端端的杏良种生产示范基地沦落为外地各大果品加工企业争相采购的原料基地……也因此，我们未能申报农业部丰收奖或科技进步奖。

3 试论我国杏业的起步与前景

杏是中国传统的五果之一，先民采食杏果的历史有5000～6000年之遥，有据可查的栽培历史也有4000年之久。原产我国黄河流域的杏，现在已传播到世界各国，成为许多国家的重要果树之一。而在历史悠久的原产国，真正认识到杏是可以作为产业化发展的高效果树，还是近十年的事。1989年据不完全统计全国杏的产量才42.7万t，现在也就是在50万～60万t之间，在全国水果总产量中不足1%。在果业蓬勃发展的今天，大宗水果供应基本平衡，果业如何再上新台阶，我看着眼点应转向适宜深加工的树种上来，其中杏最有前途。杏树寿命长、抗旱、抗寒、耐盐碱、耐瘠薄、适应性广、栽培管理容易、生产成本低等优点暂且不谈，本文仅就杏果和杏仁适宜深加工，发展区域辽阔，国内外市场之巨大的现状和未来谈点浅见。

仁用杏杏仁特写

1 果（杏）工商一体化生产示范基地的建立和效益

1988年受农业部委托，我们在河北省贫困的巨鹿县开发‘串枝红’杏，至1988年栽培面积达3366.7hm^2，1990年产杏630t，至1995年达39870t。一般3年生亩产达500kg，5年生亩产1525kg，8年生最高亩产可达5000kg（辽宁省果树所，1996年）。不仅早期丰产，其果实特别适宜深加工。1988年该县加工的杏脯，因质优出口供不应求，被河北省外贸特批为出口免检产品，敞开了出口的大门；1990年该县加工的糖水杏罐头，被亚运会指定为专用产品；1992年又研制开发出中华杏茶，当年即获全国儿童保健饮料展金奖，1995年仅杏茶就收入2722万元。几年来全县办起了40余个杏果加工厂，其中包括外商和省政府共同投资的巨龙杏茶厂，配套的纸箱厂、印刷厂、包装容器厂和运输公司等也都迎风而起，加快了该县工业化的进程。该县在发展杏业中获得了巨大效益，1992年县人民政府定杏树为“县树”，每年6月中旬举办一次“杏节”，进一步招商引资扩大生产。

据调查加工企业每千克鲜杏收购价为1.40元，最高价为2.80元，可加工20瓶中华

鸟瞰吉林省通榆县包拉温都乡亚洲最大（1629万hm^2）的西伯利亚杏原始林开花状

杏茶，出厂价每瓶2.10元，成本1.40元，工厂每瓶盈利0.70元。而在北京国宾馆每瓶售价8.00元，在香港每瓶售价17.00港元，商业经营盈利更大。而果农一般亩产2000～2500kg，亩收入1400～1750元，最高亩收入8000元，而且在7月份即采收完，其成本仅是苹果的20%～22%。以上足见杏业给果农、企业和商业界都带来了经济效益。一业兴带来了百业兴，一个杏良种搞活了一方经济，致富了一方百姓。

2 集生态、经济和社会效益为一体，创建“三北杏仁带”的构想和实践

在我国浩瀚的三北地区，受荒漠化影响的土地有332.7万km^2，占我国国土总面积的34%，有近4亿同胞受到土地荒漠化的危害，生活十分贫困，而目前荒漠化还以每年2100km^2的速度扩大。

对此中央极为重视，采取了许多行之有效的措施。就果业来看，什么树种可以既防风固沙，又有高额的经济和社会效益呢？山西省阳高县政府明确指出“首选树种是杏树”，他们说杏树是“不吃草的羊，不占地的粮”，是“铁杆庄稼”。内蒙古和辽宁省也都认定“杏树是抗旱的先锋树种”。在与内蒙古相邻的吉林省通榆县包拉温都乡至今还有亚洲最大的（1629万hm^2）的野生西伯利亚杏林。

认准了就要干，要和风沙争土地，争生存！1991年河北省张家口行署首先决定，要在10年左右建成6.7万hm^2仁用杏生产基地；1992年内蒙古的赤峰和通辽两市政府决定发展仁用杏20万hm^2；同年辽宁阜新市政府决定发展三梨两杏4.7万hm^2；同年山西阳高县政府决定发展京杏0.7万

hm^2，沿长城建10km长的杏林带；1993年辽宁朝阳市政府决定发展仁用杏6.7万hm^2；同年甘肃省决定到本世纪末发展仁用杏达9.3万hm^2；陕西省延安市政府决定在白于山区发展仁用杏6.7万hm^2；陕西省的榆林和咸阳两地区，也在酝酿着百万亩杏的计划。近年从东三省和内蒙古、到翼北、晋北、陕北、宁夏和甘肃的陇东地区，以及新疆的伊犁地区都立项恢复和发展仁用杏生产。

总之，沿内蒙古南界两侧各省（市、自治区）都有类似的宏伟计划。试想把这些分散的规划连在一起，再加以充实和完善，在这荒漠化的前沿线上，不就形成了一条横贯中国北方的“杏树带”吗？如若国家再加以宏观引导，统一规划，协调布局，再给予宽松的政策和资金的支持，在地方有积极性的基础上，加上中央的正确领导，这一“杏仁带” 就一定能建成。在这广阔的“杏树带”内，以仁用杏为主，加工杏为辅，兼有少量鲜食杏。可以大办杏仁、杏果、杏核的加工业，实现产地工业化，形成产、加、销一体化的产业集团公司，去争夺国际市场，开创我国果业的新局面。

在这刚刚起步尚未连片的“杏树带”雏形中，我们已经看到了希望。1981年辽宁省干旱地区造林研究所张魁所长等，在

1984年1月，作者及其他考察人员在云南怒江考察资源。图为从高黎贡山下山，山下是怒江，对面是横断山

吉林通榆杏花节现场

建平县创造了小面积密植杏园4年生平均亩产大扁杏仁36.3kg、最高亩产65.7kg的纪录；1988年又在凌源县和大石桥县,创大面积7年生平均亩产杏仁31.6kg、最高亩产54.6kg的纪录。1991年河北省蔚县常宁乡安庄村农民夏正时，创造了0.2hm^2 9年生大扁杏平均亩产杏仁172.5kg，平均亩收入近5000元的纪录，这是当时全国仁用杏最高产和高效纪录。

大家熟悉的杏仁露饮料厂，继河北承德之后，在辽宁的朝阳、锦西，北京的延庆，内蒙古的赤峰和敖汉旗等地，又相继建成投产，其中敖汉旗的杏仁乳不仅被定为绿色饮料，而且成为国宴专用产品。这表明“杏树带”已经从简单的原料生产，开始向深加工方面转化，产地工业化开始起步了。

3 巨大的市场牵动力将为我国杏业发展开创美好的前景

据《国际土畜产品市场》1996年7月刊报道，世界洋杏仁生产95、96年度总产量为21.4935万t，比94、95年度下降50%，其中主产的美国和西班牙下降60%。出口量下降33%，市场将继续坚挺。西方许多以杏仁为主要原料的企业面临倒闭。一些国家已打算把工厂迁到中国来寻求生计。

我国苦杏仁(西伯利亚杏) 年产量约2万～3万t，年出口量7000～8000t。1995年出口吨价为1700美元，合人民币14794

李锋在现场调查

林场瞭望塔

元，可以兑换24t小麦，或45t化肥。苦杏仁在我国出口的土特产品中，创汇率居第三位。传统的主销国是德国、英国、荷兰、瑞士、丹麦、瑞典、挪威、芬兰等欧洲国家。近年由于国内利用苦杏仁做露露饮料和罐头，出口量大减，以至大连港已连续多年无货出口，仅天津和广州港有少量配货供应。这迫使上述国家去求购洋杏仁，然而洋杏仁也不景气。

我国甜杏仁即大扁杏的杏仁年产量仅500t，按全国人均计算，每人每年只有0.55g，即半粒甜杏仁。今年收购价为每千克50～54元，在北京市场上零售价为每千克97.60元，美国洋杏仁为98.00元，地产货与进口货基本同价。

1995年我国出口甜杏仁吨价为4483美元，合人民币39000元，可兑换67～70t小麦。在我国出口的土特产品中，创汇率居首位。昂贵的价格可见市场需求之大，而我们现在却拿不出产品。

杏脯不仅在国内果脯中售价最高，而且量也少，在国际市场上享有“小金柿”之美誉，销售价可达3500美元/t，冀北、晋北、上海等地，以‘石片黄’杏等加工的杏脯，以及新疆酸甜而香的包仁杏干等，全部销往东南亚各国和港台地区。以马口铁罐装的杏罐头，备受西欧市场的欢迎，由于加工杏原料的短缺，大连港无法承接英商的巨额订单。杏酱则更是以面包为主食国家所青睐的。杏话梅在东南亚地区有着广阔的市场，日本人每日早餐后必食几粒话梅，以利健康。

近十多年来，我国广大科技人员选育出许多优良的仁用杏新品种（系），如目前生产上主栽的‘龙王帽’、‘一窝蜂’、‘白玉扁’等；正在推广中的‘优1’、‘三杆旗’、‘新4号’等；新选育尚未大力推广的80E05、79E07、80A03、80D05及80A01、80B01、79A08、80D06这8个优系，其特点是仁大、丰产、粗脂肪含量高、味香甜、抗寒力强等。还有许多优良的鲜食兼加工用品种。

几年来我们研究解决了苗木嫁接的关键技术、早期丰产栽培技术，抗旱栽培技术和杏粮间作双丰技术，以及土肥水管理和病虫害防治技术等；完成了省部两级苗木、丰产栽培和产品质量等标准的制定。

在产后加工方面，解决了仁、肉制罐工艺、凉果和杏脯工艺、杏仁露和杏茶工艺、杏原汁常年贮藏设施与技术等。而更深层次的加工如杏仁油和维生素B17的提取，以及杏核活性炭、杏核粉等方面虽未产业化，但也取得了研究进展。

因此，在杏业的产前、产中和产后我们都有了许多科研成果，完全可以组装到“杏树带”中。深信建设好我国特有的“杏树带”，其经济效益将可与美国的“玉米带”相媲美。建议我们打破部门和行业的界线，共同投入到这一伟大的跨世纪工程中来，用高科技来建设高标准的三北“杏树带”，以批量的优质产品去占领巨大的国内外市场，创造优美的生态环境和高额的经济效益。

注：本文在1996年9月、于山东牟平县由中国园艺学会举办的“中国果树高效益技术研讨会议”上发表，当即得到与会者的强烈共鸣！其中新疆农业厅和和田地区的与会领导都邀请我来年能前往考察指导。1997年6月中旬至7月上旬，我和山东省果树所的于希志研究员，应邀开始了首次赴疆杏资源与生产现状考察，2002年6月17～29日，我又组织中国园艺学会李杏分会120余名专家赴南疆环塔里木盆地杏产业考察，其后我多次去南疆推广良种，并在和硕县的戈壁滩上建立了我国第一个万亩欧洲李生产基地。在多次赴疆考察中积累了大量资料，为日后的“两建议”和完成《中国果树志·杏卷》的编写提供了素材和依据。原文发表在1997年第1期《北方园艺》上，本文有删节。

4 国家果树种质资源圃的呼吁书

近百年来，世界上许多国家的科学家来中国收集植物种质资源，仅就美国而言：1858年，美国人罗博特·伏琼把中国的茶树引种到美国，从此美国开始了茶叶生产。在20世纪初，美国人伏兰克·梅尔3次来中国收集资源，用我国东北的大叶菠菜解决了美国菠菜抗病的问题；用中国北方的山桃，解决了美国桃、李、杏的砧木问题；用中国的榆树，在美国建起了1000km长的防风林带；引种中国的百足草，现已成为美国佛罗里达州最好的草坪。他疯狂地在中国收集植物种质资源，直至1918年淹死于黄河中。1926～1927年，美国人约瑟夫·洛克在甘肃省迭部县采集了3790麻袋植物种子，经上海港海运回美国，成为对美国植物种质资源贡献最大的“英雄”……

英国人，E·H·威尔逊根据他在我国湖北和四川一带历时10年考察收集资源的感受，在美国出版了一本名为《中

春天的“国家李杏种质资源圃”

国——世界园林之母》的书。随后英国人E·H·M·考克斯又出版了《在中国猎取植物》一书，两书都记载了外国人在中国大肆搜索植物资源的事实。在20世纪20－30年代，世界著名的前苏联首任科学院院长、植物考察专家瓦维洛夫，从世界四大洲60多个国家（包括中国）收集了15万份资源，其中特别重要的是野生近缘植物，依此进行研究，创立了世界植物多样性起源中心学说和作物性状平行链等重要理论。

由此可见，一些发达国家的科学家们对占有植物种质资源与未来农业发展的重要关系认识得早、下手也早。现在他们已建成了植物种质资源极为丰富的保存圃，成为培育作物和果树新品种可持续利用的基因库，奠定了生命科学研究的坚实基础，其中美国仅苹果属植物就收集了7098份资源，使原来资源极匮乏的美国成为世界农业和果业的大国、强国，并在今后相当长的一段时间里将继续保持世界领先水平。他们得益于上述资源基础性工作。目前美国保存果树种质资源23582份，前苏联保存31000份，日本保存7200份，加拿大保存3700份。20世纪末，美国堪萨斯州立大学教授、美国核果类协会主席戴维·磅说：现在美国核果类果树基因的利用已经到了尽头，要想再创新品种，必须到中国重新索取资源。

早在1956年，周恩来总理就非常重视资源工作，曾组织过大规模的资源调查。1980年开始立项建设国家果树种质资源保存圃，1986年农业部对15个国家果树种质圃进行了检查验收：圃地面积达90hm^2，收集保存着国内外19个树种的种质资源9494份，从事果树资源研究工作的科技人员达110人。“七五”至“九五”期间不仅承担并完成了国家科技攻关任务，鉴定种质资源15660份次，同时为生产上筛选推广了‘红富士’、‘锦橙’、‘红提’等一大批高产、优质的新品种，使我国水果产量大幅度上升，总产量从1987年的1832万t，上升到1997年的5088万t，10年间产量增长了177.73%，初步显示出果树种质资源工作的巨大作用。

国家果树种质资源圃历时数十年终于建成了，但是由于没有解决维持经费的固定拨款渠道，至使这些社会效益高而自身经济效益低的公益性科研单位，难以维持生计，均成为依托单位的负担。特别是“九五”以来，有11个果树种质资源圃中断了科研经费，造成资源研究人员散失，圃地荒芜、病虫害严重，资源死亡……其中损失最大的是那些名、特、优、新、稀资源，绝大部分圃地面临着覆灭的危险，令人十分心痛。然而我们的资源工作者，为了维持资源圃的生存，不得不千方百计地去创收，甚至拿出自己的工资维护资源……。为了避免国家乃至人类宝贵财富的损失，维持我国果业持续发展的大好形势，我们不得不迫切呼吁：

（1）完善国家管理体系。国家应当设

置（或挂靠某部）粮食和农业植物遗传资源委员会，负责领导全国的资源收集、保存与开发利用工作，制定有关的管理制度和政策法规。

（2）国家果树种质资源圃是国家的宝贵财富，是我国果业可持续发展的基石，应当得到全社会的普遍重视，国家应设立长期稳定的拨款渠道，解决资源圃经费问题，出台相应的优惠政策（日本仅果树资源工作，每年拨管理费1500万～2000万日元）。

（3）种质资源调查、收集、保存、整理和利用工作既艰苦又光荣，这支科研队伍应当稳定，科研和生活条件应给予改善，待遇应提高。

（4）目前我国收集保存的果树种质资源不足1万份，不及美国的二分之一，不及前苏联的三分之一，作为世界园林之母的资源大国，应当保存更多的种质资源。因此，要加大资源考察收集和挖掘工作的力度，要着重收集那些野生、半野生的珍稀果树种质资源，防止濒危资源的消失，保持资源的多样性，以备长久利用。同时要加强资源圃的基础性建设，增强抗御自然灾害的能力，确保入圃资源的安全。

5 我们呼吁的起因与结果

1997年7月，我得到内部消息说：在即将到来的“九五” 期间，我主持了15年的国家李杏科技攻关项目可能要被取消。这不仅意味着国家唯一投入李杏方面的1.2万元科研经费没有了，而且连我们从事国家级李杏果树科学研究的名分也没有了，李杏果树科技队伍要解散，刚刚培养出来的得力人才也将要另找“婆家”，问题十分严重！

据此，我立即带着孙升与何跃两位所长助理和科技办主任许英武同志进京，我们先到中国农业科学院了解了情况，知道是由于科研经费紧张，农业部想只继续支持中国农业科学院直属的果树研究所，维持苹果、梨、桃、葡萄和柑橘这5个树种的科研攻关经费，停拨由各省（自治区）和农业部共建的其余11种果树资源圃的攻关经费，而且曾召开过专家讨论会。

随后我们直奔农业部科技教育司，找到分管此项目的某副司长，该副司长把我们让到该司计划处办公室的一茶桌边坐下，有人给我们倒上茶水，办公室内还有几位静候副司长的客人。开始我们小声向该副司长汇报我们的工作，说明其重要性

已65岁的王仁梓研究员仍在修剪资源圃果树（王仁梓 提供）

并且请求在“九五”期间继续得到部里的支持，谈了很久该副司长也没有松口，最后他说这是专家组确定的！这下可把我们惹急了，我们拍着桌子说：你们请的专家没有一个是京外人士，他们当然要首先保住自己的“饭碗”了，这不公平！如果司里就这样决定，我们就上国务院去讲理！一时间办公室内空气紧张，竟有人敢这样跟副司长谈话？工作人员立刻上来劝阻。正巧此时原司长费开伟路过这间办公室，经他调解方才罢休。

农业部科技教育司在下达“九五”果树种质资源攻关计划任务时，仅仅多了一个杏资源。在整个“九五” 期间，由于这次“断奶” 的错误举措，致使其余11个省（直辖市、自治区）从事果树种质资源研究的科技人员，不仅失去了经费支持，更重要的是失去了继续工作的项目和名分，大多改了行，资源圃弃管，资源损失严重，特别是那些珍稀濒危的种质资源。这次断奶的错误举措，与那些对我国农作物种质资源（包括果树）垂涎三尺的发达国家相比，看出我们的“上级” 对这项关系到我国未来农业可持续发展的重要战略性基础工作，缺乏认识，支持不力！我们不得不大声呼吁。

前文呼吁书是在1998年10月26日，应中国农科院品种资源研究所科研处方稼禾处长要求而写，1998年12月18日，在中国农科院农作物品种资源所召开了“国家库圃种质资源保存运转经费紧急呼吁会议”，国家科技部、农业部和财政部均应邀派人出席，全国每个农作物种质资源圃负责人均到会，会议中由柿子圃创始人王仁梓研究员在此稿基础上略加修改，代表全国农作物资源工作者，当场动情地哭着呼吁，影响很大。结果在“十五”期间国家设置了专项资金拨款渠道，从此每年给各资源圃拨付了保种维持经费，并恢复了各地原来的科研攻关项目和经费。但没有采纳成立国家农作物遗传资源管理委员会的建议，没有从根本上解决问题。

6 农业部刘培植部长一封来信的摘要

张加延同志您好！

很久不见面不通讯了，今接来函和所寄的仁用杏材料甚喜甚慰，真高兴。我的家乡杏仁树很普遍，我早就提过发展仁用杏，但没有时间调查研究，手中又没有材料所以关心的很不够，今接你的来信和奚康敏老厅长的材料信函很受启发，我为你们所关心的仁用杏事业服务，这的确是扶贫好项目，应当在西北、华北和东北地区发展。我这些年来给总书记、总理并中央写过近百份建议报告……如你同意，请代我起草一份向中央和国务院的报告，把你们几位的名字和意见都写出来，我愿为你们服务。越快越好……

刘培植忙中草写

一九九七年一月十二日

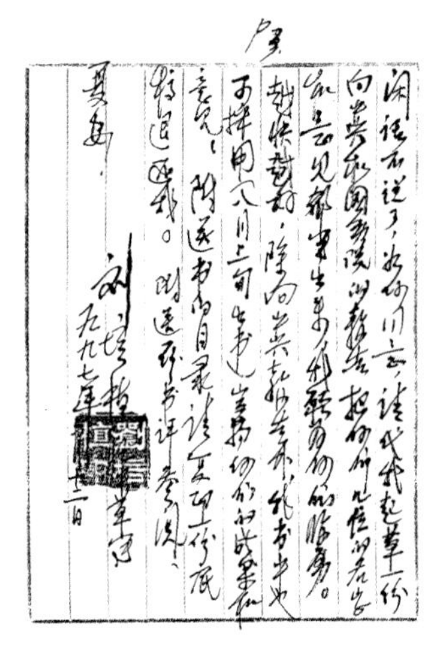

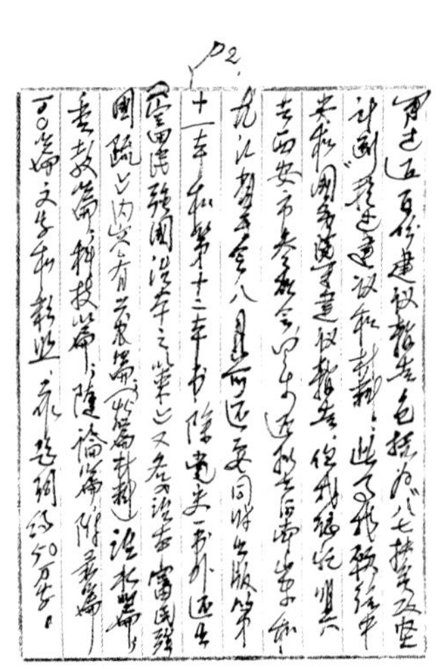

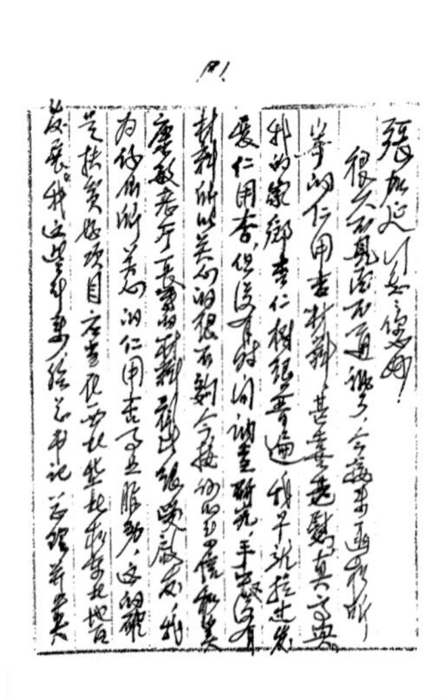

刘培植部长来信原件照

7 关于建设“三北杏树带”的建议

在我国贫困的“三北”地区（东北、华北和西北广大的荒漠化边缘地区），建设一条杏树经济林产业带，不仅可以改善生态环境，而且可以获得巨大的经济效益和社会效益。现在地方积极性很高，但缺乏统一规划和宏观领导。建议上升为国家行为，作为一项宏伟的工程来实施。

1 建设“三北杏树带”的生态效益

在浩瀚的“三北”地区，要种集生态效益、经济效益和社会效益为一体的经济林带。在众多抗旱的经济树种中，山西省阳高县政府明确提出：首选树种就是杏树。

1989年春夏辽宁西部大旱，3次播种的粮食作物都不出苗，农业大减产已成为定局，然而在凌源县茶棚乡却有一片仁用杏林地，树冠葱葱绿绿，硕果压弯了枝头，仅杏仁亩产值就超千元。由此，省委省政府决定：辽西地区退耕0.7万hm^2，还果还林，大力发展杏树。

在我国干旱的新疆南部地区，年降水量仅有4～63mm，然而杏树生长良好，在塔克拉玛干沙漠的南部、西部和北部栽培最多的果树就是杏树，凡是有人居住的地方都有杏树。杏在新疆有4.0余万hm^2，年

作者与时任农业部副部长刘培植（右）在北京会议中

产鲜杏22万t，居全国第一，也居新疆各种水果产量之首。北方的人们把杏树作为抗旱的“先锋树种”不无道理。1992年以来。新疆、甘肃、内蒙古、陕西、山西、河北、吉林、黑龙江、宁夏、山东、河南等地都在制定大力发展杏产业的计划。

由此可见，各地区对发展杏业生产阻止荒漠化的扩大，现已有了一定的认识并开始了行动。如果我们因势利导，沿三北荒漠化的边缘地区，建设一条宽厚的杏树带，形成一条阻挡荒漠扩大的绿色长城，不仅可以防风固沙、保持水土、改善生态环境，而且可以产生巨大的经济效益和社会效益，达到综合治理的目的。

2 “三北杏树带”的经济效益和社会效益

2.1 可以使农民尽快脱贫致富

杏树栽培管理容易，2～3年即结果，4～5年即丰产，产品一经加工，产值倍增。因此，发展杏产业是农民脱贫致富的一条好门路。如河北省巨鹿县上町村农民段忠义，1989年，3年生‘串枝红’杏亩收入2000元。辽宁省果树科学研究所1988年建‘串枝红’杏示范园，1996年平均亩产量5000kg，亩收入8000元。河北省巨鹿县和山西省阳高县人民政府把杏树定为“县树”，把发展杏产业定为本县脱贫致富的首选项目。群众称杏树是“不吃草的羊，不占地的粮”或“铁杆庄稼”、“绿色银行”等等。河北巨鹿县建成杏示范基地后，在10年期间，县工农业总产值从1.33亿元，上升到9.96亿元，杏业已成为该县的支柱产业。

2.2 有益于系列加工业的发展

杏果和杏，仁等都是重要的加工原料。在欧洲和美洲，杏的产量中有80%用于加工，主要是制干和制脯。而在我国，杏的加工制品更为丰富，可以加工成为糖水杏罐头、杏仁罐头、杏干、杏包仁、杏脯、杏话梅、青红丝、杏酱、杏冻、果丹皮、杏茶、杏汁、杏酒、杏仁霜、杏仁露、杏仁茶、杏仁豆腐、杏仁巧克力、杏仁酪、杏仁油、杏仁乳等。还可以作为夹心面包、糕点、糖果、冷食、冷饮和酱菜等的配料。因此，杏是食品加工企业的重要原料。

杏仁油为不干性油，在-10℃时仍保持澄清，在-20℃时才开始凝结，是高级润滑油，也是高级塑料的溶剂，还是护肤化妆品及制造香皂的好原料。杏的核壳是制造活性炭的高级原料。杏核壳磨碎后，还可以作为钻井泥浆的添加剂。杏木坚硬，是制做家具和雕刻艺术品的原料。杏树皮还可加工提取单宁和杏胶。杏叶中含蛋白质12.14%，粗脂肪8.69%，粗纤维11.44%。鲜叶或叶粉是猪羊的好饲料。杏花开得早、花量大，是早春养蜂的良好蜜源。

杏果加工后增值效益十分可观。据调查，河北省巨鹿县巨龙饮料有限公司加工中华杏茶，年效益达3000多万元，为加工企业带来了巨大的经济效益。

2.3 可以成为出口创汇的基地

杏的加工制品及杏仁，是我国传统的

出口创汇土特产品。我国北京、河北、山东、山西和上海等地加工的杏脯，畅销于亚太地区，被誉为“小金柿”，每吨销售价为3500美元。苦杏仁是我国的大宗传统出口商品之一，数十年来行情始终是稳中有缺，主销德国、英国、荷兰、瑞士、丹麦、瑞典、挪威、芬兰等国。1995年出口销售吨价为1700美元，年出口量在8000t左右，占国际市场的80%。出口1t苦杏仁可以兑换24t小麦，或者兑换45t化肥。甜杏仁是我国特有资源，在国外被誉为“龙皇大杏仁”，1995年出口吨价为4483美元，1t甜杏仁可兑换67～70t小麦，出口创汇率居我国土特产品之首。此外，新疆的杏干、甘肃的甘草杏、华北和东北的糖水杏罐头与杏酱等，也是重要的出口创汇物资。

2.4 可以增产粮食和美化生活环境

在河北省巨鹿县杏良种示范基地，杏粮间作获粮果双丰收，其经济效益比单纯种粮食高5.5倍，比单纯种棉花高1.5倍。

此外，杏树还是北方主要的观赏树种之一，可以美化我们的生活环境。南宋诗人陆游的“小楼一夜听春雨，深巷明朝卖杏花”；南宋诗人叶绍翁的“春色满园关不住，一枝红杏出墙来”；唐朝诗人杜牧的“借问酒家何处有，牧童遥指杏花村”等等，都是脍炙人口、千古流传的佳句，是对杏花观赏价值的真实写照和赞美。

2.5 有益于人体的健康

杏果不仅风味独特、色泽艳丽，而且营养丰富，受到人们的喜爱。据分析，在100g杏的果肉中含糖10g、蛋白质0.9g、钙26mg、磷24mg、铁0.8mg、胡萝卜素1.79mg、硫胺素0.02mg、核黄素0.03mg、尼克酸0.6mg、抗坏血酸（维生素C）7mg等。在100g杏仁中，含脂肪51g、蛋白质27.7g、糖9g、磷385mg、钙111mg、铁7mg等。

杏具有良好医药效能，在中草药中占有重要的位置。早在公元6世纪陶弘景著的《名医别录》中就记载了杏仁的药用价值，指出“其味苦，有小毒，主治惊痫，心烦热，时行头痛，消心下急”。明代著名医药学家李时珍在其名著《本草纲目》中肯定了杏的医疗效能，说杏果“曝脯食，止渴，去冷热毒。心之果，在病宜食之”。并多方论证了杏仁的药用价值，给出了方剂，谓杏仁能治风寒肺病、惊痫头痛，止泻润燥，润肺解饥，止咳祛痰，解狗毒、锡毒，杀虫除疥，消肿去风；杏金丹可延年益寿，杏酥散可祛除百病；杏花、叶、枝、根均可入药。我国民间常用苦杏仁治疗慢性气管炎、神经衰弱，小儿佝偻病等。

杏果肉中含有大量的胡萝卜素（1.79 mg/100克），约为苹果的22.4倍，为北方各种水果之冠。有明显延缓细胞和机体衰老的功能。杏果实，特别是杏仁中含有更多的维生素E，对人体有重要的保健作用。

鲜杏和杏干都属于低热量、多维生素的长寿型膳食果品。又正值仲夏水果淡季上市，因此，杏又是时令性很强的消暑解热水果。

3 问题与建议

3.1 针对基层积极性高，国家管理层滞后，缺少宏观的统筹规划，建议尽快制定统一规则

建议纳入国家计划，做为一项重大工程来抓，在科学论证的基础上，制定全国的统一规划，分区实施。同时建议在杏树产业带的建设中加大科技投入，使之形成科技含量较高的产业化工程。

3.2 针对管理部门分散，人力和财力不集中，建议成立统一的管理机构

建议成立统一的管理机构，集中财力和物力，有计划地发展生产和组织销售，使杏树带步入统一规划、分区建设、协调发展的健康轨道，达到生态效益、经济效益和社会效益的最佳组合。

3.3 多渠道筹集资金，以保证杏树带的建设

应以国家和地方资金为主，出台有力政策，鼓励企贸公司或集团以及个人投资；欢迎海外侨胞的赞助或投资，并积极争取国际援助；应严格专款专用制度，从资金的角度保证杏树带的建设。

注：刘培植系农业部原正部级副部长、老红军、原全国政协委员，原文是应他1997年1月12日的来信要求而作。1997年7月30日，由他将本文直接呈送国务委员陈俊生同志，陈俊生同志在8月2日批转国家扶贫领导小组领导提出意见，9月5日国家扶贫办又将此文分别批转国家林业部、农业部、水利部，请他们组织有关方面研究提出意见。12月24日国家扶贫办汇总各方意见加上本部门的意见上报陈俊生同志。原文刊登在《科技导报》1998年第4期上，本文有较大删节。

8 农业部关于建设“三北杏树带”的意见

国务院扶贫开发领导小组办公室：

你办转来的陈俊生国务委员的批示和刘培植、张加延两位同志提出的《关于建设“三北杏树带”的建议》收悉。对此，我们进行了认真研究，现提出如下几点意见：

一、这个项目有较好的发展前景。杏起源于我国，品种资源极其丰富，一般分为肉用和仁用两大类品种。肉用品种既可鲜食，又可加工成罐头、果汁和杏干；仁用品种主要用来干制杏仁，有的还具有特殊的药用价值。据不完全统计，全国现有杏园面积 285万亩，产量68万t。由于经济效益较好，各地都在积极发展。目前，杏及其制品在国际、国内市场上都十分走俏。杏树既耐寒，又抗旱，在我国的西北、华北和东北的荒漠化边缘地区，因地制定发展杏树生产是可行的，这不仅可以有效地防止沙漠化的蔓延，改善生态环境，而且具有明显的经济效益和社会效益，特别是有利于这些地区的人民脱贫致富，同时也有利于调整和优化我国的果树品种结构。

二、鉴于该项目涉及部门多、范围广、时间长和规模大。建议请国务院扶贫办牵头，由农业部会同有关部门和有关省（自治区、直辖市）组成项目协调小组，下设办公室，挂靠扶贫办或农业部。项目协调小组负责制定政策、规划和计划，并组织实施。

三、建议组织有关单位的专家对项目的可行性做进一步研究，制订总体规划和实施方案，报项目协调小组或国务院扶贫办审定。在规划实施中，务必做到以下几点：一是要进行总体规划，分步实施；二是以市场为导向，发展适销对路的品种及其制品；三是要坚持宜农则农、宜杏则杏、宜林则林的原则，采取生物措施与工程措施相结合的办法，实现生态效益、经济效益和社会效益的有机统一，把该项目的建设纳入国家生态农业规划；四是要注重科技投入，选择优良品种、建立良种繁殖基地和高标准的示范园；五是要遵循先易后难、以点带面的原则，进行连片种植，规模经营，兴办贮藏加工企业，最终形成产加销一体化。

四、多方筹措资金。请扶贫办解决部分无偿投资用于良种繁殖场的建设，并对示范基地予以一定规模的贷款，同时尽可能吸收社会闲散资金和国外资金，用于基地建设和兴办贮藏加工企业。

五、建议近期重点在西北、华北和东北各建一个杏树良种繁殖场，每个良种场投资600万元，采取中央与地区1∶1配套，需投资1800万元，其中中央拨款900万元，地方配套900万元。拟选建37个首批示范基地县（具体名单附后），每县需投资600万元，其中拨款100万元，扶贫贷款500万元，共计投资22200万元，其中无偿投资3700万元，扶贫贷款18500万元。项目总计投资24000万元，其中无偿投资4600万元，扶贫贷款19400万元。

农业部办公厅公章

一九九七年九月二十九日

中华人民共和国农业部

关于建设三北杏树带的意见

国务院扶贫开发领导小组办公室：

你办转来的陈俊生国务委员的批示和刘培植、张加延两位同志提出的《关于建设“三北杏树带”的建议》收悉。对此，我们进行了认真研究，现提出如下几点意见：

一、这个项目有较好的发展前景。杏起源于我国，品种资源极其丰富，一般分为肉用和仁用两大类品种。肉用品种既可鲜食，又可加工成罐头、果汁和杏干；仁用品种主要用来干制杏仁，有的还具有特殊的药用价值。据不完全统计，全国现有杏园面积285万亩，产量68万吨。由于经济效益较好，各地都在积极发展。目前，杏及其制品在国际、国内市场上都十分走俏。杏树既耐寒，又抗旱，在我国的西北、华北和东北的荒漠化边缘地区，因地制宜发展杏树生产是可行的，这不仅可以有效地防止沙漠化的蔓延，改善生态环境，而且具有明显的经济效益和社会效益，特别是有利于这些地区的人民脱贫致富，同时也有利于调整和优化我国的果树品种结构。

二、鉴于该项目涉及部门多、范围广、时间长和规模大，建议请国务院扶贫办牵头，由农业部会同有关部门和有关省（自治区、直辖市）组成项目协调小组，下设办公室，挂靠扶贫办或农业部。

中华人民共和国农业部

项目协调小组负责制定政策、规划和计划，并组织实施。

三、建议组织有关单位的专家对项目的可行性做进一步研究，制订总体规划和实施方案，报项目协调小组或国务院扶贫办审定。在规划实施中，务必做到以下几点：一是要进行总体规划，分步实施；二是以市场为导向，发展适销对路的品种及其制品；三是要坚持宜农则农、宜杏则杏、宜林则林的原则，采取生物措施与工程措施相结合的办法，实现生态效益、经济效益和社会效益的有机统一，把该项目的建设纳入国家生态农业规划；四是要注重科技投入，选择优良品种，建立良种繁殖基地和高标准的示范园；五是要遵循先易后难、以点带面的原则，进行连片种植，规模经营，兴办贮藏加工企业，最终形成产加销一体化。

四、多方筹措资金。请扶贫办解决部分无偿投资用于良种繁殖场的建设，并对示范基地予以一定规模的贷款，同时尽可能吸收社会闲散资金和国外资金，用于基地建设和兴办贮藏加工企业。

五、建议近期重点在西北、华北和东北各建一个杏树良种繁殖场，每个良种场投资600万元，采取中央与地方1：1配套，需投资1800万元，其中中央拨款900万元，地方配套900万元。拟选建37个首批示范基地县（具体名单附后），每县需投资600万元，其中拨款100万元，扶贫贷款500万元，共计投资22200万元，其

中华人民共和国农业部

中无偿投资3700万元，扶贫贷款18500万元。项目总计投资24000万元，其中无偿投资4600万元，扶贫贷款19400万元。

以上意见，供参考。

中华人民共和国农业部办公厅

一九九七年[illegible]十九日

中华人民共和国农业部

附：

首批示范县（区、旗）建议名单

黑龙江省：泰来

吉林省：白城

辽宁省：阜新、凌源、建平、彰武

河北省：巨鹿、涿鹿、丰宁、广宗

内蒙古自治区：克什克腾、敖汉旗、扎鲁特旗、宁城

山西省：阳高、沁县、代县、大宁

宁夏回族自治区：灵武

陕西省：安塞、志丹、吴旗、子长

山东省：莒县

河南省：洛宁、灵宝、渑池

甘肃省：镇原、敦煌、庆阳

青海省：民和县

新疆维吾尔族自治区：和田、英吉沙、库车、奇台

北京市：门头沟

天津市：蓟县

农业部批复原件

9 国务院扶贫办致国务委员陈俊生汇总各有关部门的回复意见

俊生同志：

根据您8月2日的批示，我们对刘培植、张加延同志《关于建设“三北杏树带”的建议》进行了认真研究，并分别征求了林业部、农业部和水利部的意见。现将有关情况报告如下：

林业部意见：杏树是我国的一种传统果树，抗旱耐寒，防风固沙，经济和生态效益显著，深受群众欢迎。在全国“九五”期间十大经济林开发区建设规划中，已将“三北地区”42个杏树资源大县纳入规划，作为发展杏树的重点和示范样板县，并加强了技术指导及必要的资金扶持。按照国务院部门分工的规定，林业部一直是全国杏树的行业主管部门。因此，不必再单独制定一个全国性的杏树发展规划和单独建立全国性的行政领导机构，但可考虑在全国经济林协会干果专业委员会下成立杏树产业协作组。建议将这42个县的杏树开发作为扶贫项目，由国家扶贫专项资金扶持。

农业部意见：杏树具有较好的发展前景，不仅可以防止沙漠化的蔓延，改善生态环境，而且具有明显的经济效益和社会效益。鉴于该项目涉及的部门多、时间长和规模大，建议由扶贫办牵头，农业部会同有关部门和省（区、市）组成项目协调小组，下设办公室，挂靠扶贫办或农业部。同时组织专家对项目的可行性做进一步研究，制订总体规划和实施方案。并建议近期重点在西北、华北和东北各建一个良种繁殖场和建37个示范基地县，良种繁殖场需要1800万元，由中央和地方按1：1投入；示范基地县需要24000万元，全部由国家投入，其中无偿投资4500万元，扶贫贷款19400万元。

水利部意见：在北方地区开展的水土重点治理区很多都栽植了杏树，均已取得很好效果，今后将继续作为水土保持综合治理的一项重要措施来抓。“三北”地区”除适宜栽植杏树外，也适宜种植各类粮食作物、蔬菜、乔灌草、瓜果等，因此要因地制宜，统筹安排。同时，发展杏树，要考虑到目前供销渠道不畅问题，建议商业供销部门做好组织协调工作。

我们意见：杏树是一个较好的果树品种，在西北、华北、东北地的荒漠化边缘地带，可以适度发展。但“三北”地区除杏树外，也适宜其他经济作物和林木生长，因而究竟发展什么，如何布局，应由当地政府根据实际情况统筹考虑，国家有关部门可给予指导，不必制定全国性的杏树发展规划和设立专门机构。扶贫资金主要用于投资少、见效快、有助于直接解决贫困群众温饱问题的种植业、养殖业和以农副产品为原料的加工业项目。而杏树生产周期长、见效慢，不能大量使用扶贫资金。同时根据“四个到省”的原则，扶贫资金也不能按部门切块使用。因此，除国家贫困县可根据实际情况安排少量扶贫资金外，发展杏树生产所需资金，应采取多渠道筹集的方式，以地方为主，行业部门适当支持，并鼓励企业和个人积极参与建设。

特此报告，请指示。

国务院扶贫开发领导小组办公室
一九九七年十二月二十四日

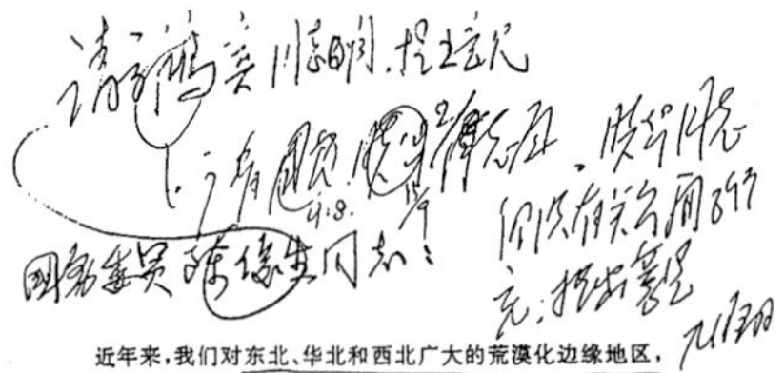

近年来，我们对东北、华北和西北广大的荒漠化边缘地区，进行了深入的考察，发现这些地区把发展杏业生产与治荒治穷相结合，这样即改善了生态环境，阻止了荒漠化的扩大；又得到了可观的经济收入，农民可早日脱贫致富；同时也促进了农村经济和出口创汇业的发展。

经过研究和总结，我们认为这是集生态效益、经济效益和社会效益为一体的，可以形成产业化的，利在当代功在千秋，并造福子孙后代的好项目。应该上升为国家计划，做为一项宏伟的工程来抓，特此提出建设“三北杏树带”（即绿色长城）的建议。请首长参考。

此致：

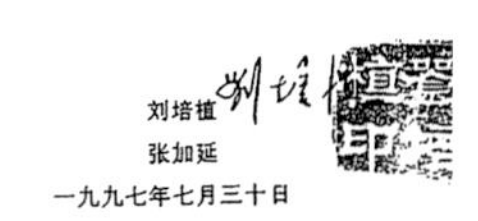

刘培植
张加延
一九九七年七月三十日

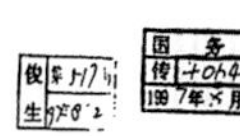

1997年7月30日，国务院领导在建议书首页的阅批

国务院贫困地区经济开发领导小组

俊生同志：

根据您8月2日的批示，我们对刘培植、张加延同志《关于建设“三北杏树带”的建议》进行了认真研究，并分别征求了林业部、农业部和水利部的意见。现将有关情况报告如下：

林业部意见：杏树是我国的一种传统果树，抗旱耐寒，防风固沙，经济和生态效益显著，深受群众欢迎。在全国“九五”期间十大经济林开发区建设规划中，已将三北地区42个杏树资源大县纳入规划，作为发展杏树的重点和示范样板县，并加强了技术指导及必要的资金扶持。按照国务院部门分工的规定，林业部一直是全国杏树的行业主管部门。因此，不必再单独制定一个全国性的杏树发展规划和单独建立全国性的行政领导机构，但可考虑在全国经济林协会干果专业委员会下成立杏树产业协作组。建议将这42个县的杏树开发作为扶贫项目，由国家扶贫专项资金扶持。

农业部意见：杏树具有较好的发展前景，不仅可以防止沙漠化的蔓延，改善生态环境，而且具有明显的经济效益和社会效益。鉴于该项目涉及的部门多、时间长和规模

国务院贫困地区经济开发领导小组汇总各部意见报告的首页照

10 关于建设“三北杏树带”的再建议

1998年在《科技导报》第4期上也发表了笔者《关于建设“三北杏树带”的建议》。为了争取更多人理解和支持，促进这一构想早日实现，今就前文未及阐明或未及深究之处，再做如下论述。

1 “三北杏树带”是“三北”防护林工程的发展和最佳选择

“三北”防护林体系工程是1978年国务院决定的大型跨世纪生态工程……据说近年启动的第三期工程，国家明确指出要以经济林为主，改变了以往种植纯生态林的做法。我们认为这一决策非常正确，经济林可以兼收生态效益和经济效益，投入之后可以获得不断的回报（果实），具有可持续发展性。然而什么树种能适应“三北”地区的生态环境，并且产生最大的经济效益呢？这是应该及早明确的。

1.1 “三北”地区的自然条件

经济林主要指果树而言，在果树生产中首先要强调适地适栽，要按当地的自然条件来选准树种，“三北”地区的自然条件相当恶劣……我国的八大沙漠和四大沙地都集中在这里，其限制果树生长的自然因素一是寒冷，二是干旱，三是风沙和土质瘠薄，能够在这种条件下生长的果树很有限。

1.2 “三北”地区经济林的首选树种应该是杏树

我们从果树的抗寒、抗旱、抗风沙、耐瘠薄等方面论述……杏树在“三北”地区具有如下优势。

1.2.1 杏树的抗寒性

果树的抗寒性是受果树种性所决定的，是果树能否生存和能否充分结实的关键因素，各种果树的抗寒性不同……。

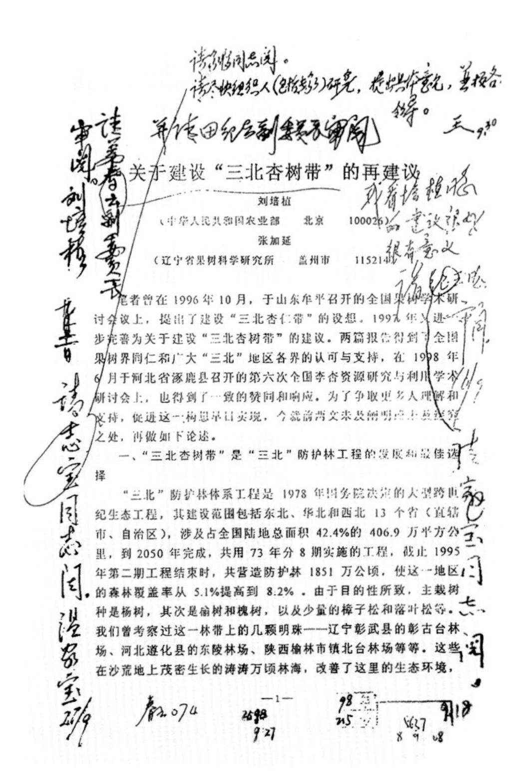

关于建设“三北杏树带”的再建议

刘培植

（中华人民共和国农业部　北京　100026）

张加延

（辽宁省果树科学研究所　盖州市　115214）

笔者曾在1996年10月，于山东牟平召开的全国果树学术研讨会议上，提出了建设“三北杏仁带”的设想，1997年又进一步完善为关于建设“三北杏树带”的建议。两篇报告得到了全国果树界同仁和广大“三北”地区各界的认可与支持，在1998年6月于河北省涿鹿县召开的第六次全国李杏资源研究与利用学术研讨会上，也得到了一致的赞同和响应。为了争取更多人理解和支持，促进这一构想早日实现，今就前两文未及阐明[illegible]之处，再做如下论述。

一、“三北杏树带”是“三北”防护林工程的发展和最佳选择

“三北”防护林体系工程是1978年国务院决定的大型跨世纪生态工程，其建设范围包括东北、华北和西北13个省（直辖市、自治区），涉及占全国陆地总面积42.4%的406.9万平方公里，到2050年完成，共用73年分8期实施的工程，截止1995年第二期工程结束时，共营造防护林1851万公顷，使这一地区的森林覆盖率从5.1%提高到8.2%。由于目的性所致，主栽树种是杨树，其次是榆树和槐树，以及少量的樟子松和落叶松等。我们曾考察过这一林带上的几颗明珠——辽宁彰武县的彰古台林场、河北遵化县的东陵林场、陕西榆林市镇北台林场等等。这些在沙荒地上茂密生长的涛涛万顷林海，改善了这里的生态环境，

—1—

中央领导阅批“再建议”的首页

……抗寒性强的树种是杏属的西伯利亚杏、仁用杏、普通杏、秋子梨和李的北方品种群等。根据研究，西伯利亚杏原产我国东北和俄罗斯的西伯利亚地区,冬季可以抗御-55℃的低温……普通杏根据我们“八五”期间的鉴定，其枝条休眠期平均可抗-30～-39℃的低温，个别品种可抗-40℃低温。而仁用杏是西伯利亚杏与普通杏的种间杂种，其抗寒性虽然不及西伯利亚杏，但强于普通杏。辽杏的原产地就在长白山地区，可见它们的抗寒性很强。

1.2.2 杏树的抗旱性

抗寒果树还必须具备较高的抗旱能力才能在“三北”地区安家落户，果树的抗旱能力也因树种不同而异……杏树的抗旱能力最强，在土壤1.22m深处自由水的含量为0～1%的情况下尚可维持生长，这是其他果树所不及的。杏树根系特别深，直根深达树冠高度的1～1.5倍，我们在新疆策勒县的沙漠里挖开一株杏树根系的剖面，发现在1m以内几乎没有须根，绝大多数根系在1.5m以下。杏树比其他经济树种更抗干旱的生理原因在前文已经做过论述，在此不再赘述。

1.2.3 杏树抗风沙的能力

与杏树抗寒、抗旱能力相似的经济树种还有沙枣、沙棘、文冠果和枸杞等灌木或小乔木，杏树远比这些树种高大，是乔木树种。据调查一般杏树高5m左右，百年生的大树高度达8～10m。杏树叶片大，发芽展叶早，可以明显地阻挡风沙；根系又深入土层，可以保水固土。因此，杏树的生态效益明显强于沙枣等果树。

在沙漠与盐碱地上进行杏粮间作，可以明显改善局部环境中的气温、光照、风速和土壤水分等小气候条件。实现立体生产，不仅大幅度提高粮食单产，而且经济效益极为显著……其经济效益相当于纯粮食生产的8.6倍，相当于纯棉花生产的3.9倍，折合亩产粮油（小麦加花生）846.8kg，高于纯粮田近1倍，实现了树上1千元，树下1千斤的双千效益，这是农田园林化的结果。

辽宁省凌源县开发以仁用杏为主要树种的小流域综合治理，到1995年治理水土流失面积8.67万hm^2，其中杏林85.65万hm^2，使年径流量下降了60%，主要河流洪峰削减48.9%，土壤蓄水能力达2.7亿m^3。在以杏树为主的绿色屏障保护下，粮食逐年稳步增长。1993年辽宁西部遇到特大旱灾，该县粮食总产量却突破2.25亿kg，小麦平均亩产达392kg，达历史最高水平，成为全国粮食生产先进县，当年产杏仁156万kg，杏仁产值1340万元。

1.2.4 自然现状证明杏树是“三北”地区的当家树种

近年在大兴安岭的南麓，东北平原的西部，内蒙古自治区的东部，随处可见少则几百亩，多则超过2000hm^2野生或半野生的西伯利亚杏杏林；在晋北长城脚下，在毛乌素大沙漠南缘也都有成片的杏林；在呼和浩特市郊区攸攸板乡，在河北广宗县的沙丘上，在陕北黄土高原上，以及在新疆叶城和英吉沙的戈壁滩上，至今还有100～200年生的古杏树；在号称死亡之海的塔克拉玛干大沙漠周边的戈壁滩上，凡是有人居住的地方就有杏树。在这些地区土生土长或群众种植最多的果树也是杏树……都说明在我国杏树的历史悠久。“三北”群众已把杏树选为本地区治荒并治穷的首选树种。

2 “三北杏树带”具有可持续发展性

2.1 杏树是重要的木本粮油作物

我国北方自古以来就有大量自然生长或人工种植的杏树，为人们提供了大量的食物。直至建国前后，西北人还过着“半年桑杏，半年粮”的生活。在盛产杏干的新疆南部，至今还有贮备杏干长年食用的习惯，每户房前屋后都种有数十株乃至上百株杏树，家家贮备自食杏干。

杏仁还是重要的木本油料作物，其含油量高达50%～61.5%，是我国北方主要油料作物大豆含油量的2.5～3.1倍，比我国南方主要油料作物油菜籽的含油量高11.6～23.1个百分点，比花生、葵花籽、芝麻的含油量均高。杏仁油是世界著名的优质食用油，国内市场售价为大豆油的14倍，为椰子油的2倍，国际市场售价57.5美元/kg（1995年），需求量特别大。我们用杏仁油取代草本植物油，不仅仅是有利于身体健康，其更大的意义在于可以把全国草本油料作物1255.5万hm^2(1996年)的耕地置换出来种粮食，按每hm^2产粮4.5t(亩产300kg)计算，每年可多产粮食5650万t。从宏观上看，在荒漠化地区，大力发展杏树这样的“铁杆庄稼”，更符合我国的基本国情。

2.2 杏树是脱贫致富的高效益果树

杏树在“三北”地区生长快，结果早，一般种植后第二年即开花，第三年即开始结果，5～6年生亩产鲜杏可达2000kg，可产杏仁30～50kg，亩产值一般可达1000元以上。这在人少地多的荒漠化地区，足以摆脱困境。然而这还远未发挥

新疆叶城县沙漠与戈壁之间的纯杏林

新疆皮山县戈壁滩中实生杏的结果状

杏树的经济潜力：辽宁省果树科学研究所在1996年创下了9年生‘串枝红’杏平均亩产5000kg、亩产值8000元的记录；河北省蔚县常宁乡安庄村农民夏正时，1991年曾创造平均亩产杏仁172.5kg的高产记录，亩产值达4440元……“三北”群众总结说：“一亩杏，十亩田，杏的亩产值相当于杨树丰产林的15倍，相当落叶松杆子林的30倍”……

2.3 杏产品是多种工业的原料

我们之所以敢提出“建设三北杏树带建议”的另一个主要依据是：杏肉、杏仁、杏核、杏木、杏叶等杏产品是多种工业的原料……有了加工业的保障，杏的产量再多也不会过剩。

2.3.1 杏肉是食品工业的原料

按原料的不同，可分为杏肉和杏仁加工两大类。杏肉加工制品：杏脯、杏

黑龙江省兴凯湖农场数百年生辽杏大树，树高约9m，冠幅约15m（李锋 提供）

干、杏包仁、杏酱、杏罐头、果丹皮、青红丝、杏茶、杏汁、杏话梅和杏肉冰淇淋等等。杏仁加工制品：杏仁露（乳）、杏仁罐头、杏仁霜、杏仁粉、杏仁茶、焙炒杏仁、奶油杏仁、糖衣杏仁、脱衣杏仁、杏仁豆腐、杏仁巧克力、杏仁酪、杏仁糖果、杏仁冰淇淋和食用杏仁油，以及色拉配料、糕点顶饰等等。

2.3.2 杏仁油是化学工业的原料

杏仁油为不干性油，是制作高级护肤化妆品的重要原料……能与醚、氯仿、苯或石油醚任意混合，可以制成高级塑料的溶剂。杏仁油在−20℃才凝结，因此，又是航空工业和精密仪表业的高级润滑油。

2.3.3 杏的核壳是生产活性炭的高级原料

杏的核壳是生产活性炭的优质原料……粉碎的杏壳还是钻井泥浆的良好添加剂。

主干特写

果实特写

2.3.4 杏树全身都是医药工业的原料

杏肉中的胡萝卜素和硒的含量为所有水果之冠，而胡萝卜素又是维生素A的母源，硒是调节生理功能的微量元素，都有着重要的保健作用。杏仁中的苦杏仁甙更是防癌治癌的重要物质。因此，杏仁、杏花、杏叶、杏枝、杏根都是加工多种不同用途中药或中成药不可缺少的原料。

此外，杏叶是饲料加工业的好原料，杏花又是良好的早春蜜源植物，有利于畜牧业和养蜂业的发展。杏木是制做家具和雕刻工艺品的好原料。杏树的皮还可以加工提取单宁和杏胶。

总之由于人们对食物的需要，对脱贫致富的需要和发展工业的需要，杏树在“三北”地区具有广泛的前途，没有哪个树种可与其比拟。在“三北”地区发展“杏树带”，是要确立杏树在这一地区的主导地位，并不排除其他合适的树种在当地的发展。

3 “三北杏树带”具有双重绿色革命的性质

双重绿色革命是能够达到既改善生态环境又解除贫困两个目标的，具有可操作性和可持续发展的绿色革命。我们在“三北”地区建设“杏树带”，把治荒与治穷有机地结合在一起，能从根本上改变这一地区荒漠与贫穷的面貌，使之成为我国农业和经济的又一增长点或支柱性产业。一定会把“三北”地区改变成山川秀美的经济发达的地区。

杏树是长寿果树，100～200年生的杏树在我国各地随处可见，在我国西藏的墨脱县和黑龙江省兴凯湖农场，至今还有数百年生的老杏树，在河北省鹿泉市800年生的古杏树至今还结果……。因此，发展“三北杏树经济带”，可谓一年投资百年受益，如果能在这一地区有一个让几代人都受益的产业，岂不更有助于社会的稳定和人民的富裕？

“三北”地区以杏树带起步，促进加工业腾飞，顺应自然，顺应民意，这种百利而无一害的事业，我们何乐而不为之？虽然目前我们还无法准确测算“三北杏树带”的最终规模和最大经济效益，但是我们可以肯定这将是世界最大的特有经济林带，它的规模和经济效益将超过美国的玉米带。因为杏是中国的特有资源，有着国内和国际两大尚未开拓的市场。

4 问题与建议

4.1 “三北杏树带”应该有一个全面的统一规划

在“三北杏树带”上是否应该有一个全面的现代化的统一规划？这个问题一般不好回答，我们不妨从美国的玉米带中得到启示。美国的玉米带是横贯美国中北部整个地区的玉米生产基地，其经济效益除直接生产1亿多万t玉米外，更大效益来自其与畜牧业的有机结合，他们在玉米带的西部山区，建立了许多大型的肉牛良种繁殖场，当大批小牛离奶之后，便慢慢由西向东驱赶，在玉米带里就食、育肥，并把粪便留下，当牛到达玉米带东部时，牛已经达到了屠宰的标准。在这里设立了许多屠宰、肉食、皮革和毛纺等加工厂。如果“三北杏树带”与多种加工业相结合，将是符合国情的大手笔杰作。

4.2 “三北杏树带”的建设和发展均需要有宏观领导

凡来自“三北”第一线的人都知道：发展杏产业是个好项目，但离开水利和电力部门不行，也离不开食品、化学和医药等工业的合作，更离不开商业服务体系的支持……根据我们的国情，协调如此多的部门……应由中央指定或组建一个部门做统帅，统一认识、统一规划、统一标准、统一使用人力、物力和资金。

4.3 以杏产业扶贫是个创举，应大力推广

分担陕西省扶贫的中央对口单位是国家科技部扶贫办，科技部正在以最快捷的措施，使延安地区早日脱贫，而科技部拿出的扶贫措施恰恰是发展杏产业。1998年7月由国家科技部、陕西省科委、陕北老区建设委员会、省扶贫办、省林业厅等部门，以及延安和榆林两市的领导，在延安召开了“杏产业发展研讨会”，大家一致认为在这里走出了一条以杏产业扶贫的成功经验，这在世界上也是创举，联合国曾给予很高的评价。

4.4 在“三北”地区中种植杏树，应得到国家政策和资金的支持

近年国家实行退耕还林保护生态环境的战略措施，对在退耕和荒山坡上造林给予政策和资金的支持，群众积极响应。但有些地区在执行中把中央的政策和资金仅限于种植杨树和松树等“非经济林”，而把杏、枣、沙棘划为经济林，不给予支持，这是没有道理的……因此，建议在“三北”和所有荒漠化的地区植树造林，不分树种，都同样享受国家政策和资金的支持，这样会更大的调动积极性，加速生态环境的恢复与改善。

4.5 加强“三北杏树带”的科技投入

既然“三北杏树带”不是单纯的造林，而是一项影响久远的生态与经济工程，是建设一个新粮油大基地和经济产业带，则必须要加大科技投入提高科技含量……才能使“三北杏树带“得到完善、巩固和发展，达到既治理荒漠化又发展经济的双赢目标。

11 西部大开发应首选既治荒又治穷的杏产业

近年来由于长江的特大洪水、黄河断流和长城内外沙尘暴频袭，以及百年不遇的特大旱灾等，使举国上下对保护生态环境有了深刻的认识和紧迫感，于是退耕还林、种草种树、治理水土流失、防风固沙、恢复生态平衡等社会公益性环保措施相继提出，国家还对这些生态环境脆弱地区免费提供草种、树苗以及粮食等。然而我国有三分之一的国土需要整治，生态工程的恢复也需要几代人才能完成，涉及范围之广，所需财力之大，时间之长可想而知。因此，这是一场大范围的“持久战”。但是国家的财力和项目区群众的精力都是有限的，单纯的种草种树等社会公益项目不能给项目区本来就贫困的群众带来直接的经济效益，而他们恰恰又是完成这一伟大生态工程的主力军，如何调动他们的积极性并提高其“战斗力”，是关系到这场“持久战”能否打到底的关键。为此我们提出在西部大开发中应首选既治荒又治穷的项目（杏产业），让项目实施区的群众在项目实施中首先获得实惠，不仅彻底脱贫致富，而且有积极性、有能力自觉投入。有了千家万户人力和涓涓财力的涌入，才能使我们这一伟大工程更具有“人民战争”的色彩，并步入可持续发展的良性运转。

1 西部的自然环境与特色果树资源

在漫长的历史变迁中，由于物竞天择

新疆英吉沙县杏树丰产状

和人为的驯化，西部生长着一些极耐干旱的特色果树，如杏、枣、沙棘、枸杞、沙枣、文冠果、榛子、核桃、无花果、阿月浑子、欧李、扁桃和酸梅（野生欧洲李）等。不论栽培、半栽培和野生，它们都能生长。其中生产最多，分布最普遍，群众栽培最多的是杏树。在新疆伊犁的科古尔琴山至今还有大片野生杏林。

1.1 杏树是西部历史悠久的长寿果树

杏树起源于我国黄河流域，其生长史可追溯到5000乃至6000年之久，其有据可查的栽培历史已有3500余年。在我国西部许多地名与杏树有关，如杏山、杏林、杏河乡、杏花村、杏子川等等，古丝绸之路上的龟兹国（库车县）和于阗国（和田）都有杏的历史记载，其中库车县久享“杏城”之美誉。

在我国西部，百年生以上的杏树到处都有，如在内蒙古呼和浩特市郊区的攸攸板乡，至今还有清雍正年间种植的杏园，树龄在250年左右。在陕西的蓝田、甘肃的唐王川、新疆的叶城和英吉沙县，100～200年的杏树依然丰产。在四川的攀枝花、巴塘、泸定和马尔康，云南的祥云，贵州的桐梓，以及西藏的左贡，杏的树龄更大，其中据中国农业科学院考察，西藏左贡县自然生长的杏树寿命在400年以上。

1.2 西部的土地资源适宜杏树生长

西部地区土地资源丰富，本文要特别指出的是西部绝大部分地区的土质疏松，沙性土壤多，土壤的通透性极好。无论在黄土高原、戈壁沙滩、河西走廊、天山两侧、昆仑山及帕米尔高原都有大片的土层深厚的沙性土。虽然土壤的有机质含量低，土质瘠薄，但其钾的含量很高。据我们研究，杏树生长所需N：P：K的比例为6.3～8.1：1：8.7～10.2，可见对钾肥之需求较高。杏树是耐瘠薄、特别喜钾、喜排水排气良好土壤的果树，根系深，好气性强，在这种土壤上杏树生长健壮，所以西部地区绝大多数土地适宜杏树生长。

1.3 西部的气候适宜杏树生长与加工

我国西部的气候特点是少雨、干旱、蒸发量大、夏季干热、昼夜温差大、沙尘暴和龙卷风频繁，日照特别充足。在最干旱的塔克拉玛干大沙漠周边各州县调查，年降水量最少的地区为4～6mm，较多地区为43～96mm，年蒸发量达3000～4000mm，年日照为3000～3300h，日平均温差为15～28℃，龙卷风挟带细沙此起彼伏……。在这种较为恶劣的生态环境下栽培最多最普遍、群众最喜爱的果树是杏树，每户维吾尔族居民宅旁都有近百株杏环抱，而且果实累累；杏树是喜光果树，在这阳光充足的地方，其丰产的生物学特性才得到充分的发挥，杏树丰产、稳产，有人称之为光电效益或阳光沙产农业。

在新疆和田、喀什、阿克苏、阿图什、库尔勒、昌吉和伊犁，在甘肃的河西走廊与陇东地区，在青海的黄河下游的湟水中下游地区，以及宁夏和内蒙古的西部地区，鲜杏在地上晒5～7天即可成杏干，不需任何人工加热，是成本最低的天然的杏干加工厂，是我国得天独厚的最大的杏干生产和加工基地。因此，生产再多的杏也不会烂掉。

2 发展杏产业的意义

2.1 是集生态、经济和社会效益为一体的项目

杏树虽然不及杨树高大，但在耐旱的经济树种中，杏树是根深叶茂的乔木果树，百年生的杏树高达15～20m，防风固沙，保持水土，以及绿化和美化的生态效益毋庸置疑，在前述众多的耐旱经济树种中有着明显的优势。

杏树一般单产为4500kg/hm^2左右，最高达7500kg/hm^2。1hm^2杏园的经济效益相当于10hm^2大田，或15hm^2杨树速生丰产林，或30hm^2松树林。其经济效益长达100～200年之久。在我国西部已成为一些地区的支柱产业。如在最干旱的新疆，1997年杏的栽培面积为36800 hm^2，年产达223700t，居全国杏产量之首。其中喀什地区英吉沙县，1997年杏树达4400hm^2，产杏42000t，产值占该县农业总产值的22.5%；该县的艾古什乡杏产值占农业总产值的44%，皮山县克里阳镇杏占人均收入的50%；叶城县乌夏巴什镇，杏占人均收入的40%；在帕米尔高原的疏附县塔什米力克乡，杏占人均收入的75%，其中八村支部书记牙森玉路斯家，在1.6亩小麦地周边种有30株7年生杏树，1997年产杏1800kg，其中晒杏干400kg，每千克售价12.00元，收入4800元，8口人之家人均600元。

2002年，库车白杏节

2.2.1 杏的农业产品是食品工业原料

在我国，杏的传统加工制品是杏脯、杏干、糖水杏罐头、杏包仁、杏仁罐头、杏话梅、青红丝、杏酱、杏冻、果丹皮、杏汁、杏茶、杏酒、杏醋、杏仁霜、杏仁露、杏仁茶、杏仁豆腐、杏仁奶酪、杏仁巧克力、杏仁乳、五香杏仁、笑口杏仁和杏仁油，还可作为夹心面包、糕点、糖果、冷食、冷饮和酱的配料等。因此，杏是食品工业的好原料。

2.2.2 杏产品也是机械和化学工业的原料

杏仁中含有50%～60%的脂肪，杏仁油在-10℃时仍保持澄清，在-20℃时才凝结。因此，是高级润滑油。杏仁油能与醚、氯仿、苯或石油醚任意混合，可

制成高级塑料的溶剂。杏仁油还是不干性油，是制造高级化妆品的好原料。杏仁油中还含有0.5%～1.8%的芳香油，可提取香精。

2.2.3 杏产品又是医药工业的原料

杏的果实、果仁、花、叶、枝和根是加工止咳糖浆等多种中药或中成药不可缺少的原料，在祖国中医药典上早有记载。

2.2.4 杏壳是生产活性炭的高级原料

杏核壳质地坚硬，孔隙密度大，做出的活性炭吸附能力强，并可重复使用。因此，被列为活性炭的优质料，碎杏壳还是钻井泥浆的添加剂。

此外，杏叶又是饮料工业的好原料，杏的树枝还可提炼树胶和单宁，杏木是制作家具和工艺品的好原料，杏花还是早春的蜜源植物，可带动养蜂业的发展。

因此，发展杏产业能达到生态、经济和社会效益的三统一，可谓一举三得。

2.3 是市场急需并有广阔前景的项目

据农业部1996年统计，全国鲜杏的产量仅65.5万t，占当年全国水果总产量的1.4%，全国人均占有0.5kg，其中还有大部分鲜果用于制脯、制干、制汁、制罐等，因此，人均实际鲜食占有量更低。据国家林业局统计，全国苦杏仁年产量约2万t左右，甜杏仁产量仅1000t，人均占有苦杏仁仅16g，甜杏仁仅0.8g，这说明国内市场很大。尽管人均占有量极少，但每年苦杏仁用于中药、食品（露露）等占50%～60%，其余40%～50%出口，甜杏仁90%出口。1997年国际市场苦杏仁吨价为17290元，甜杏仁吨价为34670元。甜杏仁在我国出口的农副产品中创汇率始终居首位，1993年以来我国仅杏仁出口约创汇1500万美元，且从无满足过市场的需求。杏仁油国内市场售价为110～120元/kg，是豆油的14倍，是橄榄油的2倍，而在国际市场上是57.5美元/kg，相当于每千克人民币480元。杏仁油除供工业用外，是最好的保健食用油。目前是有价无货，无法满足需求，足见市场前景之广大。

杏壳活性炭加工效益更大，目前国内收购杏核壳200～380元/t，采用先进的果壳炭化炉生产活性炭，出炭率达36%，杏壳活性炭国内售价1.7万～2.5万元/t，产值与原料相差数十倍，足见市场之需求。

2.4 是有益于人类健康长寿的项目

1985年11月，世界卫生组织把我国的新疆南部（南疆）与斐济、南高加索和喜马拉雅山南麓的洪扎族居住区并列为世界四大长寿区，这些地区人的平均寿命近百岁，且无癌症患者。同年我国第四次人口普查结果，百岁以上的老人有635人集中在南疆……经世界各国多方研究，这与长年习食杏和杏干有关，是杏和杏仁中三种其他水果无法相比的特殊物质增进了人体的健康：其一是果实中的胡萝卜素，含量为众水果之冠（1.79mg/100g）；其二是杏的硒含量为各种果仁之冠（27.06μg/100g）；其三是杏仁中独有的苦杏仁甙，也叫维生素B17(苦杏仁含量为

3%～4%，甜杏仁含量为0.017%），不过量食用可杀死体内的癌细胞。因此，发展杏产业是有益于人类健康和长寿的工程。

3 开发的措施

3.1 针对产业化的目标选择品种实现良种化

要扬杏之长避杏之短，杏的长处是最适宜加工，短处是鲜果不耐贮存。因此鲜食品种不宜发展过多，加工和仁用品种要占主导地位。我国鲜食杏的生产量不能超过10%，加工杏（或鲜食与加工兼用杏）与仁用杏应占90%以上。从规划设计一开始就要根据产业目标明确最佳的主栽品种，如制干、制脯、制酱、制汁、仁用等都已有最适宜的专用品种。加工产品的质量70%受制于原料，30%受制于工艺，因此，要发展对路的良种十分重要。

3.2 狠抓良种苗木和示范园建设 进行大规模开发

西部各省（直辖市、自治区）应首先建立杏良种苗木培育基地，这项工作要先上快上大上，并要领导亲自抓。优良品种的来源要切实可靠，要来自国家科研单位。苗圃土质要好，要有浇灌条件，苗木的质量要达到国家行业标准，不是良种绝不可栽。要为子孙后代负责，要经得起市场和历史的考验。同时，还要牢牢抓住示范园，示范园要成为群众的样板园和学习的榜样。示范园的经济效益越好，闪光辐射面也就越广，对群众吸引力就越大。搞产业化开发，没有规模则没有批量产品，也就没有经济效益，因此，规模一定要大。一方面发动群众千家万户种良种，另一方面拓垦沙荒建大型生产基地，实行机械化管理，提高生产效益。

3.3 在主产区建立大型综合加工的龙头企业

在生产规模最大的集中产区，集中财力建设高标准高起点的综合的杏产品大型加工龙头企业，最好是一个或几个县区联合建一处，或跨省（自治区）建一个集团公司。切不要各乡各县都搞，那样财力分散，建厂规模小，生产水平低，商品质量差，不能占领国际国内市场。只有高档的批量的商品才有竞争实力，才能占领和左右市场。

3.4 加强科技投入、建立专业的科研队伍和体系

要加强杏产业的科技投入、要建立一个专业的科技队伍与体系，要深入研究和解决第一、二、三产业中的关键技术和技术难点，提高杏农、企业及营销人员的素质，研究新工艺，研究市场信息和营销方略，使杏产业达到整体的、协调的、富于创新的、富于竞争力的最佳运营状态。这支专业科研队伍和体系的建立与运转，是产业能否完善的重要标志与关键部位。其研究经费来自杏产业，服务于杏产业。

注： 本文2001年9月，发表在中国园艺学会干果分会温陟良与郗荣庭主编的《干果研究进展(2)》上，其后又被《中国园艺文摘》创刊号转载，本文有压缩。

12 把新疆建设成世界最大特色果品生产基地的建议

我国新疆的南疆，有同世界最著名的水果产地——美国加利福尼亚州基本相似的生态环境，但有比其更加丰富的果树种质资源和悠久的栽培历史以及非常广阔的土地资源，又地处欧亚大陆的中心位置，新欧亚大陆桥的全线开通，将为这一地区带来无限的便利和商机。若把新疆建成我国乃至世界最大的多种温带特色水果的生产与加工基地，其意义将非常重大。新疆的特色水果有杏、李（欧洲李）、枣、无花果、扁桃（巴旦杏）、阿月浑子、核桃（薄皮）、葡萄、榅桲和石榴等，本文只就其中的杏和李加以论述。

1 种质资源的比较优势

李和杏是原产于我国的果树，其栽培历史长达3500年之久，世界各国栽培的李和杏都源自我国，欧洲的李和杏栽培历史约2000年，美洲和澳大利亚的栽培历史不足200年。

据调查考证：全世界常见的李属（*Prunus* L.）植物有8个种，其中有5个种

新疆英吉沙县晒杏干场面

原产我国，即中国李(*P. salicina* Lindl.)、欧洲李(*P. domestica* L.)、杏李(*P. simonii* Carr.)、乌苏里李(*P. ussuriensis* Kov.et Kost.)和樱桃李(*P. cerasifera* Ehrhart.)；全世界杏属(*Armeniaca* Mill.)植物共有10个种，其中9个种原产于我国，即普通杏(*A. vulgaris* Lam.)、辽杏[*A.mandshurica* (Maxim.) Skv.]、西伯利亚杏[*A. sibirica* (L.) Lam.]、梅(*A. mume* Sieb.)、藏杏[*A. holosericea* (Batal.) Kost.]、紫杏[*A. dasycarpa* (Ehrh) Borkh.]、志丹杏(*A. zhidanensis* Qiao C.Z.)、政和杏(*A. zhengheensis* Zhang J.Y.et Lu M.N.)和李梅杏(*A. limeixing* Zhang J.Y.et Wang Z.M)。世界上李的栽培面积中中国李约占60%，欧洲李约占30%，杏李和樱桃李等约占10%；世界上杏的栽培面积中普通杏约占90%～95%。中国李起源于我国的长江流域，李光杏（*A. uulgaris* var.*glabra* Sun S.X.）、紫杏和欧洲李起源于我国的新疆，杏李和李梅杏起源于我国华北；普通杏起源于我国的黄河流域……。

据我们调查统计：我国的中国李有800余个品种或类型，普通杏有2000余个品种或类型，可见我国的李杏种质资源极其丰富，并且栽培历史悠久，比较优势极为明显。欧洲李虽然起源于我国新疆，但主产区在欧洲，也有2000余个品种或类型，将其中的优良品种引回故乡，成功的几率自然会很高。

2003～2004年，在农业部和我分会组织的两届全国优质李、杏评选活动中，新疆的杏获得农业部优质农产品证书的有‘轮南白杏’、‘轮南大白杏’、‘明星杏’（皮山县）、‘库车白杏’、‘克孜卡恰杏’（库车县）、‘克孜朗杏’（皮山县）、‘黄色买提杏’（英吉沙县）等，占全国获奖优质杏的42.8%～57.1%，许多品种的综合评价都获得了满分，品种比较优势显著。新引进的欧洲李——‘理查德早生’，高接树3年生株产72kg，在轮台县与和硕县试栽成功。据调查已知新疆现有杏品种资源117个、李品种资源40个，其中柯平县的‘赛买提’杏可溶性固形物高达29%～32%；奎屯农科所培育的奎丰李和伊犁的野牛欧洲李（酸梅），在国家果树种质熊岳李杏圃结的果实，其可溶性固形物高达23%，比同一圃的内地李高出近10个百分点，均为世界之最。

2 生态条件与地理位置的比较优势

在欧美一株杏树的栽培年限不超15～20年，而我国至今百年生的杏树各地均有，不加管理的杏树也可以活到250年（内蒙古）至400年（西藏）之久；在南疆100～200年生的杏树，在粗放管护条件下年年硕果压弯着枝头。野生的山杏从大兴安岭到天山山脉到处皆有，它们自然的生长结果繁衍生息，这在国外都是无法相比的。欧美的杏树要常年在药剂的保护下才能生长，每10～15天就必须打一次农药，全年要喷药15～20次（我国仅2～3次），否则病虫害将造成树体死亡或减产。因此，欧美等地栽培的杏树不仅经济寿命短，而且果品污染严重，生产成本高。由此可见，我国李、杏的生态环境比较优势显著，而且得天独厚。

我国新疆天山以南的地区，由于降水稀少，大气干燥，光照和热量资源充沛，病虫害极少，最适宜李和杏等多种特色果树的生长。现在环大漠周边地区栽培最多的果树是杏树，群众房前屋后都种杏树，对种植杏树情有独钟。这里杏果实的含糖量一般比内地高出7～8个百分点，最多高出15个百分点。且无公害，丰产稳产、品质优良、自然晒干、驰名中外，其中古丝绸之路上的库车县与和田市还是历史上久负盛名的“杏城”。

南疆夏季干热晴朗的生态环境与美国加利福尼亚州极其相似，其是美国最大的水果生产基地，全国90%的杏和70%～80%的李都产于此州，李和杏的加工企业自然也都在这里。南疆的土地面积比加利福尼亚州大十几倍，因此，我国的南疆完全可以发展成为世界最大的优质李、杏等特色果品的生产与加工基地。既利用了浩瀚无垠的戈壁、治理了荒漠，改善了生态环境，又使百姓从中致富，促进欠发达地区经济的发展，加工产品全部外销，为国家创汇，利国利民，一旦建成百年受益。所以，在新疆大力发展李、杏等特色果品产业，可谓功在当代利在千秋，是一个伟大的世纪工程，并可持续发展。

3 生产现状与国内外市场需求

2000年世界粮农组织统计：我国李的栽培面积达100.5万hm^2，年产量达343.7万t。占2000年全国水果总产量的5.2%，占全国水果总面积的12.1%，占世界李总产量的42.3%，位居世界第一。但是我国生产的李全部为内销，几乎没有出口。按13亿人口计算：人均鲜李年占有量仅2.6kg，而我国李的主产区在长江以南，江南李的60%～70%被加工成“嘉应子”、“蜜李”、“话李”、“李汁”和“酒类”等。实际人均鲜李占有量不足1kg，特别是陕、甘、宁、青、新五省区李的产量更少。因此，国内鲜食李的市场极大。2003年新疆李的栽培面积为8512hm^2，产量为46476t，主产区在南疆喀什（13613t）、阿克苏（7088t）、巴州（7763t）、和田（6240t）和北疆的伊犁（4500t）与塔城（1500t）。

2000年世界粮农组织统计：全世界杏的栽培面积为39.5万hm^2，占世界水果总面积的0.8%；杏的产量为275.8万t，占世界水果总产量的0.6%，每公顷单产为7004.8kg。而我国2000年杏的栽培面积为1.4万hm^2，占世界杏栽培总面积的3.6%，占我国水果总面积的0.17%，年产量为6.9万t，占世界杏产量的2.5%，占我国水果总产量的0.1%。人均鲜杏年占有量仅0.05kg。每公顷平均单产为4827.4kg，仅达世界平均单产的68.9%。由此可见，我国

民间熏硫房。杏采收后在熏硫室内熏上一天再晒，这样的杏干油亮且耐贮藏

虽然是杏的原产地，有着突出的种质资源和地域优势，但并不是杏的生产大国和强国，优势没有发挥出来，蕴藏着极大的前景和潜力。

南疆是我国杏的主产区，据报道，1996年南疆杏的生产面积为3.9万hm^2，产量为21.7万t，居全国第一位，其中70%～80%的杏干被东南沿海省份争购，作为加工话杏、话梅的原料。杏在新疆现已被列为自治区的重点开发资源，2001年随着屯河果业有限公司和地方果脯厂的建立，农民自产、自晒、自食杏干的现象得以改变，大量的鲜杏直接进入工厂，加工成杏汁和杏脯，加工品进入国际市场，现已占据国际市场浓缩杏浆35%～40%的份额，在世界同行业中居首位。浓缩杏汁出口吨价高达900美元（比浓缩苹果汁吨价高50%），产品供不应求，备受青睐。利用高可溶性固形物品种生产无糖或低糖的杏（李）脯，国际市场的销售空间更大，大到无法预测，有多少市场要多少；价位也最高，其吨价杏脯比苹果脯高3.1～3.5倍，李脯比苹果脯高1.4～1.5倍。2001年时任国家副主席胡锦涛亲临视察了喀什屯河果业有限责任公司，给予极高的评价，并亲切地谆嘱“选优品种，推出品牌，走向世界”。

2003年，新疆杏的栽培面积达84.522 hm^2，产量达494.480万t，其中喀什27万t、阿克苏11.5万t、和田5.9万t、巴州2.2万t、克州1.5万t。但是距市场需求仍有很大差距。喀什果业有限责任公司又分别在英吉沙、和田、阿克苏建立了3个现代化的分公司，截至2005年，在南疆已建成并投产大型现代化杏浆加工企业已有11个，农民到处晾晒杏干的场面已不多见，南疆80%的鲜杏被加工成浓缩杏浆走向了世界。南疆各市县都在积极扩大杏的种植面积，努力提高产量和质量，成片的荒漠戈壁变成了林果绿洲。

我国仁用杏近年发展迅速，国际市场上杏仁的价格坚挺，出口每吨苦杏仁售价17290元，甜杏仁每吨售价34670元，最高达6000美元（1968）。而我国2003年产苦杏仁仅为2.5万t左右，甜杏仁大年才达1.1万t，虽然甜杏仁是我国农副产品中出口创汇率最高的物资，但由于货源不足，国内、国际两大市场缺口极大，致使河北承德的杏仁露露企业不得不从万里之外新疆喀什地区的疏附县购置杏核原料；欧洲的德国、意大利等需求杏仁的大企业也不得不高价转购美国的扁桃仁来填补杏仁的空缺；杏罐头在国内外市场已脱销近10年之久了。由此可见国内外市场缺口之巨大。

4 几点建议

自治区关于进一步加快林业发展的意见中把特色林果业提高到与棉花、粮食、畜产品同等重要的地位，出台了许多切实可行的政策与措施，还进行了科学的规划，对此我举双手赞成。为把新疆建成我国乃至世界最大的特色果品生产与加工基地，下面谈点建议供参考。

4.1 种植的品种应以加工品种和仁用品种为主、鲜食品种为辅

如前所述我国李、杏品种资源众多，其中有鲜食品种、加工品种、仁用品种、还有观赏品种等。作为政府或企业开发，绝不可大规模发展鲜食品种，只能搞加工

晾晒好的红杏干

或仁用品种。而在众多的加工品种中，我们还要依据加工的要求来选择品种，如制罐、制脯、制汁、制酱等均有各自的专用或兼用良种。常言道：加工制品的质量70%决定于原料，30%决定于加工的工艺，由此可知选择原料的重要性。新疆本地的杏可溶性固形物含量高，最适宜加工杏汁、杏脯和杏干，本地的野生欧洲李（大、小酸梅）和引进的欧洲李的栽培品种，可溶性固形物含量和含酸量均高，也适宜制汁和制脯。

仁用杏也有众多的品种资源，按2000年国家林业局制定的仁用杏质量标准，将甜杏仁按重量划分为三等九级，其中一等一级杏仁要求单仁干重达0.8g以上（我们新疆的杏仁单仁干重只有0.5g左右，仅为二等三级），这种特大的杏仁市场售价最高，销售也最快，在市场中是佼佼者。'超仁'、'丰仁'等仁用杏新品种在新疆的皮山县和奇台县已经引种成功，可以扩大发展。

李和杏的最大缺点是果实不耐贮运，货架期太短，一般在无冷藏设备条件下，鲜果3～5天即腐烂。因此，发展鲜食品种要选择货架期长并耐贮运的品种，否则开发越大损失越重。中国李中货架期长的品种不多，应从中美杂交种中选择或从欧洲李中选择，如'黑宝石'、'理查德早生'、'安哥诺'、'苏格'、'耶鲁尔'等品种。在杏属资源中应从李和杏的属间杂交种中选择耐贮运的品种，如'郯城杏梅'、'阜城杏梅'等，或引进土耳其等国家的品种。小白杏虽然好吃，但不宜加工，应适度发展。

4.2 有限的加工原料要综合利用，提高其附加值

以杏的加工为例：南疆2003年产鲜杏49.5万t，其中80%被屯河果业有限公司加工浓缩杏浆和杏脯，其利用的鲜杏约为40万t。鲜杏的出核率按9%计算，剩余3.6万t杏核。若按原料出售，每吨7000元，计25200元。若进行综合加工利用，3.6万t杏核按赛买提和阿克西米西杏的平均出仁率30.3%计算，可出甜杏仁1.1万t，杏核壳2.5万t。按杏仁窄油40%的出油率计算，可出杏油4400t和6600t的油渣，油渣中含有42.9%的杏仁蛋白，则可以生产出杏仁蛋白粉2831.4t，剩余3768.6t的高级饲料。按杏仁油12万元/t，蛋白粉2000元/t，饲料500元/t计算，三种产品合计达53 554.7万元。

杏核壳是制作高级活性炭的原料，2.5万t杏核壳按9t出1t活性炭计算，可生产杏壳活性炭2778t，以价格最低应用最多的杏壳净水炭的单价（10500元/t）计算，活性炭产值可达2916.9万元。

不包括浓缩杏浆和杏脯，只计算再加工的杏仁油，杏仁蛋白粉、杏仁饲料和杏壳活性炭产品的总产值合计为56471.6万元，比出售杏核原料多赚31271.6万元，提高附加值2.24倍（如附图）。如若再进一步提取杏仁香精、苦杏仁甙和高级活性炭或者将杏仁蛋白粉再进一步加工成香肠等，其产值还将大幅度提高。杏产品的精

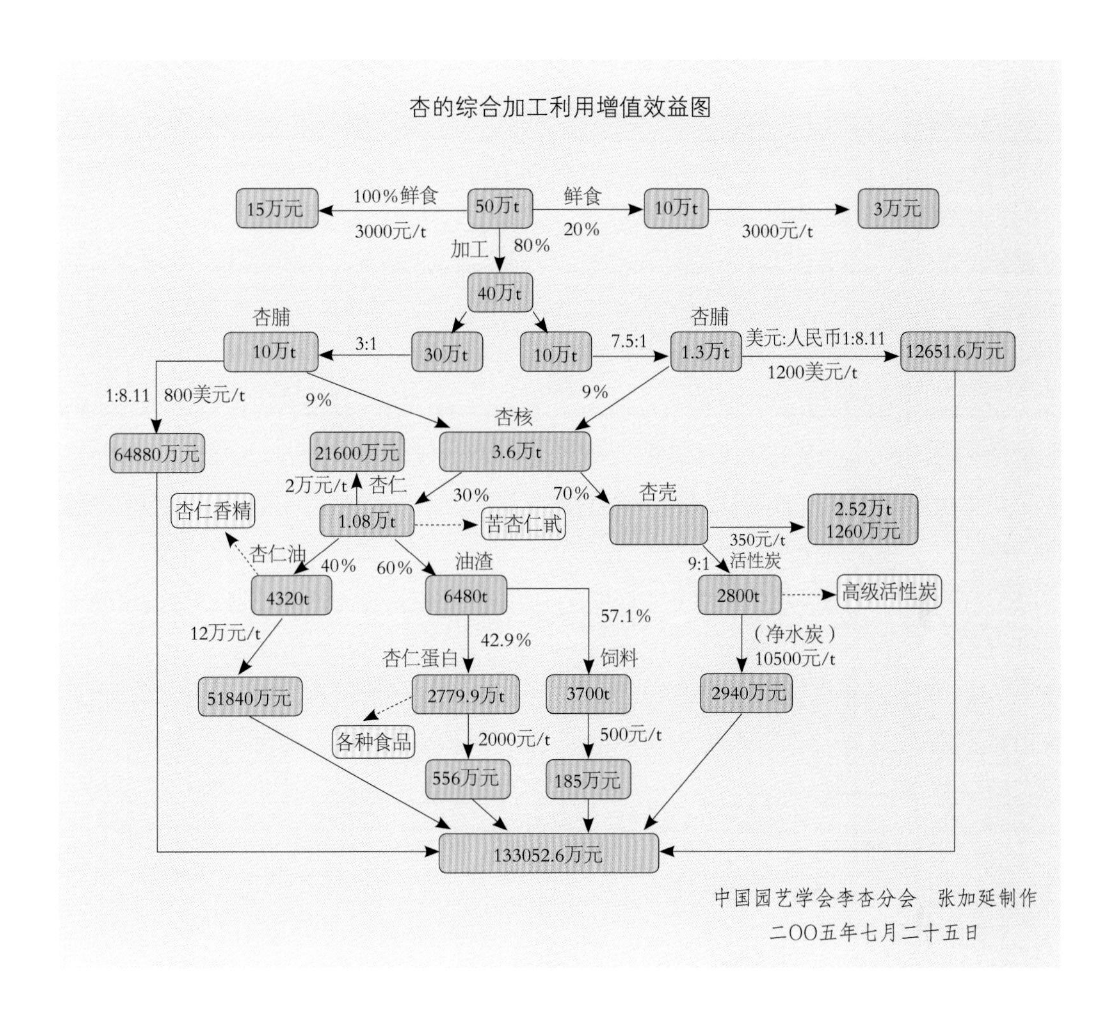

深加工还是劳动密集型产业，将提供大量的就业机会，其社会效益亦相当可观。

利用这套杏产品深加工的设备，同样可以加工新疆特产的核桃油、扁桃油、阿月浑子油乃至各种瓜籽油等，同样可以利用核桃、枣、酸梅、李、桃等的核壳生产活性炭。

总之，每个产品的下游即是下一个产品的上游，开展综合加工利用，创造更大的附加值。

4.3 充分利用外资和国际先进的技术与知名品牌合作办企

我国的果品加工企业应当效仿我国的汽车制造业，众所周知2003年我国成为世界第三大汽车销售国和世界第四大汽车生产国，在全国32家汽车生产厂家中排前十位的依次是上海大众、一汽大众、上海通力、天津夏利、广州本田、神龙汽车、长安汽车、上海奇瑞、风神汽车、北京现代，其中仅第八名的上海奇瑞具有独立自主产权，其余都是与国际同行业的名牌企业合作，共同“致富”。如今占据国际杏脯市场第一位的是土耳其，他们的无糖和低糖杏脯符合时代的潮流，质量和数量均称霸国际市场。如今土耳其杏脯生产中占有60%产量的世界第一大杏脯生产企业的总裁，看到中国杏资源的丰富和市场之巨大，也看到中国杏产业的兴起将会对他们的地位构成威胁，所以采取了明智的双盈决策，拟走中国汽车行业发展之路，在中国寻求合作伙伴，共同开发杏产业。除土耳其之外，德国、意大利、澳大利亚、日本和美国等也将有此举，希望我国的加工企业和地方政府抓住这一千载难逢的大好时机，积极促进合作，引进资金、技术、设备和知名品牌，加速我国杏产业的发展。

4.4 建议诚召种植商，实现v我区特色林果产业的跨越式发展

在市场经济中产品不仅要好，而且还要有相当大的批量，批量的大小决定着你左右市场的能力，批量越大控制市场的能力越强。据自治区林业厅提供的资料：到2004年，全区林果种植面积达66.9万hm^2，其中南疆环塔里木盆地已形成53.3万hm^2的规模，果品产量约300万t，南疆大部分县市实现了农民人均一亩果园的目标。从中可知南疆投入的果农有800万之众，人均生产果品为0.37t，每户按3口人计算，户均种植0.2hm^2果树，产量1.1t。

当今发达国家的果农都称之为“种植商”（即我们讲的家庭农场），因为他们种植的产品都是商品。以美国加利福尼亚州为例，其有扁桃种植商9000个（户均3口人即2.7万人），经营着22万hm^2扁桃，总产量达22.7万t。户均24.4hm^2（366亩），户产25.2t。可见我们与美国的人均效率相差十分悬殊，他们以少量的人口生产大量的产品，靠的是现代化的生产方式，每个种植商加上雇员只有4～5人，全部机械化和自动化管理。全州统一品种、统一技术管理、统一质量标准、统一收购、统一加工，最终形成了统一的高质量的批量产品，占据了国际市场近60%的份额。

种植商本身有相当的经济实力，可以规模种植，实行机械化和自动化管理，产品成本低，质量好。他们的到来不仅加快了开发的速度，还会带来先进的技术和文化，带动我区农民加快致富。

我们新疆多的是土地，有着世界上最佳的适宜特色林果业发展的生态环境，若按人均十年一亩的“自然”增长，将会贻误战机。不如认真地研究如何把我国内地的和外国的种植商请过来，以“今日借君一桶水，明日还君一桶油”的胸怀和胆识，促进我区特色林果产业的跨越式快速发展。据传闻美国当初开发落后的西部时，每公顷土地每年只收1美元的租金等政策有着相当大的吸引力……。

4.5 加大科技投入

新疆现在的果业生产主要是靠得天独厚生态环境的恩赐，栽培管理粗放是出名

的，就拿杏树来说，我见到的绝大多数杏园是不嫁接、不修剪、不施肥、不浇水、不疏果、不打药，甚至连土地也不松，草也不除，这在全世界都罕见。因此才产量低、品质差，生产效率不高。我管的杏园一亩地产5000kg，好果率在90%以上，亩收入8000元，你们能吗？所以要加强农民的科技培训，提高果农的科技意识和文化素质。在发达国家经营果园要有大学本科毕业文凭，还要有几年实践的证明才有权申请建果园。从长远来看我们应该在广泛培训的基础上，开办农业职业技术学校，经过系统教育培训中专、大专、本科的管理人才，他们懂得如何进行科学管理和经营，逐步建立不具备相当学历，不准许经营果园的制度，接近发达国家的水平。其二是建立长设的高层次专业特色林果业科研机构，研究的内容：一是研究我区特色林果产业发展不同阶段的方针政策、营销策略、科学布局、合理区划、发展规划，以及国内外市场信息与预测等宏观科学。二是研究适宜我区的树种与优良品种，引进和培育良种、有机实用栽培技术、贮藏加工工艺与技术、产品质量标准、建立高产优质高效生产示范园等微观科学，为自治区政府决策和指导生产提供科学依据。其三是广招人才，给予优厚的待遇和可发挥其才干的工作条件，促进“孔雀”向天山飞。

总之，新疆有着极其丰富的特色果树种质资源，有着得天独厚的适宜多种特色果树生长的生态环境，又有着悠久的果树栽培历史和广扩无垠的土地资源，又地处欧亚大陆的中心腹地，还有着国内国际两大市场需求的强大拉力，更有广大群众期盼早日致富的强烈愿望，把新疆建成我国乃至世界最大特色林果生产与加工基地，已经据备了天时、地利、人和三大成功的要素，又时逢国家西部大开发的良好机遇，我们应该当机立断信心百倍的带领全疆人民去奋斗，大手笔、大动作的建设这个永不衰落的朝阳产业！

注：本文应2005年中国科协新疆年会而作，代表中国园艺学会五人赴疆报告团，于8月17日在库尔勒市举办的“新疆特色林果产业化论坛”上，作为特邀专家第一个做多媒体专题报告，引起共鸣和强烈反响，多媒体报告当场被中国工程院吴明珠院士及记者们索要，报告原文被载入由新疆维吾尔自治区党委农村工作办公室、自治区林业厅、中国园艺学会合编的内部资料《新疆特色林果产业化论坛》书中。

13 我国“三北”杏树产业带的发展现状

笔者在多年从事杏树种质资源研究与开发利用的基础上，1996年10月曾在中国园艺学会于山东牟平县召开的全国高效果业学术研讨会议上，首次提出《建设“三北”杏树产业带的建议》，随后又在科技导报等许多刊物和会议中宣传了这一设想，如今已经过去了10个年头，这一设想是否符合实际，进展如何？想必有许多关心的人都想知道。

1 发展现状

1.1 “设想”已经深入人心并纳入政府重点项目计划

杏树是“三北”地区的乡土树种，适宜“三北”地区的生态环境，能够发展成为这一地区的特色支柱产业，这在全国果业科技人员中普遍认同，并成为中国园艺学会李杏分会义不容辞的重要任务之一，在1998至2006年的9年中，我分会先后连续5次在“三北”地区召开全国性学术研讨会议，促进了“三北”地区杏产业的快速发展。如今建设“三北”杏树产业带的建议已经得到“三北”地区群众和各级政府的认同，其中新疆和宁夏已经纳入自治区的重点项目，内蒙古自治区的赤峰市和通辽市，辽宁省的朝阳市和阜新市、河北省的承德市和张家口市，北京市的延庆县，山西省的雁北、吕梁和晋南三个地区，陕西省的延安和榆林两市，以及甘肃省的庆阳地区等，也都先后将发展杏产业列入本地区的重点项目。

1.2 “三北”地区是我国杏的主要产区

据不完全统计，到2005年末，“三北”地区杏树总面积已达212.5万hm^2，占全国杏树总面积（218.4万hm^2）的97.3%。其中鲜食与加工杏的面积为30.9万hm^2，占全国同类杏的85.2%；年产量为114.6万t，占全国同类杏年产量的77.9%。“三北”地区大扁杏面积为27.8万hm^2，占全国大扁杏面积的99.8%；年产量为2.05万t，占全国仁用杏产量的99.6%。“三北”地区山杏面积为153.8万hm^2，占全国山杏面积的99.7%；年产量为7.2万t，占全国苦杏仁产量的99.0%。由此可见“三北”地区是我国名副其实的杏的主要产区。

1996年我国鲜食与加工杏的生产面积为18万hm^2，产量为65.5万t；2005年达36.3万hm^2，147.1万t。分别增长了201.7%和224.6%，面积增长较多的地区是内蒙古、山西、新疆、宁夏等地，在冻害严重的陕西和辽宁有所减少。产量增长较多的是宁夏、山西、北京、内蒙古和新疆。这9省（市、区）平均每年以9.5%～10.0%的速度增长。

2000年，作者一行考察陕西延安市志丹县百万亩仁用杏基地

2001年，作者访河北蔚县全国仁用杏最高产农民夏正时（左）

2001年，作者在山西稷山县指导李生产

2007年，作者（右）在四川大邑县考察果梅资源

1.3 “三北”地区杏的三大集中产区

在“三北”杏产业的发展中，由点到面逐渐形成了三个比较集中连片的规模生产区域，即东部、中部和西部三个杏的集中产区。

1.3.1 东部产区

东部产区包括辽宁、河北、北京、内蒙古和吉林等地，具体的是辽宁省的朝阳市和阜新市，以及相邻市的部分县乡；河北省的张家口市和承德市，以及邢台市的巨鹿县和广宗县，衡水市的阜城县等；北京市的延庆县；内蒙古自治区的赤峰市和通辽市，以及吉林省的通榆县等地。

2005年底这一区域杏树面积达170.9万hm^2，占“三北”杏树总面积的80.4%。其中鲜食与加工杏11.1万hm^2，占6.5%；大扁杏19.6万hm^2，占11.5%；山杏140.1万hm^2，占82.0%。2005年产鲜食与加工杏29万t，占全国同类杏的19.7%；大扁杏仁1.8万t，占全国大扁杏仁产量的83.7%；山杏仁6.9万t，占全国山杏仁产量的94.8%。平均单产鲜食与加工杏4461.5kg/hm^2，大扁杏仁246.6kg/hm^2，山杏仁105.3kg/hm^2。

1.3.2 中部杏产区

这一产区包括山西、陕西、甘肃、宁夏四省（自治区），主要产区是：山西省的忻州地区和临汾地区，以及吕梁地区的兴县和大同地区的阳高县与广陵县；陕西省的延安市和榆林市；甘肃省的庆阳地区和宁夏的固原市。

2005年这一杏产区的杏树生产面积已达27.9万hm^2，占“三北”杏树总面积的13.1%，其中鲜食与加工杏6.3万hm^2，占22.6%，大扁杏8万hm^2，占28.7%，山杏13.6万hm^2，占48.7%。鲜食与加工杏产量为17.4万t，占全国同类杏的11.8%；大扁杏仁3300t，占全国大扁杏仁产量的14.0%；山杏仁产量3080t，占全国山杏仁产量的4.1%。平均单产鲜食与加工杏3954.6kg/hm^2，大扁杏仁120kg/hm^2，山杏仁58.8kg/hm^2。

1.3.3 西部杏产区

这一产区即新疆杏产区，其鲜食与加工杏主要分布在南疆5个州（地），仁用杏主要分布在北疆的伊犁地区和昌吉州。

2005年这一杏产区的杏树总面积达13.8万hm^2，占“三北”杏树总面积的6.5%，其中鲜食与加工杏为13.5万hm^2，占全国同类杏的37.2%；大扁杏2400hm^2，占全国大扁杏生产面积的0.9%；山杏1100hm^2，占全国山杏面积的0.07%。2005年产鲜食与加工杏68.2万t，占全国同类杏的46.4%，大扁杏仁370t，占全国大扁杏仁产量的1.9%；山杏仁产量100t，占全国山杏仁产量的0.1%。平均单产鲜食与加工杏7513.2kg/hm^2，大扁杏仁205.6kg/hm^2，山杏仁100kg/ hm^2。

我国鲜食与加工杏的主要产区在西部（新疆），大扁杏和山杏的主要产区在东部，各产区均有相当多的幼树未进入结果期，尤其是中东部产区增产潜力更大。

1.4 企业投资杏产业加工来得及时

随着我国杏的种植面积扩大，产量增多，加工原料日益充沛，独具慧眼的企业家们纷纷来投资办厂。在21世纪前，我国只有少数以传统工艺生产杏脯和生产杏仁与杏肉饮料的企业，其中较大的是承德露露集团。

进入21世纪后，2001年中粮新疆屯河果业有限责任公司先后投资43亿元在南疆建成4个大型浓缩杏浆加工企业，全部采用国际最先进的设备和工艺，年产万吨的浓缩杏浆全部出口，现已占据国际杏浆市场的30%份额。近年又加工无糖和低糖杏脯成功，向国际杏脯市场挺进。近年大型杏产品加工企业华隆（2004年投产）和德恒（2006年投产）等又纷纷落户南疆，加大了杏产业发展的拉动力。

杏仁油是高级食用油和工业用油，是杏仁加工业的高级产品，2001年大连瑞芳生化物品有限公司加工精制杏仁油成功投产，2005年1月山西百利士生物科技有限公司在山西左权县建成投产，这是我国目前最大的杏仁油深加工企业。同年甘肃省庆城县碧圣食品有限公司和辽宁省朝阳市的维亚食品有限公司以及阜新振隆土特产品有限公司也都生产杏仁油成功。

杏仁核壳是加工活性炭的高级原料，2001年辽宁省朝阳森源活性炭厂建成投产，2002年河北遵化达威活性炭厂建成投产，2003年山东省枣庄市陶庄矿活性炭厂建成投产，2004年辽宁绥中烨盛活性炭厂建成投产，2005年内蒙古宁城活性炭厂建成。同年辽宁省农科院阜新分院160型果壳活性炭活化炉通过省级成果鉴定，投资少、节能新炉型诞生。2006年河北平永和内蒙古宁城杏壳活性炭厂投产。

从上个世纪末到现在我国食品市场多了一种新产品——开口杏核，河北省涿鹿县和蔚县、陕西省的志丹县、宁夏回族自治区的彭阳县等地不仅生产开口杏核，还生产脱衣白杏仁。2006年河北蔚县杏仁经销总公司又开发出杏仁切片和杏仁全脂粉新产品。

由此可见我国杏产品的加工业进入一个快速发展时期，从杏肉到杏仁再到杏核，一个杏产品综合加工利用的新局面已经到来，加工业带来的高附加值将会促进杏种植业的巩固和发展。杏产品的深加工又是劳动密集型产业，将为“三北”地区提供大量的就业机会，产生巨大经济和社会效益。

1.5 销售渠道已经明朗化

由于我们过去跨行业联系甚少，造成产业链条之间衔接不紧密，往往生产者找不到营销者，营销者也找不到生产者，市场上常有滞销与紧俏并存现象，局部积压卖难声时有，使杏树种植业的扩大发展受到影响。2005年香港振隆土特产有限公司和2006年深圳丰达进出口公司先后加入中国艺学会李杏分会，实现了产销结合，可以左右国际杏仁市场80%的份额，今后该公司将成为我国甜、苦杏仁及杏的加工品向国际市场销售的主渠道。杏农卖难的问题将成为历史，我国杏产业从此将全面走向世界。

2002年，作者在新疆轮台县试栽欧洲李成功

2005年，作者（右）在湖北当阳县调查南下的仁用杏树

2007年，作者与辽宁省农业科学院李海涛副院长（左）在内蒙古喀喇沁旗考察山杏资源

2008年，辽宁省农业科学院孙占祥副院长（中）视察宁夏三沙园

2007年，作者在辽宁普兰店做‘秋香李’×‘安哥诺李’杂交

2008年，作者访宁夏彭阳县全国劳模杨万珍（左）

1.6 农民种植杏树增加了收入

由于销售渠道的畅通，在杏产品加工企业和市场的有力拉动下，我国杏的种植业不仅得到巩固，而且有所发展。如河北省的涿鹿县是我国大扁杏生产第一大县，1998年前有大扁杏2.7万hm^2，2005年达到3.9万hm^2，增长了44.4%；河北省巨鹿县的‘串枝红’杏生产基地，2000年前有0.37万hm^2，2005年达到0.47万hm^2，增长了27.0%，这些地区新发展的幼杏树都是农民自觉种植的。‘串枝红’杏产地批量采购，每千克价格稳定在1.30元，亩产鲜杏2000～3000kg，农民每亩收入2600～3900元，这是杏基地得以巩固和发展的真正原因，而这种原因的产生正是来自于加工业的兴起和销售业的畅通。

2 存在的主要问题与对策

现在“三北”杏树产业带存在的主要问题：一是栽培品种良莠不齐；二是晚霜危害严重；三是管理粗放单产低，经济效益上不来。解决的措施有以下几方面。

2.1 调整并优化主栽品种

我们认为西部杏产区要着力发展适宜制汁与制脯的品种，即果皮和果肉均为黄色的高酸和高固形物的品种，如‘赛买提’、‘黑叶杏’、‘明星杏’等，不宜再扩大‘小白杏’的种植。在东部和中部杏产区应着力发展抗寒与抗霜冻的加工和仁用品种，如加工品种‘石片黄’、‘串枝红’、‘沙金红’和‘京杏’等；大扁杏各品种中‘优一’最抗寒，其他杏仁特大的品种均不如‘优一’抗寒。同时要加强山杏中丰产、大仁、晚花类型的选育。

2.2 选择避霜并晚花的园址种植

在“三北”地区我们选择发展杏的园址，不仅要求避开空气不流通的谷地和冷空气下沉的洼地，还要特别注意坡向的选择，南坡阳光好，但春季气温回升快，杏花开得早，花期短，易遭霜冻，而北坡则相反。据研究东坡、北坡和东北坡分别比南坡杏花迟4～6天、8～10天和10～13天，而且杏的花期也比南坡长，不论是否有霜冻的年份产量均比南坡高。现在，我分会正组织科技人员合作攻关，研究解决杏树抗霜冻的技术措施。

2.3 推广杏树丰产栽培技术措施，提高单产和经济效益。

对杏树要与管理苹果、梨、桃等其他果树一样，给予基本的园艺化栽培措施，加强对杏农的科技培训；树立丰产栽培典型示范园（户）；推广杏树标准化和无公害栽培技术；特别提出对山杏也要采取园艺化栽培，努力提高产量和质量。

综上所述，关于建设“三北”杏树产业带的设想与建议，在“三北”地区已经得到了落实，在这最初起步的10年中，经历了专家的宣传与论证，基层政府的响应与积极推动，企业与市场的有力拉动三个时期，现已从原始的零星种植发展成为跨省区连片的三大集中产区，实现了规模化种植，并牢牢的镶嵌在我国广袤的“三北”大地上，其种植、加工和营销三者紧密衔接的产业链条正在整合形成。试想如果本项目能得到国家政策和财力的支持，再过10年，这三大主产区将连成一条横亘在我国北方的杏树带，随着时间的再推移，这条带还将加宽和延长。届时我国丰富的杏树种质资源优势才能真正转化成为产业优势，成为我国最大的阳光沙产农业，她不仅造福于“三北”乃至全国人民，而且也将为世界的经济发展作出贡献。

注：原文载于《李杏资源研究与利用（五）》中，本文有删节。

14 我国杏壳活性炭的产销现状与应用前景

活性炭是广泛应用于多种工业的原料，也是保护生态环境、提高人们生活与健康水平以及出口创汇的重要物资，有着极其广阔的开发利用前景。生产活性炭的原料有煤、骨、木材、竹、果壳、松塔、玉米芯和稻壳等，但以果壳为优。在椰壳、油棕壳、油茶壳、杏壳、桃核、李核、樱桃核、欧李核、枣核、核桃壳、沙枣核、山楂籽壳、沙棘籽壳、松籽壳等众多果壳中，又以杏壳和椰壳为最。

1 活性炭的发展历史、现状与存在问题

1.1 活性炭的发展历史

1.1.1 世界活性炭的发展历史

世界上活性炭的研究和利用起于20世纪初期的欧洲，原料为木炭和骨炭。1910年奥匈帝国试验氯化锌化学方法生产活性炭，1913年该国的波希米亚糖厂获取发明专利，应用于制糖业，生产出白糖。1914年第一次世界大战爆发，化学武器从单纯释放酸性气体发展到释放有毒的氯化苦和亚当氏气体，简单的碱性口罩已经无济于事，各国就把活性炭应用到防毒面具上，这样就加快了活性炭的科学研究和生产。1920～1923年，出现了化学法和气体法的活性炭生产工艺，原料除木炭外应用了椰壳和桃壳，产生了高机械强度和适宜的孔隙结构的粉状与颗粒状活性炭。这期间美国、德国、荷兰和俄国都建立了活性炭制造工业，这是欧洲活性炭工业的第一个迅速发展时期。

1939年开始的第二次世界大战期间，活性炭作为防毒面具的重要材料，又出现了新的跃进，特点是煤被用作为生产活性炭的原料，又出现压块和压伸制造工艺。因此，出现了活性炭的第二个迅速发展时期。

20世纪60年代以来，活性炭被广泛应用于各种工业领域，同时也更多地应用于净水和空调等日常生活，以及应用于废水、废气的处理等环保事业，活性炭的需求量与日俱增，则又出现了活性炭的第三个迅速发展时期。据80年代不完全统计，世界上能够生产活性炭的国家已由最初的几个发展到34个。即美国、苏联、日本、英国、法国、德国、中国、捷克、保加利亚、匈牙利、加拿大、澳大利亚、奥地利、意大利、波兰、印度、朝鲜、越南、比利时、西班牙、瑞典、阿根廷、墨西哥、巴西、挪威、罗马尼亚、南斯拉夫、荷兰、瑞士、韩国、印度尼西亚、泰国、斯里兰卡、马来西亚等。1980年世界活性炭年产量达35万t，1985年达100万t，其后每年以10%～12%的速度递增。

1.1.2 中国活性炭的发展历史与生产现状

我国活性炭生产始于20世纪40年代的早期（上海），建国后才得以迅速发展。1949年沈阳东北第一制药厂首先使用木炭生产粉状活性炭，1951年在青岛建立用木屑为原料的粉状活性炭生产厂，1957年又在上海、杭州建立了用木屑为原料的氯化锌化学法生产粉状活性炭的工厂。1960年山西太原建成大型颗粒状活性炭工厂，采用水蒸气活化，用煤作为原料。1966年在黑龙江省铁力建成矩形管炉和转炉，生产以木炭为原料的粉状和颗粒状活性炭厂。1969年北京光华活性炭厂引进苏联技术，建成500型斯列普炉，生产以椰壳和杏壳为原料的不定型颗粒状活性炭，这是我国第

作者和同仁们新研制的160型活化炉

原始土窑生产活性炭现状

一个果壳活性炭生产企业。1980年全国有活性炭企业100余个，年产量达1.5万t，占当年世界活性炭总产量的4.3%。此后，我们对投资大、耗能多、有污染的斯列普炉进行不断改造，至2001年，在辽宁朝阳建成定型的160型斯列普活化炉，专一生产杏壳活性炭。1997～2000年我国活性炭的年产量均达12万t，进入21世纪全国有大大小小各种活性炭生产厂400多家， 2001年年产量上升为18万t，2002年年产量达20万t，2003年年产量约23万t，产量仅次于美国，居世界第二位。

1.2 存在问题

1.2.1 布局分散、企业规模小

我国活性炭生产至今没有一个明确的主管部门归口管理，大多是谁用谁生产，如煤炭、医药、国防、石油化工、农林、环保等众多部门和行业都有自己的活性炭企业。从黑龙江省至海南省，从东部沿海至甘肃省都有活性炭厂。因此，存在着布局分散、企业规模小、生产效益低、污染环境、产品质量低、技术标准和生产工艺不统一不规范，出口创汇率不高等问题。以至使我国成为向美、日等发达国家提供生产高档高价活性炭初级加工原料的基地，年产量虽然居世界第二位，出口量居世界第一位，但仍不是活性炭产业的强国，至今还没有一个年产量达万吨级的大型活性炭企业。如2000年全国有活性炭生产企业400余个，年产量12万t，平均每个企业只有300t。而在美国仅西哇科、卡尔岗、巴尼拜切纳、阿脱拉斯四个公司年产量就达17万t，世界最大的活性炭企业是荷兰的Norit公司，其年产量达11万t。在日本、俄罗斯、英国、德国、意大利、捷克等国家都有年产量在万吨以上的大型活性炭企业。

1.2.2 产品结构与国内需求不相匹配

2002年为例，我国活性炭的年产量达20万t，其中煤质活性炭12万吨，占总产量的60%，国内很少利用；木质活性炭7万t，占总产量的35%，也大部分出口；果壳活性炭仅1万t，占总产量的5%。在果壳活性炭产量中杏壳活性炭约有0.3万t，仅占总产量的0.015%。而2002年我国中高档果壳活性炭年需求量为5万t。2003年上升为6.5万t，缺口量更大。因此，尚需从国外进口许多高档活性炭，可见现在的产品结构与国内的需求很不协调。

1.2.3 产品价格低，且差幅较大

我国煤质和木质活性炭的价格比较低，果壳活性炭的价格较高。由于生产活性炭的材质（原料）、产品规格、质量级别的不同形成了价差幅度，以辽宁朝阳森塬活性炭厂的价格为例，杏壳活性炭的价格是煤质和木质活性炭的1倍以上，该厂高贮能电极材料专用杏壳活性炭吨价为15万～16万元。从中足见杏壳活性炭的身价之高。

2 我国活性炭进出口情况

2.1 出口量居世界第一位 且逐年增加

我国活性炭的出口量逐年增加，1990

年出口量仅为1万t，2000年出口量达7万t，占当年12万t总产量的58.3%，平均年增长率为22%。出口量居世界第一位，超过了欧洲、美国和日本等发达国家出口量的总和。据海关统计2001年我国活性炭出口量猛增到132336t，出口总额为7466万美元。2002年我国出口活性炭的总量继续上升，达150767t，占当年总产量20万t的75.4%，出口总额达8321万美元，比2001年分别增长13.9%和11.5%。其中出口日本41636t，出口额2715万美元，占出口总额的32.63%；出口美国29004t，出口额为1593万美元，占出口总额的19.17%；出口韩国17455t，出口额809.52万美元，占出口总额的9.73%。对日、美、韩三国出口量合计占出口总量的61.53%，2003年出口量上升为18.26万t。

从上述情况看出，我国活性炭的出口数量在不断增加，但吨价却不断下降，2003年平均吨价降至为532.4美元。而美国2002年活性炭出口吨价达1883.3美元，比2001年的1769.4美元，增加了113.9美元，增长率为6.4%。是我国同期产品价格的3.4倍。

2.2 进口量在逐年增加

近年我国活性炭的进口数量也在逐年增加，特别是进入21世纪后竟成倍增长，支出的外汇额也越来越多，进口的吨价是出口吨价的3～5倍，尤其是从美国或日本进口的石化工业用的乙烯高分子合成专用载钯活性炭，其吨价高达80万元。

从进出口产品结构上看，我国出口的活性炭中低档产品比重大、档次低，技术含量和附加值低。进口的则是高档次高性能的活性炭。美国从我国进口的活性炭，除一小部分使用外，绝大多数被美国用来二次加工成中高档活性炭，然后再出口我国或供国内使用。因此，我国活性炭生产应由数量型向质量型转移，开发高中档活性炭产品应是我国活性炭产业的当务之急。

3 我国活性炭的应用领域与杏壳活性炭的开发前景

3.1 不断扩展新的应用领域

20世纪70年代前，我国活性炭主要应用于制糖、制药和味精工业，80年代扩展到饮用水处理和环境保护行业，90年代又扩展到有机溶剂回收、食品饮料、净化空气、脱硫、载体、医药、提取黄金、防毒面具与服装、半导体等领域。进入21世纪以后，又进一步扩展到生物工程、新型能源、功能型绿色环保汽车等高新科技领域。虽然，随着活性炭应用领域的不断扩展，我国活性炭的产量也在不断上升。但是，符合国内需要的高档次活性炭却增长缓慢，因而不得不依赖进口，造成大量资金外流。这种现象不能不说是对我国活性炭的生产方向、生产工艺和科技水平的一个严峻鞭策和挑战。

3.2 我国杏壳活性炭的开发前景

我国是全世界杏属植物的原产地，杏

壳是我国特有的生产高级活性炭的优质原料，有着明显的资源比较优势。其杏壳活性炭的碘值高（900～1300mg/g），质地坚硬（硬度达95%～98%），孔隙密度大（总孔容积为0.70～1.00cm^3/g）、吸附能力强（苯吸附量为300～680mg/g）、比表面积高（1000～1500m^2/g）和灰分少等优点，并且可以再生和重复使用。因此，杏壳是生产高档活性的优质原料，2003年我国仅生产0.3万t 杏壳活性炭。

2003年全国杏仁年产量为36.234t，按5t核产1t杏仁计算，全国年产杏壳144.936t，按平均每9t杏壳生产1t活性炭计算，可产高档的杏壳活性炭1.6万t，不仅有很大的资源潜力可挖，而且足以取代每年的进口数量，满足国内经济发展的需求。

我国北方能够生产果（杏）壳活性炭的地方有北京的通州，河北的平泉、丰润、遵化、保定和涉县，河南的禹州与长葛，以及甘肃的环县，山西的孝义，山东的枣庄、内蒙古的赤峰和辽宁的朝阳，大多建在杏的主产区。其中唯辽宁的朝阳森塬活性炭有限公司是专以杏壳为原料的活性炭企业，除生产常规的净水炭、黄金炭和糖液脱色炭等产品外，目前已经试生产出超电容级电池电极专用活性炭和汽油吸附活性炭，并与长春、上海、广州等大型汽车制造业和新能源企业（公司）等建立了产销关系。其高档电池活性炭的主要技术指标，如放电时间、衰减度、电阻率等都达到了日本同类产品水平，但产量有限，急需扩大生产。

总之，我国活性炭的应用领域在不断扩展，应用量也在逐年增加，对高档次、高性能的杏壳活性炭需求量越来越多，我们又有充足的杏壳原料潜力可挖。因此，对杏壳活性炭的科研与生产应当给予关注和支持。

注：原文发表于《辽宁农业科学》2005年第5期上，本文有删节。

15 利用荒漠化土地 开发木本油料作物

近年来，我国油料与食用油需求量大增，油料生产下滑，供求矛盾逐年加大，受耕地面积的限制又无法扩大油料的种植。为此，国家出巨资外购油料与食用油，但又出现国际跨国公司控制我国油料与食用油产业的现象，成为新的影响我国食物安全因素。如何解决这一难题，我们在分析研究的基础上谈点浅见，供有关部门参考。

北京市农林科学院林业果树研究所所长王玉柱等在内蒙古呼和浩特市市郊攸攸板乡考察250年生的古杏树（王玉柱 提供）

1 我国油料与食用油供求矛盾严峻，迫切需要扩大种植油料作物

据韩俊等人的资料，我国油料的需求量1993年为3822万t，到2005年为8200万t，增幅高达1.15倍；其中大豆的需求量1993年为1504万t，2005年达到4254万t，增幅高达1.83倍，其次为油菜和花生等。据预测我国油料总需求量还将继续增加。

同时我国食用油的消费量也大幅度提高，从1994年的1084万t，上升到2005年的2209万t，增幅超过1倍以上。预测未来我国食用油消费量还有继续快速增加的趋势。但我国食用油料的生产却在连年下滑。由于国内油料和食用油供求矛盾加大。我国不得不出巨资大量进口美洲国家的转基因大豆和食用油，2005至2009年，我国年进口大豆从2659.1万t增加到4255.2万t（进口每吨3600元，仅此一项年资金外流达1531.9亿元）；2005至2009年我国年进口食用植物油从662.4万t增加到950万t（均超过同年国产食用油的总量，进口食用油每吨约7200元，每年外流资金约700亿元），以此来满足国内的需求。现在我国已经成为世界上最大的油料和食用油进口国，是食用植物油严

新疆伊犁杏树根系自然滑坡剖面图，图中人许正，身高1.8m（林培钧 提供）

重短缺的国家。据韩俊等人测算，近年我国食用油进口依赖率已达60%以上，其中豆油的依赖率高达88.1%，其他植物油进口依赖率也高达73.8%，菜籽油进口依赖率达28.9%，只有花生油和动物油脂能保持自给，我国食用油的自给率已经下降到40%以下。

随着我国大豆市场的开放，大型跨国公司通过大豆价格巨幅波动，使国内大豆压榨企业亏损、负债甚至破产，然后以兼并、收购等方式，实现了对我国大豆行业的控制；外企控制着国际大豆市场90%的贸易量，控制着美洲大豆主产区30%的生产，有着优势定价权。现在我国约有70%的油脂加工厂是外资或合资企业，外资企业现已垄断了我国大豆进口及加工行业，可以直接左右我国食用油供给安全。

2 开发荒漠化土地是条捷径

我国人均耕地仅1.4亩，不足世界平均水平的1/2。在这有限的耕地上首先要确保13亿人口的吃饭问题，因此每年粮食的种植面积不能少于70%，另30%的耕地要种植棉花、油料、糖料、蔬菜和水果等民生必需的经济作物，才能保障国民的穿衣和“米袋子”、“菜篮子”，维持社会的稳定。我国耕地利用现状基本合理，除油料作物外基本保证了我国的食物安全供给，维持了社会的稳定和发展。如果我们在此基础上，能够另外增加700多万hm^2耕地供油料生产使用，则

内蒙古奈曼旗一农户承包4000株20年生仁用杏，1999年产杏核1.5万kg，收入10万元，图为该农户丰收的杏核

我国的食物安全将会得到完全的保障，但这700多万hm^2的耕地从何而来？这是摆在我们面前不容回避的重大问题。

我国油料植物有木本和草本两种，草本油料作物中芝麻的含油量最高，但在木本油料作物中有杏、山桃、榛子、扁桃（巴旦杏）、核桃、橄榄和椰子的种仁含油量都超过了芝麻，前4种北方木本油料作物产油的质量（不饱和脂肪）甚至超过了堪称“食用油之王”和“液体黄金”的橄榄油。而这4种木本油料植物中的山杏、山桃、榛子、和扁桃有着极强的抗旱、抗寒和耐瘠薄的能力，利用荒漠化土地种植这些木本油料作物是解决油料和食用油供求矛盾的捷径。

据国家林业局统计，经过多年的治理，现在我国仍有263.62万km^2即2.64亿hm^2荒漠化土地。我们建议首先择优开发其中的2000万hm^2种植木本油料作物，盛果期每公顷即使只生产1t油料，按其出油率平均为50%计算，可年产1000万t优质食用油，可以满足国内的需求，同时在避免资金大量外流、扶贫、改善生态环境等方面都具重要意义。

3 几点建议

1）根据我国人口多耕地少的基本国情，建议把发展阳光沙产业纳入国家中长期经济发展战略规划，或定为基本国策。组织国内外有关专家，集中人力和财力去实现。

2）重新认识木本油料作物，改变以往人们对杏仁、扁桃、核桃、榛子、松籽等只看作是休闲食品的观念。将开发荒漠化土地种植重要油料作物作为防沙治沙的生态工程对待，将开发木本油料作物纳入国家食物安全规划，出台鼓励扶持和奖励政策。

3）各地要因地制宜地选择木本油料作物，选择原产本地区或引进多年并试种成功的，适宜本地土壤与气候条件的树种与品种，就地开发，规模种植，实施园艺化科学管理，同时兴建配套的节水灌溉工程，努力提高产量。

4）加大科技投入，运用现代生物技术的成就，着重研究抗逆性强、产量高、含油量高的品种选育和引进；运用现代防沙治沙的综合科研成果，着重研究木本油料作物的抗旱、抗霜冻、抗寒、高产的尖端综合栽培技术与措施。落实多采光、少用水、新技术、高效益的沙产业技术路线，迈出我国阳光沙产业的坚实一步。

5）出台对产后加工企业的鼓励扶持政策和资金支持，努力提高产品的质量和经济效益，促进荒漠化地区经济的又好又快发展。

注：原文是作为2010年8月20日中国国土经济学会沙产业专业委员会成立的献礼。本文是摘录刊登在《科技导报》2010年23期上的文章。

16 学习大师的理论，建设人机两用“油田”

早在1984年12月23日，钱学森院士在中国农业科学院第三届学术委员会报告中，对沙产业阐明概括有如下的内容：一是从科学的视角出发，具有充沛阳光资源的沙漠戈壁是农业型产业的空间；二是当前广袤的沙漠戈壁上阳光资源的潜力远未被开发利用；三是沙产业研究还是空白的，真正做到沙产业大发展还有待时日。他认为，当沙漠戈壁成了取之不竭的地面油田时，才是沙产业真正大发展的标志（刘恕，2009）。学习钱老这段言简意赅、高瞻远瞩得意见，对于我国当前和今后解决因人口增多和发展经济而出现的食物与能源危机，有着极其深刻的指导意义。我理解这个“地面油田”应该是包括既能为人类提供食物（食用油和粮食）也能为机车和工业提供燃油动力（生物柴油、润滑油等）。因此，这个油田应该是人机两用油田。大师为我们指出了实现沙产业的方向和目标。

1 人口增多，迫切需要增加食物

在2010年10月至2011年初，我国进行了第六次全国人口普查，虽然现在尚未公布普查的结果，但是我相信肯定会超过第五次人口普查的结果，我国仍将是世界人口之最的国家。然而我们赖以生存的耕地面积每年大约减少33.3万hm^2，18亿666.7m^2耕地的“红线”很难保证不被突破。目前我国粮食的单产依靠科技进步已居世界之最，十分接近生物产能的极限，再要锦上添花继续提高单产和复种指数已很艰难。如果我国人口继续增加，耕地面积继续减少，出现粮食增长的速度低于人口的增长速度时，我们的粮食安全还能保障吗？难怪美国人布朗先生在1996年就喊出“谁来养活中国人？”这样尖锐而刺耳的问题，世界人口论专家马尔萨斯也提出过“地球到底能养活多少人的大问题”。也早有人预测“到2030年中国人口将达到16亿”。在联合国相关报道中也说“中国人口达到50亿时才能实现零增长”（刘恕，2009）。依靠占世界耕地7%的面积，养活占世界22%人口的成就和荣誉感，我们还能自豪多久？

在我国现有的耕地中，我们必须保证有70%～80%种植粮食作物，只能用20%～30%的耕地来种植油料、棉花、糖料、蔬菜和水果等人民生活必需的经济作物。近年来各种经济作物的供应都突显紧缺，造成价格上涨。其中我国食用油的供求矛盾十分严峻，对进口的依赖率高达60%～70%，其中豆油的依赖率高达88%，菜籽等植物油的依赖率也达73.8%，我国是世界上最大的食用油料和食用油的进口国，是食用油严重短缺的国家。为此，国家每年要支出2200亿元巨资，进口美洲国家的转基因大豆，维持国内的需求。我们再也拿不出更多的耕地来种植油料作物，否则将会造成粮食和其他经济作物更大的危机。

1994年9月19日，钱老在会见沙产业研讨会代表时曾说:“人口在不断增长，老是老一套不行。要提高生产效率，要提高利用太阳能生产食品的效率。”钱老认为：沙区是新食品原料的开拓地（郝诚之，2011）。

2 经济发展，我们迫切需要增加新能源

从18世纪末世界进入工业化时代以来，每一次大的产业革命都集中在利用煤、石油和天然气，能源是世界发展和经济增长最基本的动力，是人类赖以生存的重要物质基础。当前全世界上述能源消耗量很大。据专家预测，全世界石油和天然气最多只能维持50年，煤炭也只能维持100～200年。所以不管是那种常规的能源，人类面临的能源危机都日益严重，为争夺石油而频频爆发战争。2011年3月11日，日本发生的强烈地震与海啸，引发了福岛一号核电站的核泄漏，全世界人们对利用核能的安全性产生了质疑和恐惧。

我国是富煤、少气、贫油的国家，为解决国内的需求，我们在积极开采国内油田的同时，还要派出海军去亚丁湾护航，从西亚和非洲产油国经海路进口石油，近期又开通了与中亚产油国和俄罗斯的陆路油气管道进口石油，同时还在积极地开展深海油田的勘探与开采。尽管如此，油价还是一涨再涨。

为了寻求新能源，人类开展了太阳能、风能、潮汐能、地热能和生物能的研究与利用，这些新能源都是取之不尽、用之不竭的。但是，其中唯有生物能源是既能为人类提供食物也能为机车提供燃动力的多功能新能源。

1984年6月28日，钱老在“草原、草业和新技术革命”一文中说：现在国外也有人在研究种植“石油植物”，收割后提炼出类似原油的产品，这样沙漠戈壁就成了取之不绝的地面油田了。

3 人机两用新能源的优越性

人机两用生物能源，是由绿色油料植物的光合作用，将太阳的光热能量储存在植物脂肪中的转化太阳能。人和动物食用后，可以充饥，经胃肠消化后，能够释放出营养和热量，保持生命的体温和活力。同时还能制备出生物柴油等，为机车和工业提供燃动力。据测定，每克植物脂肪在完全燃烧的情况下，能够产生9300卡的热量，比蛋白质和碳水化合物释放的热量几乎高一倍。因此，最佳能源就是人机两用生物能源。

在植物转化太阳能的过程中，光合作

2006年5月7日，国务院回良玉副总理（左）视察辽宁阜新市仁用杏精品示范园，肯定成绩，提出抗旱栽培的重要指示（阜新市政府 提供）

用需要吸收CO_2释放O_2气，能够降低地球生物圈中的温室效益。所以生物能源还是清洁友好型的绿色能源。

油料植物还是可以通过种子或嫁接等方法繁殖的生物，所以生物能源还是可永续利用的、可再生的新能源。

开发生物能源还具有覆盖荒漠、涵养水源、保持水土、阻挡风沙、美化环境等生态功能。其中开发木本生物能源还能收到一次栽种百年受益的效果，避免年年耕翻土地，可以减少沙源和沙尘。

生物能源取油后的油渣和枝叶等粉碎后，又是牲畜的精饲料，可以带动畜牧业的发展。在干旱荒漠化地区开发生物能源，还可带动食品工业、油脂工业、化妆品工业、医药工业、活性炭工业和造纸等工业的发展，能够加快当地人民脱贫致富，并取得经济和社会效益。所以备受当今社会的关注和青睐。

1984年7月27日，钱老在“创建农业型知识密集产业”一文中又说：“在我国林业产业45亿亩面积上，不但要提供食用油、工业用油、木制品、纸张、肉食、乳制品等，而且还能每年提供相当于上亿吨标准煤能量的沼气”。

4 我国人机两用生物能源植物的筛选

我国有400余种油料植物，其中有草木也有木本植物，根据荒漠化地区的自然生态特点，我们要从中选择抗干旱、抗风沙、耐瘠薄的油料植物，则自然要选择根系深广、树冠坚挺、能抗风沙的木本油料植物作为开发的对象。在木本油料植物中，我们再选择含油量高并且是能够生产人机两用油的植物。最后再从中选择原产于荒漠化地区，或从国外引进并且适宜在荒漠化地区生长的木本油料植物。

这样目标就自然锁定在：东北与内蒙古东部地区可以选择红松（种仁年均含油量67.8%）、西伯利亚杏（55.5%）、仁用杏（50.5%）、榛子（63.5%）、文冠果（60.5%）等；华北和西北东部地区可以选择仁用杏、核桃（63.0%）、山桃（43.4%）、文冠果、榛子、黄连木（33.5%）、欧李（41.8%）、沙枣（26.0%）等；西北地区可以选择杏与山杏（50.0%）、山桃、扁桃（58.4%）、阿月浑子（62.0%）、文冠果、榛子、核桃、沙枣、欧李等；南方及西南高原可以选择油橄榄（60.0%）、油茶（30.1%）、香榧（51.0%）、椰子（59.3%）、槟榔（12.7%）、腰果（46.9%）、油楂果（74.3%）、山核桃（69.8%）、长山核桃（66.5%）、铁核桃（68.0%）、澳洲坚果（77.9%）等。在北方利用设施栽培的方法，可以试种南方树种。

从上述木本油料作物中，我们不难看出，这些都是珍贵而著名的干果，也是木本粮食作物。不仅脂肪含量高，而且在其脂肪酸的主要成分中，不饱和脂肪酸的比例高，都是高级保健食用油。它们种仁的含油量都超过了大豆（20%），是高级人机两用木本油料植物。

笔者在1997年和1998年曾提出“关于在三北地区建设杏树产业带的建议”和“再建议”。沙产业基金会和中国园艺学会李杏分会根据因地制宜的原则，经过多年研究提出，在东起朝阳，西至庆阳，东西绵延1500千米是这一广袤地区的非耕作土地和天然草地上，有计划地通过造林绿化活动，建立一条杏树带、创办一个杏产业是适宜的，应该着力倡导。杏树是耐寒、喜光、抗旱的乡土树种，天然分布在降水量250mm左右的半干旱区，抗逆性强，易成活。杏树在北美洲的产业化经营创造了可观的产值。据悉，1999年美国加利福尼亚州的杏仁收成为8.3亿美元。加利福尼亚州有6000多个杏树种植商，有林地40多万英亩（合243万亩），年产杏仁22.7万t（美国加利福尼亚州在植物生长季节，降水量基本是零）。若有计划、分步骤地按照钱学森沙产业的技术路线，变野外散生为种植抚育；从一般性的粗放管护到规范的园艺化经营；从低收入、常规传统的果树栽培上升到栽培、管理、采收、加工、销售全过程，即把中国的杏树带真正建设成知识密集、效益显著的产业带。这将是一项利国利民的创举，能够有效地把治理荒漠化和建设秀美山川的生态目标同农民脱贫致富的愿望结合为一体（刘恕，2000）。

5 开发人机两用油田的技术路线

在《钱学森沙产业、草产业、林产业重要思想精髓》一文中说：据我所知，解放后西部地区曾有两次大的建设……其水平和力度都相当可观，……但并未从根本上改变西部地区的落后状况。究其原因，我认为这些建设并未和西部的经济基础，即农业结合起来。……所以，我感到，西部的开发虽然是全面的、综合的，但仍然要以农业为发展的基础。怎样才能使西北地区的农业走出困境？我想，西北地区是大片的戈壁沙漠……我们过去对不利条件看得重，故侧重于“治理”，搞植树防沙、堵沙等。这是对的，也有成绩，但有点消极。对阳光充沛这样的有利条件，则没有注意从积极的方面去利用和开发。笔者十分赞同钱老对我国治沙方法“消极”的评价。

钱老说：沙产业就是在“不毛之地”的戈壁沙漠上搞农业生产，充分利用戈壁滩上的日照和温差等有利条件，推广使用节水技术，搞知识密集型的现代农业。这是完全可能的。国际上以色列比我国西北地区的自然条件更恶劣，但他们在沙漠上开发了现代化农业，且经济效益十分可观。我国在甘肃省的张掖地区从1994年开始试搞沙产业，在实践中创造了“多采光，少用水，新技术，高效益”的沙产业技术路线，并取得了很大成绩，粮食自给有余，蔬菜瓜果东运销售出口，还带动了一批加工企业的发展。由此我认为，我们在西部开发中，首先要转变对西部沙漠的思维定势，要看到沙漠上也有搞农业的有利条件。所以不仅是“治理”，更重要的是“开发”，将治理蕴含于开发之中，这就是我提出开发沙产业的指导思想。笔者更欣赏钱老“将治理蕴含于开发之中”的智慧。

6 开发人机两用生物油田的技术措施

钱老曾说：沙漠和戈壁并不是什么都不长，极干旱不长植物的只是少数，大部分沙漠戈壁还是有降水，有植物生长，有的还长了不少的多年生小植物，也有小部分干旱沙漠化了，那是可以考虑引水灌溉的。他又说，在林业生产关系和生产体制问题解决之后，就要解决林业产业的生产组织和生产技术，这方面要发展木本食用油和工业用油的生产，可以考虑参考农业生产的一些做法（1984年7月27日）。

笔者从事果树生产和科研多年，并长期在“三北”荒漠化地区考察和指导果树生产。我认为在年降水量为200～300mm的地区完全可以开发人机两用木本油料作物，在这些地区现在还生长着数百年乃至逾千年的杏树、桃树、文冠果、核桃等古树，并且现在还能结果；在我国北方几乎所有的荒山与荒坡上，都能找到成片的野生山杏与山桃的自然群落（林班），这些都是示意我们可以着力开发的佐证。

我们在年降水量≥200mm的荒漠化地区，摒弃原始而粗放的造林技术，平整并改良土壤的理化性质和肥力状况，营建好防风林带，因地制宜地选择优良的人机两用木本油料作物，采用先进的果树园艺化丰产栽培技术，应用现代的节水灌溉设施和保水材料（地膜与保水剂等），千方百计的截蓄雨水，提高水的利用率，大规模采用薄膜温室等。就一定能在荒漠化土地上，建设好大型人机两用油田和生物能源城市。如果我们再按着钱老的指示，应用现代的生物技术，将抗旱、高油、丰产基因转移到前述人机两用木本油料作物中，选育出荒漠化地区专用的新品种，则这个油田的经济效益和发展前景将更加可观。

1995年11月21日，钱老在“甘肃河西走廊沙产业开发工作”会议上的书面发言最后说：发展尖端技术的沙产业，也就是用现代生物科学的成绩，再加上水利工程、材料技术、计算机自动控制等前沿高新技术，一是能在沙漠、戈壁开发出新的、历史上从未有过的大农业，即农工商一体化的生产基地。在国外，以色列已经走在了前面，我们要用当年搞“两弹一星”的精神赶上去，超过他们！再次用行动证明我们中国人是了不起的！

注：本文2011年4月10日为纪念我国“两弹一星”功勋奖章获得者、两院院士钱学森大师诞辰100周年而作。我认为在荒漠化土地上生产出“取之不尽、用之不竭”的杏仁油和李仁油时，才达到了杏李产业的高级阶段。钱老关于第六次产业革命的思想，是指导我们达到目的的理论基础。

第2部分

李、杏种质资源考察与收集

17 关于我国李与杏分布南界的考察报告

李（*Prunus salicina* Lindl.）和杏（*Armeniaca vulgaris* Lam.）原产我国，栽培历史悠久，近代我国大多学者认为：我国杏树分布范围大体在秦岭和淮河以北；李树分布全国各地。这些论点是否正确，这不仅是学术问题，而且是关系到这两种果树在我国的规划和发展的大事。为了弄清这一问题，我们于1984年5月至1985年7月，先后赴江南各省进行李、杏分布南界的考察。通过对当地科技人员和果农的访问，结合市场调查和深入实地反复考证，丰富和扩大了考察线索，初步摸清了李、杏分布的南界。考察中，为慎重起见，我们对分布最南部的杏，对其与梅在果实及植物学特征等方面做了调查与鉴定，最后由中国科学院北京植物园的俞德浚先生、谷翠芝女士予以审定。现将考察结果报告如下。

1985年1月考察小组在贵州黄果树瀑布下（左起李锋、作者、彭晓东、郭忠仁）

1 杏树资源在我国分布的南界

通过考察，我们在浙江、福建、湖南、广西和云南等地均发现了杏树，其中有栽培品种，也有野生类型，多为零星分布，但也有集中成片栽培的。

浙江省中部和北部各县都有杏树，其中以衢州、金华两市较多。金华市北郊罗店区新狮乡塘村一带，年产鲜杏1万kg，有20～30年生的大树，多分布于宅旁和田边。据了解金华市以南的永康、丽水、青田等市（县），也有杏树栽培，而再向南至温州市和平阳、苍南两县则没有找到杏树。在与温州市北郊（南雁荡山南麓）的乐清县虹桥区东联乡信岙村（北纬28° 10′,

1984年云南大猛龙爱尼族妇女的时装

1984年西双版纳大猛龙傣族妇女的时装

东经121° 05′），海拔仅为10m处发现了一株树龄为10余年生的实生杏树，这是我们在这次考察中见到的东南沿海最南部的一株杏树。

我们在福建省考察了8个市、县，没有发现栽培的杏树，但是在闽北武夷山区中的政和县发现了野生杏树，生长在海拔1100m的稠岭山上（北纬27° 05′，东经118° 17′），野生杏树与其他针、阔叶树混生，有的树龄在10年生以上。据了解，当地有收购杏仁入药的情况，可见野生杏资源亦有一定的数量。这是华东地区野生杏资源分布的最南端，但其为杏属中的哪一植物种尚需进一步鉴定。

湖南省有杏树3万余株，占地1500亩，年产量2000t左右，其中以溆浦县最多，全县9个区均有栽培杏，面积为55.3hm^2，1984年产杏900t。由溆浦向南至与广西相邻的通道县，沿途均有栽培的杏树，一般树龄在10～30年之间。通道县在越城岭北侧，位于北纬26° 10′，东经119° 45′，海拔300m处。在湖南省与广东省临界的郴州市郴县（南岭的北麓）没有找到杏树资源，但在该县的县志中确曾有记载。因此，有待进一步考察验证。与郴县北邻的零陵、邵阳等地区杏树较多，并有相当的产量。在郴县以南的广东省韶关市，据1958年果树资源普查资料，在当地南岭山中有杏树，而我们在本次考察中尚未发现。

通过对广西的南宁、柳州、桂林、河池、百色5市11县的考察，最后在河池地区的南丹县发现了30年生的实生杏树，分布在月里、大寨两乡，位于九万大山南麓，北纬24° 42′，东经107° 00′，海拔1000m处。

四川、贵州全省均有杏树分布，在云南省杏树大多分布在北纬25° 以北，产杏较多的地区有昭通州、曲靖州、呈贡县、楚雄州、中甸州、兰坪县、祥云县等地。在北纬25° 以南渐少，均为零星栽培。向南直至北回归线两侧的富宁、蒙自、耿马等县也仍可见杏树，再向南则未见。富宁县在海拔700～800m处有一株15年生的大杏树，蒙自县在海拔1300m处有几株百年生的老杏树，当地称为桃杏和梅杏，均为实生树。这些地区的杏树虽然生长量较大，但休眠期不能完全落叶，萌芽不整齐，产量不高，有的10余年生只开花不结果。

根据上述考察结果，我们认为我国杏树实际分布的南界为：雁荡山→武夷山→南岭→越城岭→九万大山→云南省的大雪山（耿马县）一带。

我国杏树实际分布南界在北纬28° ～23°，年平均气温为14.7～19.5℃，≥10℃的年积温为5500～6500℃，年降水量为1200～1700mm，海拔高度大多在1000m以上，但在海拔高度仅有10m的东南沿海地区也有杏树，说明杏树对高温多雨的环境也有一定的适应性。

2 我国李树资源分布的南界

调查发现，南方各省直至云南省的西双版纳州（北纬21° 35′），均有李树栽培。西双版纳州的李树主要分布在勐海、勐腊、景洪、橄榄坝等地，均为零星栽培。景洪果木林场1966年自广东省引入著名的三华李，现存植株为17年生。这一地区的自然条件是：全年无霜，年平均气温20℃，最热月平均气温24℃（7月），最冷月平均气温14℃（1月），≥10℃的年积温为7000℃，年降水量为1600mm。在这高温、多雨、湿润、静风等热带的气候条件下，李树生长发育不良，物候期紊乱，因此，当地已不应再发展李树生产。

据调查，广东省李树主要栽培在广州以北的从化、曲江、翁源等县，主栽品系为三华李和南华李。广州以南栽培李树明显减少，至雷州半岛基本灭迹。另据了解，海南岛没有李树。从广州至雷州半岛≥10℃的年积温为7000～8000℃，无霜期为350～360天，年均气温为22～24℃，最热月均温＞27.5℃，最冷月均温为10～15℃，年降水量为1800～2000 mm。

据李崇道著《台湾农家要览》一书介绍，台湾省李树主要分布在中北部各县。

据《中国气候图》介绍，台湾南部≥10℃的年积温为8000℃，年降水量在1600mm，年平均气温在22℃以上。由此可知，台湾省的南部同海南岛一样不适合李树生长。

根据上述调查和资料，我国李树栽培的南线，大体与≥10℃年积温为8000℃的等值线相吻合，在此线以南为无李区，包括雷州半岛、海南岛、台湾南部、南海诸岛等。而在7000～8000℃线之间李树生长不良，为不适宜区，包括广东南部、广西南部和云南南部。但在这些地区的高海拔处仍可栽培李树。

综上考察结果表明：我国杏树分布不仅限于秦岭和淮河以北，而可向南推到雁荡山、武夷山、南岭等地，希望涉及的有关省份能对杏树予以重视和开发利用。我国李树在≥10℃年均温为7000℃以上的地区生长发育不良，不宜发展。

注：参加考察的还有江苏省农业科学院园艺所的郭忠仁、长春市农科所的李锋和辽宁省果树科学研究所的何跃、李体智、彭晓东等同志，所到之处的领导均给予大力的支持，在此一并致谢。原文发表在1986年第1期《辽宁果树》上，本文有删节。

18 滇西考察历险与傈僳族见闻

回忆当年考察滇西时有过一次历险非常难忘：1985年1月17日，我和李锋与云南农科院园艺研究所的刘家培三人离开了“风城下关”（今大理市），在前往怒江傈僳族自治州考察的途中，我们乘坐的公共汽车爬至横断山脉一段盘山道时，右侧的深谷下面就是奔腾的澜沧江，窄路上有修路工人用推土机正在艰难地清理着前些日山体塌方阻塞的泥土，由于路窄泥多又有推土机在作业，车辆行走非常缓慢，就在这时意外发生了，乘客们都看到山上有石块滚落下来，砸在车顶和左侧的车窗上，而且越来越多，大家都万分惊恐地站立起来，大声疾呼司机快开！就在这千钧一发时司机突然加大油门，汽车在剧烈的颠簸中冲了过去，然后我们听到后面山体塌方的巨响并感受到一股尘土与气浪的冲击，我们侥幸地逃过了这一劫。这是当时唯一一条直达怒江州六库镇的公路，这次塌方量很大，直到1月25日我们考察完怒江州的泸水、福贡两县后仍未修通，本打算由贡山县北上进入西藏，南部之路也由于

1985年考察组在云南泸水县溜索过怒江

冰雪封山而不通，我们只能沿怒江南下至保山县绕道返回到下关。

在怒江傈僳族自治州考察时，当地领导说我们是建国以来第二个来州的农业考察组（前一个是考察青稞的），这里有傈僳族、白族、怒族、藏族、傣族（旱傣）、独龙族、普米族等多个少数民族，他们的生活与生产都相当落后并相当原始。这里可能就是《三国演义》中诸葛亮七擒孟获的老巢，交通极不方便，除在州府六库有一座可供人、小汽车或牲畜通行的简易向阳木吊桥外，其他地区凡要过怒江都得从溜锁上滑行，因为江东是横断山，江西是高黎贡山，怒江由北而南纵贯全州两山之间，江两岸的路也很窄，多为人和骡马行走，很少看见汽车。

当地人都分散孤居在两侧的高山上，没有电灯也没有任何广播之类的音响，屋内照明用的是油灯或树脂类的“明子”，过着“日出而作、日落而息”的宁静生活。我们曾目睹高黎贡山上的三位中年妇女，披着一件旧军衣坐在屋外，身边有十多个她们的孩子（大一点的看见我们来都吓跑了），围在一起晒太阳取暖。政府曾经动员过他们迁居到山下，以便为他们提供电灯和办学校，但他们都不愿意离开世世代代居住的简陋草木屋。

他们的油、盐、布匹与针头线脑等生活用品都得等马帮来时，他们用药材或兽皮等山货交换，我们也体会到了“山间铃响马帮来”的重要性。在一次我们考察后摸黑下山时，就看到了在半山坡中就地过夜的马帮，他们把驮子卸下来放在路边，牲口散放不远，每人上下各套上个麻袋，既防蚊虫叮咬又御寒，就地一躺睡到天明再走。这里真是“路不拾遗、夜不闭户”的典范，马帮们虽然辛苦但都相当安全。

时至最寒冷的冬季（1月），当地不论男人和女人大多不穿鞋，偶有穿鞋者也都是边防哨送的解放牌胶鞋或旧军衣。妇女们头上和颈上配戴着许多玉器或玛瑙之类的首饰，有可能这就是他们家的全部财富。

记得在刚到六库镇的第一天，我们住在政府招待所里，到晚上11点多钟街上还有许多人在唱歌，唱什么听不清，反正闹得睡不着索性去看个究竟：原来是一伙傈僳族青年男女围成两个半圈边唱边舞，这半圈是男的，另半圈是女的，男方中间的男子唱一句，两侧男子都搂着他的肩附和着唱下半句并舞半圈；女方中间的女子就回唱一句，两侧女子也都搂着她的肩附和着唱下半句也舞半圈，来来回回边唱边舞许久不停。我们听不懂他（她）们唱的是什么，幸好有一位从省里来的民族语言工作者，听我们讲普通话认为我们都是北京人，便主动为我们当起翻译，大意是这个男青年今天来赶集（场），看中了一位女子，在向她求婚，唱述自己的年龄、家境和对对方的爱慕心情，如果对方有意并征求父母同意后，请在下次赶集时再来相会。其他男女相互也都不认识，但见这两

六库居民杀年猪聚餐

位青年有意便主动上来帮忙，要一直唱到筋疲力尽，然后倒地便睡，第二天醒来各自回家……

他们在山上沿用着祖辈传下来的“刀耕火种”技术，放火烧山后用棍子在地上捣些孔洞，然后撒些青稞种子，用脚盖些土就等收获了，如果今年收获的粮食多够吃，明年就不种了。青稞脱粒要背谷下山到江边，用公用的脚踏木杵在石臼上舂米，然后再利用风吹走籽壳等杂物。

虽然这里的人们很贫困，但都热情、非常淳朴，如果你要请他们做向导，他们不收钱，而且你必须吃他家的饭、喝他家的米酒才行。语言虽然不通却始终都对你面带笑容，由于语言不通，他们又不识字，我们要找李和杏树，结果走了很远，向导把我们带到一棵梨树下，让你哭笑不得。据当地人介绍在高黎贡山西侧汝水县的片马地区有数百年生的大杏或梅树，但这是冬季，大雪封山过不去。

赶上过年，他们家家要杀年猪，届时把圈里养的猪全杀光，用猪血和下杂宴请全村的人，我们是外来客人更要入席。在屋外空地上摆上长长木板架起了矮饭桌，人们席地坐在两侧进餐，家犬在桌下转来转去，捡食人们掉下的骨头，好不热闹！他们把肉切成长条挂在厨房用烟熏成腊肉，要节省吃到来年再杀猪时才行……

1985年1月高黎贡山上傈僳族当地居民晒太阳取暖

傈僳族妇女时装

云南福贡居民杵（舂）米

19 全国李与杏资源考察报告

李和杏的果实色泽鲜艳，风味甘美，营养丰富，不仅是人们喜爱的鲜果，而且是食品加工、药用、油用和出口的重要原料。欧美、南非和中亚的许多国家已把李和杏作为主栽果树，进行大面积集约化生产，而且还进行了果肉、果仁及果核等的综合加工利用，其繁多的加工食品在国际市场上极为畅销，创汇率很高。

我国李、杏的栽培历史悠久，资源丰富，世界上李和杏的主栽种（中国李、普通杏）原产于我国，但我们始终停留在以自食性为主的生产水平上，产量很少，远不能满足人们对鲜食和加工品的需求，更无力参与国内外的商品竞争，经济效益甚微。20世纪50年代末期，兴城、武功、重庆、福州、熊岳等20余个果树科研单位，搜集了部分李、杏资源，并着手研究。但以后由于种种原因，致使各科研单位的李、杏资源遭受到严重的破坏。80年代初期，李、杏资源的研究与生产得到了应有

1984年11月，全国李与杏资源考察组在广西阳朔（左起江苏农业科学院的郭忠仁、辽宁果树研究所的彭晓东、广西农业科学院的林惠端、作者、辽宁省果树研究所何跃、长春市农业科学院的李锋）

的重视，农业部委托辽宁省果树科学研究所搜集国内外的李、杏资源，建立国家李、杏种质资源保存圃。

为了满足国内外市场对李、杏鲜果和加工食品的迫切需要，增加工业原料，创收更多的外汇，支援国家建设，我们应当尽快地开发利用李、杏资源。但在大规模开发之前，必须先查清我国李、杏资源的底数，即查清其种类、数量、质量和地理分布等，才能为合理地开发提供科学依据。为此，我们自1980年开始，在完成李、杏资源搜集、建圃等任务的同时，组织了全国协作组，开展了我国李、杏资源的考察工作，现已完成了考察任务。

1 考察的内容和方法

根据我国李、杏果树生产和科研的现状，我们采取了以专业组逐省（直辖市、自治区）的实地考察与各协作单位自查相结合的方法，从1980年至1988年，先后对28个省（自治区、直辖市），197个县的李、杏资源进行了全面地考察，特别是对东北的东部和四川的西部、湖北神农架部分林区的野生李、杏资源，以及李、杏资源分布的南界等进行了重点考察。

考察的主要内容是当地李、杏资源的种类、数量、来源、生产上的主栽品种、野生资源和分布区域，并注意调查果实，描述形态、鉴定种类、采集标本、拍摄照片，同时了解栽培历史、生产现状、生态条件及生物学特性等。

2 考察结果

2.1 基本查清了我国李、杏资源的种类和数量，发现了4个新变种和野生欧洲李资源

根据考察，我国现有杏属（*Armeniaca* Mill.）种质资源有7个种和11个变种：

2.1.1 普通杏（*A. vulgaris* Lam.）有6个变种：

普通杏（*A. vulgaris* Lam. var. *vulgaris*）其代表品种有‘银白杏’、‘大接杏’、‘麦黄杏’、‘关爷脸’等。

山杏（*A. vulgaris* Lam. var. *ansu* Maxim.）代表类型为山杏。

李光杏（A. *vulgaris* Lam. var. *glabra* S.X.Sun）代表品种有‘阿克西米西’等。

垂枝杏（*A. vulgaris* Lam. var. *pendula* Jacq.）代表类型为垂枝杏。

陕梅杏（*A. vulgaris* Lam. var. *meixianensis* J.Y.Zhang）代表品种为陕梅杏。

熊岳大扁杏（*A. vulgaris* Lam. var. *xiongyueensis* T.Z.Li ）代表品种为熊岳大扁杏。

2.1.2 西伯利亚杏[*A. sibirica*（L.）Lam.]有3个变种：

西伯利亚杏[*A. sibirica*（L.）Lam. var. *sibirica*] 代表类型为蒙古杏。

毛杏[*A. sibirica*（L.）Lam. var. *pubescens* Kost.]代表类型为毛叶山杏。

辽梅杏[*A. sibirica*（L.）Lam. var. *pleniflora* J. Y. Zhang *et al.*] 代表品种为辽梅杏。

2.1.3 东北杏[*A. mandshurica* (Maxim.)

Skvortz.]有2个变种：

东北杏[*A. mandshurica* (Maxim.) Skvortz. var. *mandshurica*] 代表类型有大杏梅、二杏梅。

光叶东北杏[*A. mandshurica* (Maxim.) Skvortz. var. *glabra*]代表类型为光叶辽杏。

2.1.4 藏杏[*A. holosericea*（Batal.）Kost.]代表类型为川西藏杏。

2.1.5 洪平杏（*A. hongpingensis* Yu et Li）代表类型为神农架洪平杏（后来发现这个种的种核上有孔纹，经与陈俊愉院士研究将其否定，列在梅资源中。）

2.1.6 紫杏 [*A. dasycarpa* (Ehrh.) Borkh.] 代表类型为新疆紫杏。

2.1.7 梅（*A. mume* Sieb.）代表品种有‘宫粉’。

我国栽培杏中绝大多数为普通杏的原变种，其次为李光杏变种，全世界杏属共有8种，我国现有7种，全国现有栽培、野生、半野生杏资源约2000余份，资源之丰富居世界首位。

我国李属（*Prunus* L.）资源有8个种和3个变种：

2.1.8 中国李（*P. salicina* Lindl.）有3个变种。

中国李（*P. salicina* Lindl. var. *salicina*）代表品种有美丽李、槜李、玉黄李、红心李等。

毛梗李[*P. salicina* Lindl. var. *pubipes*（Konehne.）]代表品种为兰州红李子。

棕李（*P. salicina* Lindl. var. *cordata* Yue He *et al.*）代表品种有‘花棕’、‘青棕’等。

2.1.9 杏李（*P. simonii* Carr.）代表品种有‘西安大黄李’、‘香扁李’等。

2.1.10 乌苏里李（*P. ussuriensis* Kov. et Kost）代表品种有‘绥棱香蕉李’。

2.1.11 樱桃李（*P. cerasifera* Ehrh.）有两个变种：

樱桃李（*P. cerasifera* Ehrh. var. *cerasifera*）代表品种为樱桃李。

紫叶李（*P. cerasifera* var. *pissiardii* Bailey）

2.1.12 欧洲李（*P. domestica* L.）代表品种有‘晚黑’、‘早黑’、‘冰糖李’等。野生种有伊犁野生欧洲李。

2.1.13 美洲李（*P. americana* Marsh.）代表品种有甘李子、美国牛心李等。

2.1.14 黑刺李（*P. spinosa* L.）代表品种有‘刺李’。

2.1.15 加拿大李（*P. nigra* Ait.）代表品种有‘尼格拉’。

全世界李属共有30余个种（包括非习见种），虽然我国只有8各种，但全世界的主要栽培种为中国李，其次为欧洲李。据考察和各省普查，我国现有李资源800余份，资源之多，特别是中国李的品种之丰富，居世界的前列。

辽梅杏、陕梅杏、熊岳大扁杏、棕李等4个变种是本次考察中新发现和鉴定的，其主要特点各异。

辽梅杏：花瓣30余枚，多双柱头，叶

2002年8月，全国李与杏资源考察组在吉林长白山上（左起中国科学院南京植物所副所长郭忠仁，吉林省果树所研究员李锋、所长张冰冰，作者，王玉柱）

两面有毛，核较大。

陕梅杏：花冠直径4.5cm，花瓣70余枚，雄蕊100余枚，有近半数雄蕊倒卷在子房周围。

熊岳大扁杏：叶背脉侧有柔毛，核基圆唇形。

棕李：果面有油泡，叶狭长形或狭倒卵圆形。

2.2 修正了我国李分布的南界和北界，明确了我国李的地理分布

据《果树栽培学》（1959年，河北农大等主编），《园艺学报》（1962年，创刊号），《中国果树分类学》（1979年，俞德浚编著），《中国温带果树分类学》（1984年，吴耕民著），《中国植物志》第38卷（1986年，俞德浚等编）等著作，均认为："我国杏的分布范围大体以秦岭和淮河为界，淮河以南杏树栽培较少，淮河以北杏的分布渐多，黄河流域各省为其分布的中心地带，华北、东北、西北栽培较多，吉林省的桦甸和延吉是分布的最北限，中国李则分布全国各省"。上述观点多年来为我国大多数专家学者所公认。我们在前人工作基础上，通过考察，又发现了杏的3个栽培区（即三江平原、长江中下游及云贵川高原），修正了我国普通杏栽培的实际北限和南限，并明确了我国李的地理分布。

2.2.1 新发现杏的三个栽培区

①三江平原杏栽培区：从吉林省的延吉、桦甸（N43°）向北，至黑龙江省

的富锦和绥棱县（N47°），东起东宁县（S131°），西至齐齐哈尔市（S124°），在这广大的松花江、嫩江、牡丹江流域里，杏的栽培高度在海拔200m以下，除农村四旁栽培外，在各县的果树示范场和农垦局的许多大型农场都有成片的杏园。杏栽培总面积约为2000余亩，年产量50余万kg。省和市的科研单位及国有农场，均开设了杏与李的抗寒育种及丰产栽培方面的研究课题，培育出许多新品种，五九七农场至今还有30余年生的大杏树，东宁县和泰康县还有大片的野杏林。

②长江中下游杏栽培区：由淮河流域（N33° 左右）向南达浙江省的乐清县（N28° ）和福建省的政和县（N27° ），这一地区包括江苏与安徽的南部，浙江、湖北、湖南全省，江西的中北部及福建的北部，杏的分布高度从海拔10m至1000m均有。在这一地区杏很少集中成片栽培，多生长在四旁，有30～40年生的大树，相对栽植较多的地区是：浙江省的金华北郊、衢州郊区，江西省的上饶，湖南省的溆浦、张家界和石门县，湖北省的枣阳、神农架等地，其中在张家界、石门和神农架地区有成片的野生杏树，是洪平杏的原产地。

③云贵川高原杏栽培区：从秦岭南麓（N33°）到云南省的文山、蒙自、耿马等县（N23°），包括四川、贵州全省，云南的中北部，广西的北部。在这个地区里，杏的栽培高度为海拔1000～2200m，上饶也是四旁栽培为主，但其数量较多。四川省的泸定和巴塘县，贵州省的惠水县及云南省的祥云县，均有百年以上的古老杏树，说明栽培历史已久。这里杏的品种资源极为丰富，农家大果型（单果重100g左右）良种甚多。本区杏栽培较多的地区有：云南省的祥云、呈贡、陆良、楚雄、昭通等地，贵州省的惠水、贵阳、桐梓、盘县等地，四川省的泸定、康定、巴塘、冕宁、西昌、丹巴、茂汶、汶川等地，广西仅在南丹县发现有少量栽培。

2.2.2 我国普通杏栽培的实际北限和南限

根据考察，我们认为我国普通杏栽培的北限超越了吉林省的延吉和桦甸，南限也跨过了秦岭和淮河流域。实际的北限由东向西是：富锦县（N47° 15′）——绥棱县（N47° 14′）——明永县（N47° 03′）——泰康县（N47°）——白城（N45° 30′）——巴林右旗（N44°）——大青山（N41°）——临河县（N41°）——金塔县（N40°）——哈密（N42° 50′）——托里（N46°）。实际分布的南限由东向西是：乐清县（N28°）——政和县（N27°）——通道县（N26°）——南丹县（N28°）——蒙自县（N23° 20′）。这两条线与俞德浚先生1979年划定的区届相比较，向东北扩展了4个纬度，向东南扩展了10个纬度，可见在我国除少数极寒冷和热带地区外，不仅广大的温带地区适宜栽培杏树，在亚热带地区也可栽培，长江以南没有杏的传统概念是缺乏根据的。

2.2.3 我国李的地理分布

根据考察，我国李的主栽种（中国李）实际栽培的北界是：富锦(N47° 15′)——鹤岗(N47° 20′)——伊春(N47° 40′)——海伦(N42° 50′)——依安(N47° 50′)——齐齐哈尔(N47° 20′)——林东(N44°)——临河(N41°)——哈密(N42° 50′)——奎屯(N44° 35′)——塔城(N46° 45′)。

我国李的实际栽培南限为雷州半岛的中部（N21° 附近）和台湾省的南部，即与我国≥10℃年积温为7000～8000℃之间的地区，即广东中山以南，广西崇左以南，云南思茅以南的西双版纳等地区，虽然有栽培的李树但其生长、开花、结果、休眠等物候期紊乱，长势不强、产量低、品质差，且寿命短，没有经济栽培价值。从≥10℃年积温7000℃等值线至上述北界之间，为我国李树适宜栽培区，主要产区为华东、华南、西南、中南、华北及东北地区，西北栽培较少。在≥10℃年积温为2500℃以下的地区，即大兴安岭、蒙古高原、青藏高原等地区栽培与野生的李树均罕见。

2.3 发现和提出了一批具有独特性状的珍贵资源，可供生产和育种开发利用

2.3.1 高糖资源

在年降水量为600mm的地区，一般杏、李果实中可溶性固形物含量为8%～13%之间，但我们发现河北省怀来县早熟的麦红杏，其可溶性固形物平均为17.3%，最高达18%。黑龙江省绥棱果树站的北方2号李可溶性固形物平均达20.1%，该站李优系73-83-1可溶性固形物平均为21%，最高达23%，这些都是罕见的高糖资源。

2.3.2 含有脂肪的李资源

各种李的果实中均不含脂肪油类物质，而我们在福建省沙县等地，发现晚熟花棕等李类的果实表面上有凸起的油泡，经化验分析，内含粗脂肪25%～28%，是极罕见的李资源。

2.3.3 软核杏资源

软核杏原产在辽宁省凌源县，经调查其核的大部分未木质化，而是一层柔软的胶状薄膜可连同杏仁（甜杏）一起食用。

2.3.4 矮化李、杏资源

我们发现在树龄相同的品种中，吉林的跃进李、辽宁的秋李、新疆的阿洪于力克杏的树体高度，仅为同地栽培其他品种的二分之一左右，是明显的矮化资源。此外，在云南的祥云县大海乡，还发现在地表匍匐生长的野生李资源，当地称之为“鬼李子”。河南省石门县10年生仅3m高的野李等，均是李的矮化资源。

2.3.5 晚花杏资源

考察中发现陕梅杏的花期比一般杏晚10天左右，连续几年的观察证明这是一个珍贵的晚花资源。

2.3.6 晚熟的杏资源

一般杏在6～8月间成熟，但我们发现

晚熟杏阿克‘苏晚熟1号’、‘豆茬杏’等，果实在10月份成熟。

2.3.7 抗寒的杏、李资源

考察发现黑龙江省的606、657、631、富锦无名杏和巴彦大红袍李等，以及吉林省的东北美丽李、跃进李、大黄李等资源，可耐-40℃以下的低温，在奇寒年份尚无冻害。

2.3.8 抗涝的李砧木资源

发现吉林省的小黄李实生砧木苗，在地表积水长达70天之久，仍能正常生长，不发生落叶现象，该资源与李嫁接亲和力极好，是李的珍贵砧木资源。

2.3.9 抗旱的杏砧木资源

在杏的砧木资源中，发现西伯利亚杏、山杏不仅抗寒，而且抗旱。据考察，在土壤15～20cm深处，土壤含水量仅为3%的立地条件下，松树、槐树等林木均旱死，而上述杏资源尚能开花结果，是杏的抗旱砧木资源。

2.3.10 耐高温高湿的杏资源

考察发现浙江省乐清县的虹桥杏能生长在N28° 10′，海拔高度仅10m的沿海地区，当地年平均气温17.8℃，7月平均气温27.6℃，年降水量1475mm。其单果重50g，可溶性固形物含量13%，果肉pH为6～7，味甜，是珍贵的南限低海拔杏资源。

2.3.11 宜于观赏的杏资源

发现辽梅杏、陕梅杏具有花冠大、重瓣花的特点，红花山杏和黄萼山杏等均为罕见的观赏杏资源。

2.4 提出了一批地方优良品种，促进李、杏生产的发展

2.4.1 鲜食良种杏有‘唐王川大接杏’等10个，李有‘绥棱红李’等10个。

2.4.2 加工良种杏有‘石片黄杏’等10个，李有红心李等9个。

2.4.3 仁用杏良种有‘龙王帽’等10个。

2.5 积累了大量的科技资料

在9年的考察中，积累了各种文字资料约150万字，其中有原始记录、资源名录、植物学特征调查、生物学特性调查、果实调查、营养分析、资源描述、专题报告、考察报告、生态资源等，截止1988年7月，协作组通过调查和分析，共完成我国325份李和997份杏资源的品种描述，现已形成初稿，为《中国果树志·李卷》和《中国果树志·杏卷》的撰写打下基础。

在考察中还采集和压制了李、杏资源的枝、叶、花的标本702份，其中李465份，杏237份，泡制果实标本100份。采集种核标本368份，其中李163份，杏205份。还积累了图像资料2095份，其中幻灯片1240张，彩色照片855张（以上标本和照片均未包括各省收集的）。

3 小结与讨论

① 考察明确了我国李属有8个种3个变种，约800余个品种和类型；杏属有7个种11个变种，约2000余个品种和类型。这不仅证明我国是世界上李、杏资源最丰富的

国家之一，而且说明开发潜力之巨大。其中辽梅杏、陕梅杏、熊岳大扁杏和榛李4个新变种是本次考察中首次发现和鉴定的。此外还有许多类型尚待鉴定。

② 首次明确地提出中国李和普通杏在我国的实际分布区域，并具体地划定了南北界线，发现了三江平原、长江中下游、云贵川3个杏的栽培新区，指出我国普通杏的实际分布范围在N23°至47°之间，比传统公认的区界向北扩展了4个纬度，向南扩展了5～10个纬度。

③ 考察中发现了高糖、含脂肪、软核、矮化、晚花、晚熟、抗寒、抗涝、抗旱、耐热耐湿、观赏等11类珍稀资源，可供直接利用或做育种的试材。对这些珍稀资源也有待进一步深入研究。

④ 提出了我国李和杏资源的地方良种47个，包括鲜食、加工和仁用三类，并注明其产地，可供生产上直接开发利用。

⑤ 积累了大量的科技资料，有文字、标本和照片等，可供深入研究参考。

注：参加1980～1988年全国李杏资源专题考察组的同志还有：辽宁省果树科学研究所的何跃、李体智、彭晓东、高斌等人，江苏农业科学院园艺研究所的郭忠仁，吉林省长春市农业科学院的李锋，北京市农林科学院林业果树研究所的王玉柱等人。原文刊登在《中国果树》1990年第4期上，本文有删节。

正是由于这篇文章的发表，使后来从法国归国的李绍华博士查找到了我，我们结成了志同道合的忘年交。1997年7月15～18日，他陪同他的导师、法国农业和渔业部蒙托帮农业专科学校果树学教授、农业总工程师彼·布朗舍先生来熊岳参观了国家李杏圃，期间我特意请他观察了我们从新疆天山野果林中收集到的几种野生欧洲李的类型，他拍了几张照片。布朗舍先生回国后写了一篇题为“中国西部野生欧洲李研究初报”的文章，于1997年8月12～22日，在波兰华沙召开的第六届国际李和梅育种与栽培研讨会议上发表，进一步在国际上奠定了欧洲李起源于我国新疆的新结论，还把我和林培钧的名字放在他的前面，在此向他表示感谢。

20 回顾当初我们是如何进行全国李杏资源考察收集的

回忆在20世纪80年代初，也就是在国家“六五”期间，农业部每年只给我课题1万元科研经费，但在当时已是我所经费最多的科研项目。我们在完成收集全国的李杏资源并建设国家李杏资源保存圃的同时，又主动增加了许多研究内容：比如考察全国李、杏资源分布的北界和南界、调查各地李杏资源的种类与数量、栽培历史、生产与加工利用现状；进行植物学特征与生物学特性的调查与现场描述记载，了解李杏物种的起源、演绎与传播路线；挖掘地方良种、保护和抢救濒危资源；除采集每份资源的繁殖器官外，还要压制蜡叶标本、拍摄照片、现场检测果实品质与经济性状等等。

特别是每年还要召开1～2次全国协作组会议，这样就更加感到经费困难！为此，我们每次出省考察，都要到农业部科技司换取一份赴某某省考察收集李杏资源的介绍信，这样就有了跨地区工作的“尚方宝剑”，能得到地方政府与科研单位的支持，但经费上面并没有多给。

我们从熊岳乘火车出发再从北京去各省（自治区）从来没有坐过卧铺，当时火车速度较慢，从北京到南宁或昆明要三天两夜，到乌鲁木齐要走七天，不管多远我们都是硬座到底，火车靠窗的座位尾号4、5、9、0我们都背熟了，买票时请求售票员多关照几张，以便在火车上轮换睡觉休息。

因为钱少，我们从来没有进住过宾馆，全部住政府或单位的招待所，或住简易的小旅店，或蹲车站的“票房”，下乡后更是走到哪住到哪，农宅、山寨草棚和少数民族的木阁楼等都住过。当时每天每人按国家规定出差只有0.80元补助费，我们吃饭都是AA制，或自带干粮或吃各地的“百家饭”，求饱不求好。当时还没有通讯便捷的手机，我们只能利用车站的旅客留言板，先到者写个纸条贴上，告知后来人到什么地方集合或转移到什么地方了。

因为钱少，只我一人按规定购买了一台很沉重的“珠江牌”手动照像机，胶卷也只准拍摄与业务有关的照片。考察时没有专用车，多乘公共汽车，有时还有幸搭乘顺路的拖拉机或军车，剩下的路只有靠自己步行或租用自行车了，记得何跃和李锋两人曾骑自行车从广西的荔浦县到百余公里远的金秀县考察，当然每到一处还要雇上一位当地的向导兼翻译。

因为钱少，每到一个省我们首先集体持农业部的介绍信，分别到农业厅、农科院和农业大学了解当地李杏资源的情况，然后再制定分头考察的路线和期限，每人

在广东曲江县考察南华李母树

在广西乐业县考察、收集杏资源

在贵州遵义县考察、收集杏资源

在贵州盘县考察杏资源

在贵州桐梓县考察、收集李资源

1984～1985年冬在广东、广西、贵州考察收集资源

1984～1985年冬季在贵州和云南山区考察收集资源

持一份农业厅的介绍信，或请农业厅电话通知下面，我们限期分别各自去完成3～5个县的考察收集工作，回来后先把所获资源的接穗按单位均分，采用竹筒加苔藓或湿纸巾保湿的土办法包装好，从邮局发快件分别寄回各自的单位，然后再集体转移到下一个省（自治区）。为使压制的蜡叶标本保持本色，我们坚持每天至少更换一次标本纸，在火车上我们就把湿标本纸分摊在行李架的旅客行里上，晾干再用。

记得1984年的最后一天，我们因为经费不足不能回家过新年，只好在贵州省安顺地区的招待所里，每人出几元钱，请值班的厨师为我们做点略好于往日的菜饭小聚，同时打电话给家人报个平安并遥祝全家新年快乐，1985年的第一天我们又踏上了考察贵州省西部和云南省的征程。为了赶在“六五”结束时完成全国的考察收集与建圃任务，我又不得不分派何跃同志独自去青海、甘肃、新疆三省（区）考察。多年考察下来，除台湾地区、海南省和西藏自治区外，在我国各大山的深处、荒漠的边缘和大部边陲线上，都留下了我们的足迹。

比起同时期国家组织的各种野外考察队，我们艰苦、困难多了。他们有充足的经费，有专用的交通工具，有通讯设施和安全保卫，还有后勤供给和医疗保障以及地方政府的通力配合等。而我们全凭一颗科技工作者的责任心和不怕死的执着探索精神，在什么条件都没有，一切困难都靠自己解决的情况下，完成了全国李杏资源的考察收集任务。

实践证明，我们这种多单位同行专家自愿结合，经费自理，统一调研分头考察收集，资源与成果共享的野外专题考察办法，行动既灵活又高效，还省时省钱，不仅圆满地完成了国家下达的任务，而且还额外取得了许多丰硕的科研成果，积累了大量第一手资料，奠定了进一步深入研究和编写我国李杏“两志”的基础。但就是太孤独太危险，幸好我们这些人“福大命大”， 除掉了十几斤体重外，全都安然无恙。这么多年工作下来，我带领的这些刚毕业的大学生们，都练就了一身独立攻关的能力和胆识，后来都成为各自单位的领导或科研骨干。

21 赴澳大利亚杏树科研与生产考察的收获

1999年4月，应澳大利亚阿得莱德大学园艺专家艾德里安·达林博格(Adrian Dahlenburg)教授的邀请，经农业部外事司批准，由辽宁省农业科学院组团赴澳大利亚考察，团长为省农科院李正德院长，团员有我和伊凯所长，翻译为院外事处辛华君处长。这是辽宁省农科院首次访问澳大利亚，也是我本人第一次出国考察。

澳大利亚是一个果树资源极其贫乏的国家，但是他们从欧洲、美洲、亚洲和非洲等世界各地收集到许多优异果树资源和良种，使该国的果树生产从无到有，并不断发展，成为目前果品及加工制品的出口国，在国际市场上占有一定的地位。

本次是以杏为主的果树资源、科研、生产和加工利用的考察，主要活动在南部的阿得莱德州，参观了州立大学、综合农业科学研究所、劳斯顿镇果树试验站、各种果树生产庄园、果品加工企业、葡萄酒厂、大型苗圃、公园和博物馆及美术馆

1999年3月27日，作者（中）同辽宁省农业科学院李正德院长（左）与达林博格教授（右）在阿德莱德州劳斯顿镇杏园考察

等，还应邀到达林博格家做客，最后还参观了世界著名赌城墨尔本、美丽的悉尼和首都堪培拉的市容。主要收获如下。

1 澳方果树资源虽然少，但有许多特异资源是我们所需要的

1.1 澳方的杏资源中绝大多数有自花结实能力，生产中不必配备授粉品种照样获得丰产。而我国杏资源虽然多，但绝大多数自花不结实，生产中必须安排20%左右的授粉品种，否则不丰产，甚至没有经济产量。

1.2 澳方的杏花期可开6周，花期1个半月。我国杏花期只有7～10天，由于花期早而集中，常常受到晚霜的危害，造成减产或绝收，多年来在寻求晚花资源和研究延迟开花栽培技术措施方面进展不大。澳方的晚花杏资源可以解决我们的问题。

1.3 澳方杏资源中有需寒量仅200～350h的品种，而我国杏的需寒量均为800～1000h。需寒量少的资源是我国杏保护地反季节生产的育种目标，如果能获得这种资源，我国杏保护地生产可以提早近1个月成熟，经济效益可观。

1.4 澳方有晚熟的杏和李品种，可使我国杏和李的熟期延后1～2个月，在国庆节前后上市，这正是我国杏与李“九五”攻关的目标，有利于延长我国杏、李市场供应时期。

1.5 澳方有能无性繁殖的杏及其他核果类通用的砧木，嫁接亲和性好，苗木长势一致，根系发达。我国杏与其他核果类果树都是采用各自的野生自然杂交实生砧木，由于实生苗的变异性大，使生产中苗木长势很不整齐，进而影响到产量和品质的不一致，不利于商品性标准化生产。

1.6 制干（脯）专用品种是澳方育种的主攻方向，因此他们选出许多适宜制干的品种，加工制品质量好，从而进入了国际市场。而我国加工专用品种尚无人开展选育工作，用鲜食品种去加工，自然质量不高，产品的商品标准难求一致。

1.7 澳方有耐高温且耐干旱的杏品种，可以与柑橘同地生产，而我国能长柑橘的地方不能发展杏产业，能生长杏的地方又不能生长柑橘。如能引进这种资源，可以扩大我国杏的生产区域。

2 澳方果树科研水平高且设备先进

2.1 我国果树育种从杂交到选出新品种一般要20～30年，甚至要40多年，而他们只用6～7年，他们把所有杂种实生苗都嫁接在无性系砧木上，定干高度一律为70cm，这些都与我们不同。我们的实生苗均不另外嫁接也不定干，任其自然生长，只在耐心等待出现新品种。

2.2 澳方果树资源研究的深度明显高于我们，他们已进入分子标记和基因定位阶段，离转基因育种的遗传工程为期不远了。而我们果树资源的研究目前绝大多数还停留在形态特征和果实农艺性状调查鉴定阶段，只有少数国家果树资源圃（如草莓）刚刚涉足核心资源的分子标记研究，

我们杏和李等果树核心资源尚无确定。

2.3 澳方有国际杏育种联网信息，可随时掌握世界各国的进展，掌握各国资源利用状况和技术，有利于信息交流提高工作效率。如果我们双方合作，我们也可利用此网。

2.4 澳方果树及农业科研均专业化，资源育种与评价分开，相互联系又制约，这样做可提高科技人员专业化水平，还能获得比较公正的结论。避免育种者自己下结论的弊病。他们在科研管理和机构设置等许多方面值得我们学习。

3 他们果树栽培和产后处理水平高

3.1 他们果树生产全部是滴灌和机械化管理，一个6000hm^{2}的果园只有4～5个管理人员，包括建园、修剪、施肥、打药、采收和采后分级包装等全部工作都能完成，值得学习。

3.2 杏树也同其他核果类果树一样，实行适宜机械化管理的“Y”字型或“篱壁”型整枝，苹果树采用“细长纺锤”型整枝，所有果树在整形期和幼果期均用支柱和铁丝绑缚，使树形规范化。

3.3 各种果树绝大部分采后进入加工厂，鲜食的进行清洗、烘干、打蜡、分级、包装后运出果园进行冷藏或销售。分别加工成饮料、果汁、果脯、果酱和各种果仁，加工的机械设备先进，卫生。而且加工的能力大于生产的能力，工厂吃不饱，果农生产的干鲜果均不滞销，没有卖难问题，其中80%的产品要出口。

4 双方达成进一步合作的协议

双方在有充分准备的基础上，在考察中抽出四个半天进行了诚恳的富有成效的会谈，达成如下协议。

4.1 进一步开展杏育种的合作研究，明确了双方的责任和义务、研究内容、涉及资源圃开放的区域、申报程序、出资额度等。

4.2 交换资源：我方向澳方提供了7个杏良种的接穗；澳方也向我方提供了6个果树品种的接穗、7个杏品种的花粉，6个硬质小麦品种和2个小黑麦品种。我方另有25个果树品种的引种目录，待1999年8月研究解决。

4.3 澳方邀请我方派一人来农场实际操作四个月，即9～12月底。学习机械化管理和杏仁初加工技术。

4.4 双方签定了访问会谈备忘录，澳方愉快地接受了我方的邀请，于1999年夏季来我省考察。

22 全国李杏种质资源研究与利用的总结报告

1 前言

植物种质资源的收集、保存、鉴定和利用的研究，是农业科学研究的重要基础性工作，与实现农业现代化和可持续发展有着密切的关系。一个国家所拥有种质资源的数量和质量，以及研究与利用的程度，是决定其育种成效和农产品产量与质量不断提高的关键。

20世纪以来，由于人口的激增和科学技术的迅速发展，极大地加快了地球表面的改造，造成许多植物种质濒危和消失，已经严重地威胁到人类当代及子孙后代的生存。“保护生态环境”、“拯救植物”的呼声越来越高，以致在世纪之交连连召开保护生态环境的世界首脑级会议。

世界上对这一问题认识较早的国家开始收集保护植物的时间依次是：英国（1670）、美国（1776）、澳大利亚（1913）、南非（1913）、波兰（1921）、苏联（1927）、日本（1951）、印度（1953）、捷克斯洛伐克（1963）、土耳其（1964）、加拿大（1974）、墨西哥（1975）……其中收集保存李资源最多的国家是英国，在其皇家学会植物园，共收集李资源160份。保存杏资源最多的国家是前苏联，在塔什干（今乌兹别克斯坦共和国）和雅尔塔（今乌克兰共和国）两处植物园，共保存杏属种质资源7个种600份品种和类型。

在我国科学的春天到来的时候，1978年11月中国园艺学会在广西召开了全国果树蔬菜种质资源学术讨论会，会上提出了全国果树科研两大基础性任务：即调查收集果树种质资源，建立国家果树种质资源保存圃；撰写出版有29个专志的《中国果树志》。1981年农牧渔业部给我所下达了李杏资源调查收集和建圃的任务，1983年中国果树志总编委会委托我所主编《中国果树志》的李卷和杏卷。为此我们查阅了50～80年代出版的权威性著作和刊物，其中记载我国李属植物有9个种，杏属植物有5个种，各有130个品种；我国杏的分布北限为吉林的桦甸和延吉，多栽培在黄河流域，南限为秦岭至淮河一带。为了完成上述任务，我们于1983年组建了全国李杏资源研究和利用的协作组和精干的专业考察组。于1994年组建了《中国果树志》李卷和杏卷的两个编委会。发动各省（市、自治区）进行本地区的李、杏资源普查，领导专业组逐省（市、自治区）考察。随后在国家攻关、农业部和省重点、省自然科学基金等项目的支持下，使本项研究得以深入和持久，进而开展了种质资源的性状鉴定评价及开发利用等方面的研究，取得了重大成果。

2 研究方法

2.1 资源考察搜集的方法

根据80年代初我国李、杏果树生产和科研的现状，我们采取了专业组逐省（市、自治区）实地考察和参加协作的各省自查并行的方法，历时近20年，行程达40余万km。考察的重点地区是东北的东部、福建的北部、云南的西部和南部、贵州和四川的西部、三峡库区、秦巴山区、天山至昆仑山区等野生种质资源较丰富的地区……我们将收集来的资源（接穗），在辽宁熊岳建成了国家李杏资源圃，逐年补充征集，扩大种质资源的保存数量和质量。

2.2 性状鉴定评价的方法

我们按照国家植物分类法规，对资源进行分类学鉴定。首先依据两个以上明显区别于原植物种的特征，进行中文和拉丁文的文字描述，制作蜡叶标本，绘制模式图，然后再请我国李和杏的植物分类权威专家（俞德浚、谷粹芝、陆玲娣）审定。审定后，在国际认可的权威刊物——植物分类学报上发表，一年之内无争议为有效。对入圃资源按照国家“八五”至“九五”攻关项目的要求，参照国际李、杏种质资源描述，结合我国资源的特点，编制了我国李、杏种质资源的调查项目和评价标准，对收集入圃的资源进行农艺性状、果实经济性状、加工性状、物候期、过氧化酶同工酶（电泳法）、染色体倍性（细胞去壁、低渗法）等性状的鉴定和评价。

2.3 开发利用的方法

我们从1986年起，在河北的巨鹿、广宗和山东的招远县，与当地政府和科技人员合作，建立大面积良种丰产栽培与加工利用的示范区，组织全国的现场会议，以点带面辐射全国。1990年以后又在辽宁的辽阳、阜新、彰武和连山区等地建立良种丰产示范区，推广良种，促进生产。我们还将鉴定筛选出的优异种质资源，在全国协作组会议上进行交流，或写成文章在刊物上发表，或编写科普书籍、资料或制成电视片、科教片、录像片、幻灯片，举办培训班或赶科技大集等加以宣传。

3 研究结果

3.1 考察收集的结果

3.1.1 基本查清了我国李、杏种质资源的底数，明确了我国李、杏种质资源的种类和数量

根据考察和植物学特征鉴定：我国现有杏属（*Armeniaca* Mill.）种质资源10个植物种和13个变种，……除法国杏原产欧洲外，其余均为中国原产，其中政和杏和李梅杏为本次考察中发现并鉴定命名的两个新种。我国杏属植物的变种（包括原变种）共13个……其中陕梅杏、辽梅杏和熊岳大扁杏为本协作组在考察中发现并鉴定命名的。据调查，我国杏属资源有2000余

个品种或类型，比原记载的多1800余份。其中调查描述和评价的杏品种（类型）有1400余份，占70%。

我国李属（*Prunus*）植物有8个种…… 在中国李中有毛梗李和榛李两个变种。榛李为本次考察中发现的新变种。在许多权威性专著中记载我国还有来自美国的乌荆子李（*P. insititia* L.），但我们始终没有找到它的植株，包括在各植物园也没有找到。据调查，我国李资源有800余个品种或类型，比原来记载的多了600余份。其中进行调查描述和评价的李品种（类型）有735份，占91%。

3.1.2 修正了我国普通杏的地域分布

根据实地考察，我国普通杏的栽培北界超越了吉林省的延吉和桦甸，南限也大幅度地跨过了秦岭和淮河流域……向北扩展了4个纬度，向东南和西南扩展5～10个纬度，在此区之间除少数极寒冷和炎热高温地区外，均有杏资源的分布。其中东北的三江平原（海拔200m以下）和长江中下游（海拔1000m以下）及云贵川（海拔2200m以下）三个杏的分布区域是本次考察中发现的。

3.1.3 明确了我国李资源的地理分布

根据考察，首次明确了我国李资源的地理分布……即与我国≥10℃的年积温为8000℃的等值线相吻合。在此线以南的雷州半岛、海南岛、台湾省南部及以南地区，基本没有李资源。而在≥10℃年积温为7000～8000℃之间的地区，即广东中山县以南、广西崇左县以南、云南思茅县以南的西双版纳等地区，虽然有栽培的李树，但其生长、开花、结果、休眠等物候期紊乱、长势不强、产量低、品质差、寿命短，不适合经济栽培，从≥10℃年积温7000℃等值线至上述北界之间，为我李的适宜栽培区域。在≥10℃年积温2500℃以下地区，即大兴安岭、蒙古高原、青藏高原等（海拔3000m以上）地区，栽培和野生李资源均没有找到。

3.1.4 修正并完善了世界杏属植物生态群和亚群的划分

杏属植物虽然起源于我国，但传播到世界各地已有2000余年的历史。由于世界生态环境的多样性和物竞天择，加上人为的长期驯化与选择，演化形成了不同的地理生态条件下的品种群体。从30年代中期至今，H.N与维洛夫（1935）、科斯蒂娜（1969）、C.O赫西（1975）和俞德浚（1979）等中外科学家们，通过对杏属各植物种近千个栽培品种或类型的观察与研究，依据杏属各原生种的起源、形态特征、果树学与生物学特性，把全世界普通杏的栽培品种分别划分为3～6个地理生态群和17个区域性亚群，其中对我国的亚洲部分涉及明显不足。

我们在此基础上，根据多年考察中新的发现和各国的资料，对原划分的生态群和亚群进行了修正和补充：在原中亚细亚生态群中，增加了我国的和田、喀什和库车三个亚群，填补了这一地区的空白；

国家李杏资源圃的科技人员在工作（一）

1983年李体智在调查资源苗木

1989年刘宁在圃内做杂交

1983年作者在观察苗木

1989年李秀杰在调查‘三塔玫瑰’李结果性状

1991年3月孙升将辽梅和陕梅杏种植在杭州植物园

国家李杏资源圃的科技人员在工作（二）

2004年何跃研究员在延安指导修剪

2001年赵锋在美国试用修剪器械

2009年唐士勇副研究员在研究红叶李

1992年张玉萍在调查‘大石早生’李结果情况

美国核果类协会专家前来考察，刘威生（右1）正在接待

2007年郁香荷研究员在大棚授粉

把原伊犁—高加索生态群，修正为中亚细亚生态群的一个亚群，分解为华北、华东北、华西南三个亚群；新增加华东—东南亚生态群，内分东亚和南亚两个亚群，填补了这一地区的空白；把原东北—西伯利亚生态群，修正为东北亚生态群，内划兴安岭和西伯利亚两个亚群。这样就把全世界的栽培杏资源，划分为6个生态群和24个区域性亚群。1997年在国际专业研讨会议上发表了这一更加完善的新方案，并对各生态群的地域范围、种群特征和特性做了描述和评价，使其在育种利用中更加科学和方便。

3.1.5 首次发现欧洲李和樱桃李的野生群落，鉴定证明欧洲李起源于我国

1983年本协作组的林培均、廖明康、施丽等人，在我国新疆维吾尔自治区的新源县和巩留县首次发现四处大片野生欧洲李的自然群落。1985～1989年林培钧等人再次对伊犁野果林进行考察，其结果为：

在伊犁河支流巩乃斯河的上游，即新源县阿拉吐别乡的两岸低山带，以及在巩留县伊力格岱的低山带，均发现了野生欧洲李的自然群落。其地理位置是E82° 00′～83° 00′，N43° 20′～43° 40′，海拔高度为1200～1300m，立地条件为栗钙土，阴坡。伴生的野生果树有苹果、山楂、树莓、蔷薇等。

在伊犁河下游北岸，即霍城县大西沟乡的低山带，首次发现了野生樱桃李的自然群落。地理位置是E80° 40′～80° 48′，N44° 22′～44° 26′，海拔高度为1000～1600m，立地条件为栗钙土或石砾栗钙土、阳坡。与之伴生的野生果树有苹果、山楂和杏等。

上述野生欧洲李和野生樱桃李的自然分布点之间相距300km，且有山川阻隔。在这些分布区域及附近地区找不到黑刺李。因此，关于欧洲李的起源是樱桃李和黑刺李的天然杂交种的假说在这里得不到证实。

1988年采集上述地区的野生欧洲李和野生樱桃李的硬枝，在中国果树所进行染色体倍性鉴定，证实野生欧洲李为六倍体2n=6x=16和2n=6x=48，这是更为原始的证据。并对其染色体的核型公式、核型分类、臂指数、最长染色体/最短染色体、臂比＞2的染色体比例（%）、核型为不对称的系数、染色体相对长度组成等，进行了首次测定和研究。

1988年由国际园艺学会和中国园艺学会共同在北京举办的“国际园艺植物研究与利用学术研讨会”上，首次公开了这一发现。国际园艺学会副主席李专业委员会主席潘诺维奇（南斯拉夫人）教授，对此非常赞赏。此后在许多国家的同行专家来新疆或国家果树种质熊岳李杏圃研究考察野生欧洲李。1997年8月12日在波兰华沙举办的“第六届国际李和梅育种与栽培研讨会”上，法国李育种家P.Blanchet教授发表了《中国西部野生欧洲李的研究报

告》（Preliminary Report about Wild Prunus Domestical in Xinjiang Western China），也证明中国野生欧洲李是世界首次发现，欧洲李起源于中国。

3.1.4 丰富了“国家果树种质熊岳李杏圃”，使之成为世界之最

从1979年起，我们边考察边搜集李杏种质资源，创建国家资源圃。1986年农业部专家组在现场验收后命名为“国家果树种质熊岳李杏圃”。

李资源保存8个种432份，杏资源8个种466份。以后继续收集入圃，截至1999年底共入圃李、杏资源1100份，其中李属8个种500份资源，杏属10个种600份资源。

以上资源主要来自我国各地，有部分资源来自日本、朝鲜、俄罗斯、法国、意大利、美国、澳大利亚、南非、伊朗等国家。现已被公认是世界上保存李、杏资源种类和数量最多、规模最大的资源圃。

3.1.5 考察中发现一批珍稀种质资源，鉴定确认一批农家（地方）良种

珍贵稀有种质资源有：杏的核壳软化，甜仁，食杏仁方便的杏——‘软核杏’（辽）；果形扁平酷似蟠桃的杏——‘草坯杏’（陕）；果形尖长，酷似尖辣椒的杏——‘辣椒杏’（新）；一个核内有两个杏仁的杏——‘双仁杏’（内蒙古）；果皮和果肉中含有油泡的李——‘花榛’（闽）；花萼为黄绿色的杏——‘绿萼山杏’（冀、辽）；红花红叶红果的李——‘好莱坞李’（美国引入）；似李非李，似杏非杏的——‘李梅杏’（冀、鲁）；只有正常李树三分之一高的矮化李——‘跃进李’（吉）；在地表匍匐生长的极矮化李——‘鬼李子’（滇）；在10月中旬成熟的杏——‘晚熟杏’（新、冀）；在11月上旬成熟的李——‘冬李’（川）；耐高温、高湿的杏——‘虹桥杏’（浙）；极抗涝的李——‘小黄李’（吉、黑），其在地表积水长达70天，仍正常生长；极抗旱的杏——‘西伯利亚杏’和‘李光杏’类，在土壤20cm深含水量仅为3%，年降水6～60mm，年蒸发量近4000mm的生态环境下，能正常生长并丰收；极抗寒的杏——‘西伯利亚杏’，冬季可耐-55℃低温；极抗寒的李——‘巴彦黄李’等，冬季可耐-42.4℃的低温，在年平均气温1.4℃的地区年年丰产。

鉴定确认一批农家（地方）优良品种。这些良种是‘青榛’、‘花榛’、‘油榛’和‘芙蓉李’（闽），‘三华李’和‘南华李’（粤），‘红心李’（浙、闽、湘），‘金沙李’和‘青皮李’（滇），‘桃李’和‘大白李’（川），‘黄果李’（皖），‘神农李’（鄂），‘玉皇李’（豫），‘帅李’（鲁），‘香蕉李’、‘美丽李’和‘秋李’（辽），‘紫李’（内）等；杏良种是：‘骆驼黄’（京），‘香白杏’（津），‘串枝红’和‘龙王帽’（冀），‘巴斗杏’（皖），‘苹果杏’（苏），‘大红杏’和‘杏梅’（辽），‘红金榛’、‘红玉杏’和‘红荷包’（鲁），‘鸡蛋杏’（豫），‘沙金红’（晋），‘华县大接杏’、‘二转子’和‘银白杏’等

1983年10月17日，波兰专家安东尼·波尔米加（左2）等来访

1990年7月，意大利专家尼埃尔·巴西（左）来访

1997年7月，从法国留学归国的李绍华博士（右）陪同法国专家皮·布朗舍（左2）来访

1997年7月，澳大利亚杏树专家达林博格（左2）来访

2000年8月，美国专家戴威·磅（后排右1）等来访

1998～2000年，澳大利亚珍妮博士（中）在本圃合作研究

1999年5月，日本果树专家国泽高明来访

（陕），'兰州大接杏'和'唐王川大接杏'（甘），'黄口外'（宁），'阿克西米西'、'李光杏'和'赛卖提'（新）等等。这些品种均可在原产地或周边地区大面积开发利用。

3.1.6 撰写并出版了《中国果树志》的李卷和杏卷，积累了一大批科技文献和资料

在长达20年的考察、鉴定和开发利用的研究中，我们于1984年集中了同行业中近百名著名专家和教授，依据调查研究的第一手资料，撰写并出版了《中国果树志》中的李卷和杏卷，这是世界首部李属和杏属果树的科技专著。在百余万字的志书中，不仅翔实地描述和记载了我国这两属植物的种类、数量和地理分布，重新研制了植物种的检索表，重新绘制各植物种的模式图和地域分布图，描述、评价、记载了91.9%的李属种质资源和70%的杏属种质资源；而且对其起源、演替、进化、传播、栽培历史、生物学特性、科研与生产的现状、农业技术、贮藏与加工、近缘砧木资源与区划，以及开发利用的意义和前途等，进行了全面、系统地研究和总结，两卷彩图240幅，黑白图片400幅。

据不完全统计，本协作组还先后撰写、出版关于李与杏优良品种和丰产栽培技术及加工利用等方面的科普书籍15部（161万字），发行了14余万册；出版《中国李杏资源及开发利用研究》等科技专著多部（135万字）。先后召开6次全国李杏资源研究与利用学术交流会议，参加了8次国际专业研讨会议，共交流论文和资料450余份（180余万字）。在省级以上刊物及国内会议上发表论文和报告200余篇（80余万字），有许多论文被译成英、俄、法、意、捷、日等文字，或被国际权威刊物转载。积累各种文字资料共计550余万字。同时制作了科教电影片1部、电视录像片4部，以及大量的考察录像片、照片、幻灯片和种核及蜡叶标本等，可供继续深入研究时参考。

3.2 性状鉴定评价结果

从1987～1989年，我们对收集在资源圃中的李和杏资源开展了染色体倍性的鉴定，通过鉴定证实了欧洲李为六倍体（2n=6x=48）、黑刺李为四倍体（2n=4x=32），其余樱桃李、杏李、乌苏里李、美洲李、加拿大李均为二倍体（2n=2x=16）。在鉴定的226份中国李资源中发现了'绥棱晚熟李'、'绥棱73-81'和'大叶砧木'3份资源为三倍体（2n=3x=24），'锉李'芽变为（2n=2x=16、2n=3x=24、2n=4x=32）多种倍性的嵌合体，其余均为二倍体（2n=2x=16）。在鉴定的316份杏属资源中，发现山东的'苍山红杏梅'为三倍体（2n=3x=24），其余均为二倍体。由此突破了杏属和李属的中国李、杏均为2倍体的世界公认的结论，为李和杏多倍体资源的研究与利用奠定了物质基础。

3.3 开发利用的结果

3.3.1 在生产方面的利用结果

推广了一批优良品种，加速了生产品种的更新换代。1986年以来，推广了一批优良品种：即极早熟的李和杏——‘大石早生李’（果实发育期60d）、‘意李二号’（61d）、‘骆驼黄杏’（55d）、‘红荷包杏’（55～60d）等；极晚熟的李和杏——‘澳李14号’（155d）、‘晚杏’（96d）等；果个极大的李和杏——‘澳李14号’（平均单果重84.2g、最大单果重183g）、‘二转子杏’（平均单果重133g、最大果重180g）等；中熟优良品种——‘华县大接杏’、‘唐王川大接杏’、‘沙金红1号’、‘银香白’、‘黄口外’、‘二转子’、‘张公园’等杏，‘大石早生’、‘早生月光’、‘美国大李’、‘棕李’、‘帅李’、‘四川桃李’等李；极丰产的品种——‘龙园秋李’、‘芙蓉李’、‘红心李’等李，‘串枝红’、‘张公园’、‘赛买提’等杏；含糖量极高的品种——‘野生欧洲李’（可溶性固形物22.1%）、‘甘李子’（22.7%）、‘赛买提杏’（30%～32%）等；杏仁大而甜的品种——‘龙王帽’（单仁平均干重0.84g）；加工良种——‘沙金红1号杏’（制罐）、‘串枝红杏’（制罐、脯、茶）、‘关爷脸4号杏’（制罐）、‘白沙杏’（制酱）、‘郯城杏梅’和‘阜城杏梅’（制罐、制酱）、‘石片黄’和‘京杏’（制脯）、‘赛买提’、‘胡外纳’、‘阿克西米西’（制干杏）等。

据调查，1984年发掘的‘棕李’，现已从福建的沙县和古田县扩展到华东、华南、西南和华中各省（市、自治区）；‘串枝红杏’已从河北巨鹿县扩展到东北、西北和西南各省（市、自治区）；‘龙王帽’等仁用杏已从河北和辽宁扩展到东北、华北和西北各省（市、自治区）；1983年从日本引入的‘大石早生李’，已在辽宁、甘肃、河北和江苏等省分别于1992～1997年通过了省级品种审定委员会的认定，转入推广阶段，在北京、河南、陕西、宁夏、四川等省（区）也表现出良好的经济效益；1984年从美国引入的‘黑宝石李’（商品名为布朗李）和‘澳李14号’等黑李品系，在广东、福建、湖南、湖北、浙江、山西、陕西、甘肃、新疆、北京等地大量引种试栽。从目前调查结果看，该品种（系）适宜半干旱和干燥的生态环境，将成为我国西部地区李的主栽品种（系）。据部分省（市、自治区）的应用证明，良种已占李杏生产面积的58.5%。

建立了一批良种丰产栽培示范区（点），促进了生产的发展。在考察鉴定的同时，为使成果尽快转化为生产力，我们从1986年起，分别在19个省（市、自治区）建立了44处良种丰产栽培示范基地，其中最大的基地在河北省巨鹿县（贫困县）；新建‘串枝红杏’示范区达3700hm^2，至1995年全县产杏达39870t，新建杏产品加工厂40余座，分别制作杏脯、杏话梅、杏罐头和中华杏茶，其中杏脯和杏茶远销日本和东南亚一带，使全县的经济大为好转，1985至1995年，全县农业人均收入从259元上升到896元，县地方税收从407万元上升到2520万元，全县工农业总产值从1.33亿元上升到9.96亿元，10年间上升了7.5倍，其中杏产业约占30%左右，成为该县的支柱产业。1992年该县人大会议通过决议，杏树为“县树”。1996年在辽宁省果树科学研究所又创造了8年生‘串枝红杏’亩产杏5000kg，每亩收入8000元的纪录。由于这些典型的示范作用，有力地促进了生产的发展。

3.3.2 在科研方面的利用结果

承担了国家和省（部）级重大科研项目。大量的种质资源收集到国家资源圃，为我们深入观察、系统研究和全面评价资源提供了方便条件和物质基础。该圃已经成为我国李杏科学研究的重要基地，从“六五”以来，先后承担并完成了国家攻关和省（部）级重点科研项目28项，在资源的性状鉴定、综合评价、筛选优异种质资源、开展杂交育种和种质遗传规律等方面的研究取得了重大的进展，同时培养出一批杂种实生苗，奠定了新品种选育的基础。

为大专院校的科研提供了场所和试材。建圃以来，先后接待了中国农业大学、北京林业大学、沈阳农业大学、辽宁大学、东北林业大学、吉林农业大学、江西农业大学和熊岳农业专科学校等院校的院士、导师和硕士、博士研究生及本专科学生的实习与科研任务；同时为长春市农科院园艺所、江苏省农科院园艺所、湖南省农科院园艺所、黑龙江省农科院园艺所、黑龙江绥棱果树所、牡丹江农科所、吉林省农科院果树所、黑龙江省五九七农场试验站等科研单位，提供了杂交育种的场所或花粉和接穗等试材，为中科院北京植物所提供蜡叶标本等等。

开展了国际交流和合作研究。建圃以来，先后接待了波兰、捷克、土耳其、英国、法国、意大利、美国、日本、朝鲜、韩国、新加坡、澳大利亚等许多国家的专家和学者，交流了技术信息和部分资源，互寄杂交育种的花粉。从1998年开始，承担了国家科技部下达的中国和澳大利亚杏合作育种的研究任务。

在科学普及方面的利用。自建圃以来，我们每年都接待来自各省（市、自治区）的政府领导、基层干部、科技人员、农民群众、农（林）场职工、大专院校师生、中小学校师生、解放军官兵、记者、画家、摄影家等，以及国内外的旅游团体、会议团体、培训班团体等的参观或实习。同时回复了近万封的咨询信件。现在国家李杏资源圃已经成为普及科学知识的重要场所，也因此扩大了资源圃的知名度。

4 创新点

4.1 基本查清了我国李、杏种质源的底数，即李属植物有8个种3个变种800余个品种或类型；杏属植物有10个种13个变

李杏资源成果鉴定会

1999年12月31日全国李杏资源研究与利用成果鉴定会会场

中国农业科学院果树研究所董启凤所长（左1）、农业部科技教育司费开伟司长（左2）、辽宁省农业厅杜建一（右1）处长、中国农业科学院朱扬虎处长（右2）等部分评审专家

种2000余个品种或类型。其中2个新种和4个新变种为本次考察发现并鉴定命名的。其中对735份李和1400份杏资源进行了调查描述。

4.2 修正了我国杏资源分布的地域范围，重新标定了分布的南北界线，比原来公认的区界向北扩展了4个纬度，向南扩展了5～10个纬度。并发现了3个杏的分布新区。首次明确了我国李的分布区界。绘制了李、杏各植物种在我国的实际分布区域图。同时对世界杏栽培品种的生态群和亚群的划分进行了修正，并填补了空白。

4.3 在世界上首次发现了欧洲李的野生群落，鉴定证明欧洲李原产于中国的新疆，纠正了百余年关于欧洲李起源的假说。首次发现我国有野生樱桃李的种质资源。

4.4 丰富了国家果树种质熊岳李杏圃，保存的种类和数量居世界首位，其中除我国的种质资源外，还有来自美洲、欧洲、非洲、大洋洲及周边国家的种质资源，并成为我国李杏果树科研、教学和提供良种的重要基地。

1998年和2003年，分别出版了《中国果树志·李卷》与《中国果树志·杏卷》

4.5 在资源的鉴定中，首次发现了杏的三倍体和中国李中的多倍体及嵌合体种质资源，奠定了李、杏多倍体资源研究的物质基础。

4.6 发现一批珍稀种质资源，筛选出一批抗逆性很强的种质资源，充分证实了我国李和杏资源具有丰富的多样性，可供生产和育种家择优利用。

4.7 撰写并出版了《中国果树志·李卷》和《中国果树志·杏卷》，这是世界首部记载李和杏的科技专著。积累了550余万字的科技文献和资料，以及蜡叶标本和照片等，奠定了深入研究的基础。

4.8 取得巨大的社会和经济效益。本项研究证明了世界李的第二大栽培种——欧洲李起源于我国，加上原来世界公认起源于我国的中国李和普通杏，这样全世界李和杏的主要栽培种均起源于我国，这进一步证明了中国的园艺植物对世界园艺界的巨大贡献。同时，从研究结果中看出，中国李和杏种质资源有着极其丰富的多样性，这是我国和全人类的宝贵财富，我国被誉为“世界园林之母”当之无愧。

本项研究丰富了世界最大的李杏种质资源保存圃，完成了李、杏两个专著撰写和出版工作，不仅为我国西部大开发和子孙后代贮备了丰富的遗传物质和科技文献资料，而且将对我国李杏科研和生产产生深远的影响。

本项研究加速了生产品种的更新换代，优良品种已占生产面积的58.5%。据10个省应用证明数据和中国农科院农经所提出的农业科技成果经济效益评价方法计算：1989年至1999年，新发展李杏良种25.17hm^2（未包括林业部统计新发展的仁用杏53.3万hm^2），新增产量2265万t，新增利税（纯收入）82.1亿元，取得了显著的经济效益。

注：原文为1999年12月31日成果鉴定的技术报告。发表于张加延、孙升主编《李杏资源研究与利用》，中国林业出版社2000年6月出版，本文有删节。上文是1999年12月31曰，在沈阳进行省级成果鉴定的研究报告，是前20年李杏资源研究与开发利用的全面总结。鉴定专家委员会组成的规格较高：主任委员由农业部科技教育司司长费开伟研究员担任，副主任委员由中国农业科学院成果处处长朱扬虎研究员担任，委员有中国农业科学院果树研究所所长董启凤研究员、沈阳农业大学校长钟有田教授和刘兴致教授、省农科院副院长付景昌研究员、省农业厅果蚕处处长杜建一教授级高级农艺师，以及省科委的有关领导和专家等组成。

鉴定结果是：……研究成果具有很高的理论水平和实用价值，这将对我国李杏的资源优势转化为产业优势、调整农业结构，加速山区综合开发、生态环境建设尤其是西部大开发有着重要意义。研究工作规模大、参加人员多、考察区域广，研究范围和深度在国内外同类研究中均属罕见，已产生巨大的效益，总体达到国际领先水平……

这项成果在2000年11月荣获辽宁省政府科技进步一等奖，时年我已达退休年龄并办理了手续，不能再主持课题和支配研究经费。因此，无力再继续申报国家级科技奖励，影响到许多同志的进步，甚感愧疚和遗憾！

23 濒危珍稀李杏种质资源调查与收集报告

本研究为辽宁省自然科学基金资助项目，目的在于进一步收集李和杏的种质资源，特别注意收集那些濒危和珍稀种质资源，以便更加充实国家李杏果树种质资源圃，并为进行系统深入研究奠定物质基础。经过1996～1999年的调查研究，达到了预期目的。

1 研究经过与结果

根据掌握的信息，立项时明确的计划目标资源是：调查收集‘无核李’、‘冬李’、‘辣椒杏’、‘政和杏’、‘房陵大杏’等。涉及考察的范围有武夷山区、三峡库区、秦巴山区和塔克拉玛干沙漠周边地区。

1996年1月、7月和10～11月，我们三次赴三峡库区考察收集‘无核李’，以湖北省巴东县为中心，扩大到巫山、巫溪、奉节、云阳等5个县（区），与当地的科技人员及广大群众共同调查，甚至发动当地的小学生和家长，但始终未能找到‘无核李’，初步认为该资源在这一地区已经失传。

1996年6～7月，赴神农架北部的秦巴山区考察，在湖北省房县姚萍乡堵河流域的高山上，收集到半栽培的‘房陵大杏’，高接在资源圃内，1999年该杏首次在圃内结果。

1996年7～8月，第五次赴福建省政和县武夷山区的稠岭山地考察杏资源，终于收集到野生‘红梅杏’的果实、种核、花和叶的完整标本，经过室内鉴定，制作模式标本，进行中文和拉丁文植物学形态描述，并绘制出模式图，认定该杏为杏属资

1995年6月李杏种植资源考察组在湖北武当山区寻找‘房陵大杏’

1997年5月，在湖北房县神农架北侧山区考察（何跃 摄）

源的新种，并命名为“政和杏”。于9月投稿于《植物分类学报》编辑部，经中国科学院北京植物研究所陆玲娣研究员和中国科学院成都植物研究所李朝栾研究员审定后，于1999年1月在《植物分类学报》上公开发表。同时发表的还有从华北平原区收集在圃中的‘李梅杏’新种。

1997年6～7月，赴新疆环塔里木盆地考察杏资源，终于在阿克苏地区的库车县找到了‘辣椒杏’资源。1999年‘辣椒杏’在资源圃的塑料大棚内初次结果。

1998年11月，赴四川省北部广元市的青川县山区考察，在海拔1400m处找到了‘冬李’资源，有红果、黄果、青果三种类型。1999年4月嫁接到国家李杏圃中。

2 濒危珍稀李杏资源简介

2.1 新种政和杏

别名：红梅杏（福建）。学名：*A.zhengheensis* Zhang].Y.el Lum.w.

原产于福建省政和县外屯乡稠岭山区，海拔780～940m处，半野生状。

特征：树高35～40m，大乔木，一年生枝红褐色，当年生嫩枝阳面红褐色，背面绿色。叶片长椭圆形至长圆形，正面绿色，脉上有稀疏柔毛，背面浅灰色，密被浅灰白色长柔毛，叶基部多截形，叶尖长尾渐尖，果核表面粗糙，无孔纹，核棱圆钝，不具龙骨状侧棱。

2.2 新种李梅杏

别名：酸梅、吼、味（豫）、杏梅（辽、翼、鲁）、转子红（陕）。学名：*A.limeixing* zhang].Y.et Wang Z.M.

产于华北、东北和西北的东部及华中的北部等地。

特征：其叶片与核的形状介于杏和李之间，果面具短柔毛，无果粉，与杏相同。树形有的倾向杏，也有的倾向李。花芽2～3朵簇生，花与叶同时开放或先花后叶，花期在杏之后李之前，具微香。

2.3 ‘房陵大杏’

别名：银杏子

产于湖北省房县姚萍乡堵河流域，海拔180～248m处，农家品种。

特征：果实椭圆形，平均单果重88.2g，最大单果重153g，果顶平，微凹，果皮黄白色至橙黄色，具短柔毛，果肉橙黄色，粘核，甜仁。果实发育期63天，为罕见的早熟大果型资源。

2.4 ‘辣椒杏’

产于新疆阿克苏地区的库车县内.

特征：果实尖辣椒形，单果重不足20g，幼果皮绿色，成熟黄色，果肉白色，味甜，多汁。离核，核长月牙形，核壳薄，核面光滑，仁甜香。

2.5 ‘冬李’

产于四川省青川县房石镇二道梁山区，海拔1400m处。

特征：果实在11月上旬成熟，果实扁圆形，果柄较长，单果重9～12g，大小整齐，果皮有红、黄、青三种类型，果肉黄色，肉质硬脆，味酸涩，微甜。可溶性固形物9.6%～13.2%，半离核。丰产性好，是罕见的极晚熟李种质资源。

注：参加本项研究的有辽宁省果树科学研究所的何跃、孙升、唐土勇、李秀杰、刘宁、赵锋、郁香荷、张玉萍，湖北省果茶研究所的张忠慧，山东省果树研究所的于希志，长春市农科院园艺研究所的李锋，吉林省果树研究所的张冰冰，福建省农业厅园艺处处长赖澄清，政和县农业局吕亩南，河南省农林技术学院王志明教授，新疆农业厅园艺特产处的廖新宇等。在此对上述人员表示感谢！本文作为1999年末项目结束时的汇报材料，发表于《中国李杏资源及开发利用研究》一书中，由中国林业出版社2000年6月出版。

2009年夏，河北省农业科学院石家庄果树研究所研究员赵习平在河北鹿泉市抱犊寨考察800年生古杏树（赵习平 供图）

24 寻找我国的‘无核李’

早在1959年我还是辽宁省熊岳农业专科学校中专学生时期，暑假回上海探望母亲时，从上海新华书店购到一本叫《如何培育植物为人类服务》的书，是由科学出版社刚出版的、孟光裕于1959年翻译路得·布尔班克（美国世界著名的果树育种家）著的第二卷（果树的改进）（小果类）。

在该书中184页记载了一个大约发生在1911～1912年的有趣故事：

若干年前，一位著名的果树栽培学家和卓越的植物学家弗莱斯教授一同来参观我（指该书作者。编者注。）在塞巴斯拖堡设立的农场。

2000年7月，作者在湖北巴东县山区调查‘无核李’

当我们（指该书的作者和他的朋友们。编者注。）站在一棵李树旁时，弗莱斯请他的朋友（即那位著名的果树栽培学家）切开一只李，然后检查一下那个核。

于是，那位果树栽培学家小心地使他的刀子避开李的中心，以免碰到那个并不存在的核，弗莱斯以明显的开玩笑态度在旁边看着。

在以后谈到这件事的时候，弗莱斯教授声称，当刀子最后切穿李的中心而没有遇到任何阻碍时，那位果树栽培学家的靴子甚至也都有惊奇的表情。

这就是布尔班克培育的‘胜利无核李’，其亲本是来自日本、中国、欧洲或美洲的一种特殊李，在法国是用来制干的小李子。用它做母本或父本进行杂交，再从中筛选2～3代育成的。他认为对于栽培李树而言，核以无任何作用，并成为李树的负担，应当将其除去。李、杏、桃、樱桃等核果类果树，应当像无籽葡萄、华盛顿无子脐橘、无子柠檬、无子宜母、无子朱乐一样逐渐取代有籽的水果市场。他认为无子李的出现不是一个偶然的芽变，而是一系列艰苦的杂交实验所产生的结果，它的出现确实地预兆了，不论无核果实的时代会延迟多久到来，这一概念不是妄想。

在我国公元前200多年有一部叫《尔雅》的古书，内曾记载我国当时有三个李品种，其中第一个就叫‘无实李’，但在我们历次资源调查中均未找到。

1978年，黑龙江省农业科学院绥棱果树研究所主持李育种课题的关述杰同志，曾告诉我可能在湖南省的常德地区有无核李，可是我们一再与当地有关部门联系都无回音，1986年我派出的赴鄂专题考察小组也未有收获。

1995年12月，我接到湖北省总工会原主席江长源的一封来信，说他是辽宁省海城县人，看到报上刊登国家李杏种质资源圃在辽宁熊岳建成的消息非常高兴。说他在1948年参加革命工作后随大军南下，1950年在湖北省巴东县官渡区工作时，曾吃到当地一种没有核的李子，问我是否将其也收集到国家资源圃中。

此信我如获至宝，于1996年1月立刻到农业部换取了介绍信，到武汉后请湖北省农业厅经作处蔡处长给巴东县农业局打了个电话，我便会同湖北省果茶研究所的张忠慧同志一同前往巴东县考察。巴东县是湖北省最西部的一个县，县城位于长江南岸，官渡区位于长江北岸，在神农架的南侧，境内皆是高耸入云的大山，又是土家族生活区域，西与四川省（现为重庆市）接壤，时至最阴冷的冬季，我们在当地政府的协助下，甚至发动了当地学校的学生们回家打听其父母、亲友和邻居们，也没有找到有关‘无核李’的任何信息。

湖北省果树茶叶研究所张忠慧在巴东县调查无核李资源

1996年6～7月（当地李成熟季节），我再次带领我所的李秀杰、孙升和唐士勇同志赴巴东考察，不论在市场或果园里均未果。1997年5～10月，在国家组织的抢救三峡库区作物种质资源的中国农科院考察队中，我又派出何跃同志随队扩大考察范围寻找‘无核李’，也无结果，至此我认为其在我国已经失传。但我认为我国特有的‘软核杏’资源可以加以利用，它与布尔班克描述的‘小无核李’退化的核非常相似，且核果类之间杂交在我国已有成功的先例。

25 果树种质资源野外考察收集技术规程

果树种质资源研究与利用的基础和先行工作是野外考察收集。为了在果树种质资源考察收集活动中，全面采集被考察地区果树种质资源的各项基础信息，保证采集种质资源的样本具有代表性和遗传多样性，全面了解被考察收集地区果树种质资源的分布状况、分布地点、生态环境和利用价值，为以后的相关研究、利用和应采取的保护策略提供依据，特制订“果树种质资源野外考察收集技术规程”。

本规程主要规定了木本、藤木果树种质资源（包括栽培及其野生近缘植物）野外考察收集总的工作程序和要求，以及果树种质资源野外考察收集的具体记载项目、取样方法和临时保存方法等内容。

1 范围

本规程规定了果树种质资源（包括栽培及其野生近缘植物）野外考察收集总的工作程序和要求。

本规程适用于苹果、梨、山楂、桃、李、杏、樱桃、枣、柿、核桃、板栗、银杏、榛、柑桔、荔枝、龙眼、枇杷等木本果树和葡萄、猕猴桃等藤本果树。未包括草莓、香蕉、菠萝等草本果树。

2 规范性引用文件

下列文件中的条款通过本规程的引用而成为本规程的条款。凡是注日期的引用文件，其随后所有的修改本（不包括勘误的内容）或修订版均不适用于本规程，然而，鼓励根据本规程达成协议的各方研究是否可使用这些文件的最新版本。凡是不注日期的引用文件，其最新版本适用于本规程。

GB/T2260 中华人民共和国行政区划代码

GB/T1240 单位隶属关系代码

3 术语和定义

下列术语和定义适用于本规程。

3.1 果树种质资源 germplasm resources fruits

具有一定的遗传物质，对果树生产和育种有利用价值的果树。包括果树的野生近缘种、变种、栽培种、半栽培种、栽培品种、品系和单株，以及果树砧木和病毒指示植物。果树种质资源是进一步改良品种必需的物质基础。通常携带果树种质的主要材料是种子或各种无性繁殖用的器官（如插条、接穗、茎尖、根蘖等，它可以是一个群体或植株），也可以是一部分器官或者是组织、细胞，甚至可以是染色体和脱氧核糖核酸的片断。

3.2 野生种 wild species

在自然界处于野生状态，未经人类驯化改良的植物种。其中与栽培果树在起源、进化方面有亲缘关系的，称为果树的野生近缘种。野生种是大多数果树的祖先，在研究果树的起源、演变、分类和育种等方面有着重要意义，也是现代果树栽培上很重要的砧木资源，又是培育新品种的宝贵遗传资源。野生种对当地的环境有着高度的适应性，抗逆性强，稳定性好，一般果实食用品质欠佳，不能直接用于生产。因此只有不同的变种、变型、类型，而没有所谓品种。

3.3 变种 variety

植物分类学上种以下的次级分类单位。1975年第12届国际植物学大会通过的《国际植物命名法则》第4条中规定：亚种、变种、亚变种、变型、亚变型是依次从属于种（species）的各个分类单位。变种是一个种内的植物，在不同的环境条件影响下或经人工选择、诱发、杂交，形态结构或生理特征的某些方面发生变异，其变异性状稳定，并形成与原种有别的一个群体。变种的命名是在原种名之后加上变种（variety）的缩写（var.），然后再加上变种的拉丁文或汉语拼音名称和命名人姓氏的缩写。

3.4 栽培种 cultivated species

具有经济价值，遗传性状稳定，有着明显的栽培性状，生产上广泛利用的果树种类，其具有许多品种。如苹果、梨、桃、柑橘、葡萄等等。

3.5 栽培品种 cultivar

按人类需要选育出的具有一定经济价值的果树群体。是可以清楚地以某些形态学、生理学、细胞学或其他特点来区分的栽培果树群体。其通过有性或无性繁殖的后代能够保持其种性。果树品种有以下基本特点：第一、同一品种内的个体间遗传性状相对稳定。第二、具有一定的经济价值、产量、品质或其他方面符合人类的要求。第三、能够适应一定的自然条件和栽培条件，在适宜的条件下能充分发挥其固有的特征和价值。果树的栽培品种通常是指果树的地上部分而言，也叫接穗品种，不是指砧木类型。按1955年栽培植物命名国际委员会规定，首字用大写，栽培植物命名分三级，即由属名、种名和栽培品种名称构成，在栽培品种名前冠以品种（cultivar）的缩写CV.。

栽培品种按其来源又分地方品种和育成品种两类。地方品种又称农家品种，是在长期果树生产中，经人工和自然选择而形成的，因而，适应当地的自然条件，在当地抗逆性强，常是育种的良好种质资源。育成品种是指通过各种选育途径（杂交、芽变、生物技术等），经过严格的培育、鉴定、选择过程而创造的品种。

3.6 接穗 scion

嫁接时接于砧木上的枝或芽叫接穗。

1984年1月李锋在云南六库考察

1985年7月作者在福建政和县稠岭考察

1984年11月，在广西阳朔县考察‘棉花李’

1984年1月，李锋在云南大理州考察野生李

嫁接成活后，接穗可以生长形成树冠，并生产果品。其遗传性与母树一致。一般要采集树冠外围当年生、生长充实、表面光滑、无病、芽体饱满的发育枝或结果枝（柑橘类）做接穗。在休眠期采集的接穗称硬枝接穗，在生长季采集的接穗称为嫩枝接穗或半木质化接穗。

3.7 根蘖 root sucker

由母株根系上不定芽萌发生成的苗叫根蘖，其遗传性与母株一致。

3.8 插条 seed piece

把在人工培育下，能够生根并生长成植株的枝条或根段叫插条。如葡萄、柑橘类、油橄榄、苹果、梨、桃、李、杏、樱桃等果树的硬枝或嫩枝；枣、柿、核桃、长山核桃、山核桃、李、山楂、樱桃、醋栗、杜梨、秋子梨、温桲、山定子、海棠果或苹果营养系矮化砧等的根段。

3.9 考察、采集样本、标本

在“第一部分总则”中已有叙述，均适用于木（藤）本果树。

4 野外考察收集工作内容与程序

4.1 内容

果树种质资源野外考察收集一般由准备工作、实地考察收集和整理总结三个阶段组成。准备阶段包括收集和查阅资料、制订计划、组成考察队并培训，以及技术和物质的准备。实地考察收集阶段，包括野外实地调查并采集种质资源样本、标本及相关信息，以及种质样本临时保存和保鲜寄送等。整理总结阶段，包括对各种质资源样本、标本、照片及数据资料的整理、分析、研究、鉴定、总结。

4.2 工作程序

果树种质资源的野外考察收集的工作程序图如下：

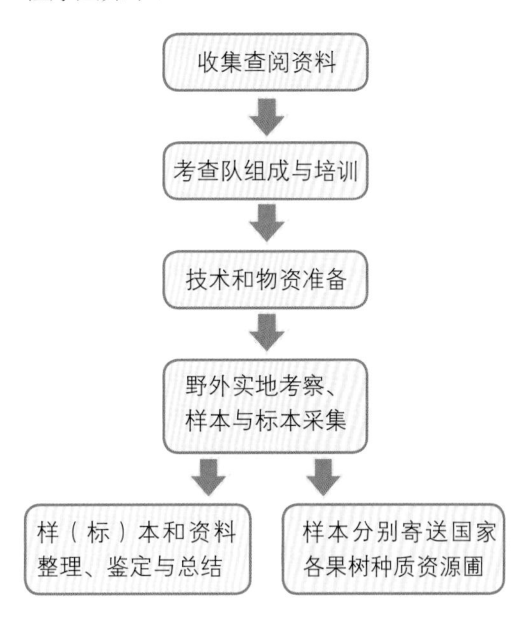

图1 果树种质资源野外考察收集工作程序

5 野外考察收集的准备工作

5.1 收集资料与信息

5.1.1 收集拟考察区域有价值的果树资料，如植物志、中国果树志、地方果树品种志、地方志、地形图、交通图、气象资料等，以及果树资源方面和生产方面的相关论文与著作，了解这一区域果树资源的种类、分布及生产情况。

5.1.2 找当地从事果树科研与生产方面的专家或有经验的果农座谈，了解资源情况。

5.1.3 去当地果品商店、农贸集市或中草药商店等地了解果树资源情况。

5.2 正确确定考察地点

果树种质资源的考察地区，应重点放在以下地区：

5.2.1 果树种质资源集中分布的地区；

5.2.2 古老果树生存的地区；

5.2.3 尚未进行考察过的地区；

5.2.4 因某种原因资源将受到损失或威胁最大的地区。

5.3 制订考察计划

根据对收集资料和信息的研究，制订详细、周密的考察计划，包括考察目的和任务、首席专家的选定、考察队人员组成、考察地点和行动路线、考察和收集技术方法、样本保存与标本制作、运输和检疫、考察总结报告以及考察资料建档、物质准备、经费预算等。在制订考察计划时，还需征求拟考察地区农技部门的意见，以便他们给予支持和配合。

5.4 考察队的组建与培训

5.4.1 考察队的组建 根据考察收集任务和计划要求，组建相应的考察队。对某一地区的果树考察收集，应组建4～10人的考察队。每两人划分一个考察小组。参加考察人员以中青年为骨干，并要有考察地区的科技或行政管理人员及向导兼翻译等参加考察队。考察队员应具备业务水平高、知识面广、身体健康，考察队实行队长或首席科学家责任制。与此同时，还应明确专人负责考察队的通讯联系、生活、医疗卫生及财务方面的工作；考察中的文件资料、种子、果实、样本和标本等，最好分工管理，这样能增强每个队员的责任感和提高工作的积极性。

5.4.2 考察队的培训 对考察人员特别是未参加过考察的人员，要进行业务培训。培训的形式可多样化，如讲课、座谈会、现场实习等。培训的内容有两类，一类是了解考察地区的自然地理、社会、果树种质资源的分类和分布及生产利用等情况；另一类是明确考察目的和任务、考察方法和注意事项，采集样本和标本的技术，样本的管埋和标本制作，以及仪器设备的使用和维护等。

5.5 业务技术准备

首先应查清计划考察收集地区有关的果树种质资源是否已编入《全国果树种质资源目录》，并将其资料汇编成册，便于收集资源时参考。

了解计划考察收集地区的自然条件资料，包括气象、土壤、植被、地形和交通等。

掌握计划考察收集地区社会与果树生产方面的资料，包括民族、语言、民俗、社会结构与历史变迁，以及果树种类、栽培历史，栽培方式、物候期、果树生产面积、产量、主要病虫害与自然灾害，还有当地的生产规划与果树区划等。

5.6 物质准备

野外考察收集的物质准备，大体上分

为交通工具、采集用具、生活用品和其他用品。一个考察队（组）应根据考察收集的具体情况，携带必备的物质，总的原则是，在保证顺利完成任务的前提下，尽量少带一些用品，以减轻旅途负担。具体的物质和用具，在“第一部分 总则”中已有介绍，参照即可。然而，果树种质资源考察还必须携带手持测糖仪、果径测量器、毛巾、脱脂棉、塑料袋、撕裂膜、胶带、pH试纸等。

6 野外实地考察与种质样本采集

6.1 灵活多样展开考察工作

依靠当地领导，取得当地政府及农（林）技术部门的支持，确定专人负责联系工作。必要时请当地人员做向导（翻译）参加考察。考察中遇到各种困难或事故，要依靠当地政府协助处理。与当地领导或有关人员一起商订具体的考察计划和日程安排。

每到一个考察点，首先召开座谈会，说明来意，请当地科技人员和熟悉情况的农民介绍本地的果树种质资源情况，从而获得有关的信息。

收集方式要灵活，除田间、野外收集外，还应注意以下几种情况：第一，去农贸集市向农民购买需要的种质资源样本，并询问产地。一个农贸集市往往有周围几十个村子的农民前来交流物质，有多种果树的地方品种以及野生资源，因此是一个收集种质资源的好场所。第二，查看地方志等有关资料，到当地的土特产收购单位和中草药商店查看寻找资源信息。第三，进入少数民族区域时，应特别注意各民族的生活生产习惯和经营方式，往往他们种植的果树种类和品种不同，可能存在价值较大的材料。第四，因物候期不对，或交通极不便，有些材料采收不到时，应请当地科技人员或干部、群众代为收集，并记好联系人和联系方式。第五，在考察中为了节省时间，考察队员可以分组行动数日，定日期定地点集中。

考察时间最好分开花期和果实集中成熟期两次进行，这样才能得到较完整的资料。

同一果树不同地点的考察先后次序，一般应根据果树物候期的先后来定；水平分布上应由低纬度到高纬度；垂直分布上由低海拔到高海拔地区。

每次的考察都要有一个日程进度计划，拟定日程进度时，要根据里程、交通条件、雨季等因素，留有余地。

每完成一个区县的考察，均应对获得的样（标）本和资料进行初步总结，如果发现遗漏和疑问，可及时进行复查和补充。同时，通过总结，提高考察工作质量。

记好工作日志，每个考察队员都应有本工作日志，记载每天的考察日期、地点和当地有关人员的名称、山脉和河流名称、行程公里数、通过的最高和最低海拔、考察和搜集获得的样（标）本，工作经验和体会以及存在的问题等等，便于考察队员及时总结经验，并为考察总结积累材料。考察日志本身就是一份很有价值的资料。

6.2 种质资源样（标）本的采集

种质资源样（标）本的采集是果树种质资源考察收集的核心，需要详细填写种质资源的技术档案（附录1-9原始记录卡），采集适宜的繁殖器官，采用适宜的临时保鲜措施等。

6.2.1 木（藤）本果树

仁果类：由合生心皮下位子房与花托、萼筒共同发育而成的肉质果。属假果。主要食用部分起源于花托和萼筒，子房所占比例较小。外、中、内果皮仍能区分。子房心室数因种而异，多为五室，少数为2～4室，每室大多有2个胚珠，少数胚珠较多。

如苹果、梨、山楂、枇杷、刺梨等。

核果类：由单心皮、周位花、上位子房发育而成，中央具硬核的肉质果。属真果。心皮边缘接合处为缝合线。典型的核果，外果皮膜质，称果皮；中果皮肉质，称果肉；内果皮由石细胞组成，坚硬，称核。核内有种仁。

如桃、李、杏、樱桃、梅、郁李、枣、扁桃等。

浆果类：由子房或联合其他花器发育成柔软多汁的肉质果。

如葡萄、猕猴桃、柿、无花果、石榴、树莓、醋栗、穗醋栗、越橘、果桑、沙棘、杨桃、人心果、番石榴、蒲桃、西番莲、蛋黄果等。

坚果类：由单心皮或合生心皮形成的、成熟时果皮坚硬干燥的果实。可食部分为种子的子叶或胚乳。

如核桃、板栗、榛子、长山核桃、山核桃、银杏、阿月浑子、椰子、澳洲坚果、巴西坚果、香榧等。

柑橘类：由多心皮上位子房形成的多瓣肥大的肉质果。其构造由外向内依次为橘皮、橘络、橘瓣、中心柱。

如柑、橘、甜橙、柚、柠檬、葡萄柚、金柑等。

热带、亚热带果树类：原产于亚热带或热带，柑橘类和浆果类之外的木本果树。

如龙眼、荔枝、杨梅、枇杷、蒲桃、连雾、番石榴、番荔枝、香榧、油橄榄、橄榄、余甘子、黄皮、杨桃、人心果、苹婆、蛋黄果、杧果、椰子、腰果、油梨、木菠萝、榴莲、山竹子、海枣、澳洲坚果、乌榄、巴西坚果、小木菠萝、面包果等。

6.2.2 现场填写原始记录卡

6.2.3 种质资源样本的采集

在果树种质资源样本的采集中，取样植株的确定是很重要的，一般嫁接的栽培和半栽培品种，各品种取一代表植株的接穗或插条，或者根蘖苗即可。

果树地方品种往往差异较大，应尽力将各种类型采集齐全，特别是最古老的果树要采集到。

野生或近缘果树的取样，按变异的类型取样，有多少类型则取多少份样本，每份接穗或插条取5条，果实10～20个，根蘖3～5株（接穗和根蘖取其一）。藤本果树要采集插条，每份要10～15条，每条有3～5个芽眼。

采集接穗或插条时，要取自一年生的生长枝或当年生的半木质化的生长枝，接穗和插条的长度在20cm左右。

样本的保鲜特别重要，接穗、插条或根蘖等采集后，需立即摘去叶片和嫩梢，将接穗、插条或根蘖绑紧并系上标签，下部用浸水后攥半干的脱脂棉包上，再用湿毛巾扎住根部（接穗或插条的下部），外面用塑料袋包严，用撕裂膜系好，临时置于阴凉处，并尽早快速寄往有关资源保存圃。

保鲜寄送前要将临时保鲜包装打开，清除脱落或腐烂的叶柄等杂物，用凉水清洗擦干或阴干后重新按前述方法包装，然后装在一个有通气孔的纸箱（木箱、竹筒）内，捆严后快件寄出。在没有脱脂棉和毛巾时，也可就地取苔藓保湿，外包塑料袋。

6.3 标本的采集方法

果树种质资源的考察收集，一般的种质资源只收集样本接穗、插条或根蘖，可不采集标本，但是如果发现珍稀资源则必须同时采集标本（这是我们考察工作的亮点）。野生果树或近缘植物的标本取样，一般每份标本要采集3份。标本的采集要保证其具有典型性，在可能的条件下应尽量包括花、叶、枝、完整的果实。采集种子和种核要洗净后干燥保存。果实的标本要用防腐剂浸泡，以保持原有形态。

典型性即代表性，指每份种质资源标本，都能代表该种质资源的分类特征。在采集标本时，植株较小的小浆果类如越橘、笃斯、醋栗等，尽可能使根、茎、叶、花、果实齐全；高大的乔木和半乔木果树只能采集其特征部位，特别是花和果实，以及部分茎和叶；雌雄异株的和雌雄同株异花的要分别采集；先开花后出叶的要分两次采集；野生葡萄和猕猴桃等藤木果树缠绕在其他植物上，如条件允许，采集时可将被缠绕的植物一同取下，以体现该种质资源的特色。

每份标本均挂上标签（号牌），给予其种质样本一致的编号。

6.4 样本和标本的编号方法

收集的每份种质资源，必须随时挂上标签（号牌），并给予一个采集号，标签上除填写采集号外，还要写上采集地点、种质资源名称。如果一份种质资源既收集了样本，也采集了标本，其采集号应相同，即样本与标本的编号一致，并记入原始记录卡片。填写标签要用铅笔，用钢笔容易褪色。采集号的顺序，可从“1”开始，也可从“001”或“0001”开始。不论哪种编法，一定按顺序编下去，如共采到95份种质材料，那么最后一份种质材料的采集号应为95，或095或0095。在编采集号中，还会遇到下列几种情况：

第一，考察队临时分组分头考察，各组的采集号怎么编？分组考察之前要统一意见，其中有一组可按已编的号顺序往下

1985年在广东翁源县考察‘华南李’

1984年11月林惠瑞在广西乐业县考察

1985年1月，郭忠江（右1）、李锋（左1）在云南昆明大板桥农场考察

编，其他小组应编临时号，待考察完汇合后，再将临时号改编为正式号。

第二，考察队从开始考察就分组进行，采集号怎样编呢？这时可按组分别编号，如甲组的编号前代上“甲”字，第100号则为甲100，其他均如此。各组也可均编临时号，待考察完汇合后再编统一号。

第三，一年当中在同一地区考察两次以上，编采集号时，第二次不要与第一次重复，以免将来材料混乱分不清。如第一次采集号最大为285，那么第二次的编号可以从301开始，依此类推。

第四，在同一地区不同年份的采集号的编法，一定要体现出年份的区别，如1979年的采集号前可带上“79”，第10号则写成7910，1980年的第10号，则为8010。

第五，雌雄异株果树的标本编号，应编为一个号，在此号后再注出—♀或—♂符号即可。总之，标本和样本的编号，应在各种情况下，保证不重、不乱、明了为原则。

6.5 标本、样本和采集点的摄影和录像

对采集的样本、标本及采集点全景应尽可能多地摄影和录像。果实标本或样本采集后因失水会变样，因此要及时摄影或录像，特别要拍一些特写照片。有些标本或样本只是植株的一部分，这时应拍照全株照片。还要拍摄或录制采集点全景，以显示采集点的生境、伴生植物等。

6.6 考察收集的居群和采集点的定位

利用全球定位系统（GPS），对考察收集的居群和采集点进行定位，便于以后观测其变化情况，并可避免不必要重复考察。

6.7 新征果树种质的命名

新征集的果树种质应给予一个名称。由于果树种类较多，有的有品种名称、有的没有名称，有些是野生种类等，情况较为复杂，有必要对其命名进行规范。

6.7.1 选育品种

对于选育出的品种应按当地品种审（认）定委员会给出的名称命名，如‘龙园秋李’、‘神农李’等。同时也注明其别名，如‘龙园秋李’的别名秋红、晚红等。

6.7.2 引进品种

对于从国外引入或从外地引入品种，应写中文名和原名及商品名，如黑宝石李原名friar，商品名布朗李。并在附录1-6的其他栏内，注明从何国、何时、何人引进和引入的方式与数量。

6.7.3 地方品种（农家品种）

对地方品种应按下列规定命名：

对于在当地有名称的则可直接引用该名称，如‘串枝红’杏、‘香蕉李’、‘鸡冠苹果’、‘南果梨’等，不可改动。

该品种在当地种植多年仍无名称的，建议用“地名”（县、区名）+（某一特征或特性）+树种名，如‘长安早甜核杏’、‘北京晚红李’、‘新郑酥枣’、‘惠东四季荔’等。

若在同一地区征集到同物异名资源时，取当地称呼最广的名称，其他名称列入别名中。

若在同一地区征集到同名异物资源时，可在名称之后加某一特征或特性，如‘小白杏—大’、‘小白杏—早’等。

若在不同地区征集到同名异物资源时，可在名称前加以县（区）名称，如‘昌黎玉皇李’、‘北京玉皇李’等。

6.7.4 野生资源

野生资源没有名称，可用所在地名（县、乡、村）+果树树种名称命名，如沪水李。若在一个地区出现多个样本，则可在以上名称之后+“—1”、“—2”等。如“沪水李—1”、‘沪水李—2’等。

6.8 种质样本的保管和标本的制作

6.8.1 样本的保管

采集的种子与种核一定要及时洗净晾干，以防潮湿霉烂，比较潮湿的最好装在纱网袋内，以便干燥得更快，并且不容易混杂。同时要妥善保存，防鼠、鸟危害。采集的接穗、插条、茎尖、根蘖等鲜活营养组织，应立即摘叶并剪去嫩梢，硬枝可临时蜡封伤口，并按前述方法处理，以保持水分提高成活率。并要尽快寄送相关单位保存。

6.8.2 蜡叶和浸渍标本的制作

把新鲜的花和带叶的枝压制成干的标本，且大体上保留着新鲜时特征的标本，叫做蜡叶标本。做好蜡叶标本，可供研究、交流、展览之用。蜡叶标本的制作，一般要经过吸水加压过程和上台纸过程。上台纸过程，一般要带回室内进行，也可以说是总结工作的一部分。具体作法在“第一部分总则”中已有详述，有此不再重述。

6.8.3 标本和种子的初步整理

野外考察全部结束后，应及时整理一下标本和样本。首先是核对每份标本、样本和原始记录的采集号码。第二，为了以后总结方便，可将标本和样本分成几个类型放置。第三，编制一份标本和样本的清单，以备使用查考。

6.9 野外考察的注意事项

参照“第一部分 总则”中的相关内容即可。

7 野外考察收集的工作总结

考察结束后进行全面总结是必需的，全面总结是使考察所获资料数据和样本（标本）完整化、系统化和理论化的过程，也是整个考察工作的结晶过程。与此同时，对整理后的样本要编写考察收集目录，并短期保存好。

7.1 种质资源样本和标本的整理与鉴定

对采集的种质资源样本和标本，在总结中首先要进行整理和鉴定，初步弄清它们的分类地位、特征特性、可能的利用价值。

7.2 数据资料的整理

主要是考察中形成的各类表格（卡片）的整理，各项数字的统计。

7.3 种质资源样本的临时编目和保存

考察收集的种质资源样本，经整理和初步鉴定剔除重复材料后，应编写果树种质资源考察收集目录，目录的内容包括顺序号、种质资源名称、样本的种类和数量、主要特征特性、采集号和采集地点等。编入收集目录的种质资源要妥善短期保存，尽快鉴定，分别寄往国家相应的果树种质资源圃，长期保存。关于采号的编写，需参照“第一部分总则”中规定的方法。

7.4 撰写总结报告

果树种质资源野外考察收集的总结报告应尽可能的详细，以便作为原始资料，供以后撰写论文和深入研究参考。总结报告大体包括6项内容。

7.4.1 简述考察任务的来源、预期目的和考察经过。

7.4.2 详述考察区域的地理位置、地形地貌特征、气象条件、海拔高度、土壤类型、植被状况以及生产发展情况。

7.4.3 概述（可以列表）说明在所考察地区查获的一般果树种质资源的种类、数量和分布情况，以及当地生产利用状况。

7.4.4 重点逐一描述新发现的种、变种、珍稀资源的植物学特征、特性、分类学地位，以及开发利用前景和加强保护的建议等。

7.4.5 对新发现的种、变种及珍稀资源要逐一写出专题鉴定报告，并附以标本模式图和拉丁文，进行规范的命名。这是本次考察成果的创新点。专题报告可作为总结报告的附件。

7.4.6 总结报告后另附考察中的经验和教训，以及进一步深入考察研究的建议等，最后附上本项考察的路线图。

注：本文是2005年应中国工程院董玉琛院士、中国农业科学院副院长刘旭院士的特别邀请而作，为《农作物种质资源考察收集技术规程》中的一部分内容。为撰写此稿，我曾于2005年6月专程赴广东省湛江热带亚热带作物研究所考察南方果树资源，充实南方木本和藤本果树知识。本文成稿后经王力荣、李锋、张忠慧、宗学普、郭忠仁、廖明康等果树专家，以及郑殿生、方嘉禾、王述民、卢新雄等农作物资源考察收集专家的多次审查后定稿，未曾发表。本文删去了附录中下述9个原始记录卡：表1，仁果类果树样（标）本采集原始记录卡；表2，核果类果树样（标）本采集原始记录卡；表3，浆果类果树样（标）本采集原始记录卡；表4，坚果类果树样（标）本采集原始记录卡；表5，柑橘类果树样（标）本采集原始记录卡；表6，热带、亚热带果树样（标）本采集原始记录卡；表7，农家栽培果树样（标）本采集原始记录卡；表8，野生果树样（标）本采集原始记录卡；表9，最近气象台（站）气候资料记录卡。

26 仁用杏新品种‘围选1号’的考察报告

2008年8月20～25日，中国园艺学会李杏分会邀请我国从事仁用杏研发的主要专家，对2007年12月通过河北省林木品种审定委员会审定的‘围选1号’仁用杏新品种进行了实地考察，考察活动由河北农业大学主办，承德市和围场县林业局给予大力支持。

1 考察组人员组成

参加考察的专家除我之外，有分会副理事长、河北农业大学园林旅游学院院长杨建民教授，副理事长、辽宁省风沙地改良利用研究所所长何跃研究员，副理事长、北京市农林科学院林业果树研究所所长王玉柱研究员，副理事长、吉林省果树研究所所长张冰冰研究员，副秘书长、中科院南京植物研究所副所长郭忠仁研究员和吉林省果树研究所李锋研究员，河北农业大学科技处任士福处长和李彦慧副教授及两名研究生等共11人参加了考察。

‘围选1号’选育人之一河北围场县林业局推广研究员高连祥

2 考察地区自然条件

围场县位于河北省最北部，与内蒙古赤峰市的喀喇沁旗接壤，东经116° 32′～118° 14′，北纬41° 35′～42° 40′，地处坝上高地，海拔高度750～2067m，县气象站海拔840m，年平均气温-1.4～4.7℃，年无霜期<128天，≥10℃有效积温2300℃左右，坝下极端低温为-28℃，年降水量为380～560mm，属于半干旱寒温带气候，昼夜温差大，日光充足。

3 考察结果

3.1 母树考察

‘围选1号’母树位于该县东北部的杨家湾乡务本堂村的半山坡上，海拔高度为1140m，母树至今有50余年生，来源不详。树高4.6m，冠幅9.5m×7.6m，5个大主枝从基部分出，呈自然开心形，管理粗放。为采集接穗各主枝均被重回缩，树冠不丰满。据当地群众介绍母树曾株产杏仁9.2kg。在此树旁边10余米处，另有一株树龄相同的杏树，这两株杏树均无冻伤的痕迹。

3.2 果实调查

‘围选1号’果实扁圆形，金黄色，外观与龙王帽杏相似，单果重13.6g（比‘龙王帽’杏略小），离核，核扁倒卵圆形，核翼龙骨不突出，核尖钝尖，核面光滑，核基背侧明显突起，易与其他品种区别，

河北省围场县杨家湾乡本堂村群众晾晒杏核场面

平均单核重2.6g，平均单仁干重0.93g，杏仁黄褐色、扁平、饱满，长椭圆形，属于特级大杏仁，杏仁风味香甜。

3.3 物候期与抗霜冻性能

在当地，‘围选1号’4月上中旬花芽萌动，5月上旬开花，8月上中旬果实成熟，果实发育期95天左右。据当地百叶箱温度观测：在1992年5月12日花期遇到-7℃的晚霜冻害，当年仍正常结果。该品种以短果枝结果为主，腋花芽也能结果。

3.4 ‘围选1号’开发利用现状与丰产性调查

该村现有仁用杏近千亩，主栽品种为‘围选1号’，砧木为山杏。在7年生的杏园中‘围选1号’与‘优一’的树高相差近一半，‘围选1号’树形高大且产量高，当地果农认为‘围选1号’比‘优一’更抗霜冻且连年丰产。据县林业局高连祥提供的资料，3～4年生‘围选1号’株产果实25kg，株行距为3m×4m，亩栽55株，折合亩产杏果1375kg，株产杏核7.5kg，折合亩产杏核412.5kg，出仁率达35.7%，折合亩产杏仁147.3kg，现行收购价该杏核为10～12元/kg，亩产值达4125～4950元，能获得早期丰产和高效益。7～8年生进入盛果期产量更高。现在该品种在本县已推广8000余亩，并引种到河北涿鹿、赤城和辽宁建平一带，反映较好。

4 综合评价与立项研究

当地果农与林业局科技干部认为：‘围选1号’抗旱、抗寒、耐瘠薄、结果早、丰产、稳产、适应性强，综合经济性状强于‘优一’。专家们现场考察认为：该品种集丰产、优质、抗晚霜冻害为一体，开发前景广阔，值得关注。

2008年9月，河北农业大学杨建民院长向省林业局汇报考察结果后，省林业局当即立项研究，由河北农业大学园林与旅游学院对该品种做进一步系统观察鉴定，重点验证其是否能够在花期抗御-7℃的晚霜冻害、自花结实性和丰产性。杨建民院长表示2009年春将要亲自带领研究生到围场县开展专项科研工作。如果上述三点都能得以验证，该品种将有希望成为我国仁用杏的换代品种，这是我国“三北”地区杏农的一大福音，让我们拭目以待！

注：2009年6月在宁夏会议期间，杨建民院长告诉我：经过他们室内人工霜箱鉴定和原产地现场蹲点调查与花期套袋观察鉴定，证实‘围选一号’仁用杏花期可耐-6～-7℃的霜冻，自花结实率在19.0%左右，这些特性是它能够丰产稳产的主要原因，是一个较为理想的仁用杏换代良种，应大力宣传推广之。随后在2010年该品种迅速被河北、辽宁、宁夏、陕西等省区引种试栽。本文未曾发表。

27 新疆栽培杏品种资源考察报告

杏树是新疆维吾尔自治区栽培最多的果树之一，广泛分布于南北疆各地。据统计，1985年全疆杏树栽培面积为18067hm^2，总产900t，到1995年栽培面积达到134857hm^2，较1985年面积增加74.63倍，总产达681883t，较1995年产量增加75.76倍，居全国各省（区）之首位。尤以南疆各地（市、州）为最多，栽培面积占全区的90%以上。

经农业部科技司批准，辽宁省果树科学研究所组织山东省果树研究所，新疆维吾尔自治区农业厅园艺特产处等单位，于1997年6月12日至7月13日，赴新疆（重点是南疆）对栽培杏资源与产业进行了全面考察。期间，参加了"和田地区首届'赛杏会'"，考察了和田、洛甫、策勒、于田、民丰、墨玉、皮山、叶城、泽普、莎车、英吉沙、疏附、乌恰、伽师、柯平、库车、新和、轮台、库尔勒、库尔楚等5地（市、州）20县的杏主要产区，查看了杏园和栽培品种，访问了长寿老人，采集了标本，摄制了照片，收集了资料。对南疆杏树栽培情况，品种资源特点，加工利用，有了比较全面的了解。为全面评价新疆杏的栽培品种资源和开发利用提供了科学依据。

1997年7月1日，阿克苏市园艺站张宏站长在杏树下

1 新疆杏的栽培利用概况

1.1 栽培方式

新疆杏的栽培主要有4种方式。

1.1.1 四旁栽植。新疆地广人稀，农民庭院、房前屋后土地较多，有的可达几亩乃至十几亩，杏树是最主要的庭院经济作物。由于干旱、少雨、多风沙的气候条件，使农民养成了植树造林的良好传统习俗。四旁的杏树多为零散栽植，但总体数量较多，约占新疆杏树总量的十分之一。

1.1.2 农田灌渠、道路两侧栽植。新疆是干旱灌溉绿洲农业区，干、支、斗、农、毛灌渠发达，在灌渠、道路两侧栽植单行或

北疆伊犁县‘吊树干’杏的丰产状（林培钧 提供）

双行杏树等果树，既可利用杏树保护灌渠、道路，又可利用灌渠的水保证杏树生长、结果，还能收到防护林的效应，已是南疆各地成功的经验。

1.1.3 杏与粮、棉间作。这是南疆各地的主要栽培方式。通常是将杏树按一定的距离栽植在坡地、谷地农田的边沿，平地则按大行距、小株距规划建园，实行宽行密株栽植，杏与粮、棉间作。在对粮、棉土肥水管理的同时，也加强了杏树的管理，树势生长健旺，结果早、产量高，果实质量好。新建杏园多采用这种方式。策勒、英吉沙等县利用沙滩、戈壁地建杏园，改造沙漠扩大绿洲，收到了很好的效果。

1.1.4 纯作杏园。这种杏园以70年代所建较多，通常以株行距6～8m呈正方形或三角形栽植，株行距较小，成龄后不行间作。由于人力缺乏，杏园管理粗放，常呈荒芜状态。加之为保证粮棉用水，缺水季节杏园常不供给灌溉用水，致使杏树生长弱，产量低亦不稳。近年来，农民有的间作小麦等，但终因树株密度较大，光照不足，小麦收成极差。

无论哪一种栽培方式，目前均少进行病虫害防治和整形修剪管理。病害虽少但虫害较多，影响了杏果的产量和质量。

1.2 繁殖技术

新疆杏产区，处地偏远，交通不便，与外界交流缺乏，加之人口稀少，土地多，杏树抗寒、耐旱、耐瘠薄，适应性强，栽培中采用了比较古老而又可行的独特苗木繁殖方法。

1.2.1 实生繁殖。一种是人们食用鲜杏后丢掉的杏核，或从树上落下烂掉果肉留下的杏核，在土壤湿度、温度等适宜时萌发长出实生苗，被原地保留下来，长大结果。这种方法陈旧，树株分散，株行距排列不规则，管理不方便，以在庭院人口居住、活动区周围较多。另一种是人们按照建园需要直接播种杏核；待实生苗结果后存优汰劣。这种繁殖方法，应用较广泛。植株不经移栽，根系强大、分布深广，生长强壮，对不良环境适应能力强，在实生变异性和遗传性双重作用下，加上自然与人工的选择，可以不断地形成新的优良品种，丰富种质资源。因此新疆栽培杏的品种、类型颇多。但由于实生苗的变异性，不能保持优良品种的全部特性，产生了个体间的差异。虽然能够满足人们对果品的需求，却不能适应市场对商品的要求。

1.2.2 嫁接繁殖。新中国成立后，新疆与内地各省（区）的交流得到了加强，随着科学的发展和农业技术的推广，在杏树栽培上开始推广选用优良植株进行嫁接繁殖。自20世纪70年代以来，新建杏园，多采用定植实生苗或直播杏核，待结果后保存优株，将劣株改接换头为优良品种。由于实生苗比嫁接移栽苗适应性强，成活生长快，能较早成园，发挥防风、固沙作用，适于山、沙、滩地建园。如洛甫县多路乡乡政府果园，恰尔巴克乡巴克其果园，策勒县策勒乡十大队果园都属此类。但是由于改接的较晚，选优汰劣的标准低，致使园内品种、类型仍较多，果实品质参差不齐。应在实生植株生长健旺，根系发达之后及早嫁接。嫁接时应选准主栽品种并配备授粉树。

用苗圃内嫁接培育的良种苗建园，具有提高育苗效率和苗木质量，建园后植株整齐，品种纯正，结果早，产品一致，质量好，适应市场对商品的要求等优点，应加快推广。

1.3 加工与销售

新疆杏除鲜食外，还加工成多种产品。主要有杏脯、杏酱、杏话梅、杏干、杏仁、杏仁露、杏仁霜等。随着市场经济的发展，新疆与国内其他省（区）及周边国家和地区的边境贸易也日益发展，杏不仅为乡镇企业提供了加工原料，杏产品也作为重要的商品进入市场。据英吉沙县库山河果品加工厂介绍，该厂生产的杏脯，1993年出口日本很受欢迎。杏仁加工的杏仁霜、杏仁露亦深受市场青睐，核壳还可加工活性炭。但因地域广阔，交通不便，路途远、运输困难，致使产品成本高，缺乏市场竞争能力。

新疆杏的传统加工产品是晒杏干，主供当地居民食用。改革开放以来，杏的生产从自给经济走向专业化规模生产，英吉沙县列为国家杏基地县后，促进了本县杏产业的发展，也带动了其他县的发展。杏和杏干的产量逐年增加，外销日益增多。由于当地气候干燥，少雨，光照强，温度高，晒干时多席地而晒，少有搭架晒的，通常5～7d

叶城县百年生杏树结果状

1997年6月28日，新疆疏附县农村宅旁杏树结果状

即可晒成包核杏干。杏干出成率高，色泽鲜艳，肉质透明，无污染，是很受消费者喜爱的绿色食品，更是深加工的上好原料。据巴州农业局统计：1985～1989年销售杏干为0.8万～1.0万t，1991年增至3.0万t，到1995年，仅巴州农业局经销即达19595t。新疆杏干远销国内11个省（市、区），其中广东、福建、浙江三省分别为11175t、5420t和1160t，占总数的90.61%。随着市场经济的发展，人们对杏树管理水平的提高，新疆杏干及其加工产品将更加增多。杏对新疆的经济发展与人民生活水平提高的作用将更大。

此外，新疆杏还是绿化荒山、沙滩、防风固沙保护农田的优良树种，对改善生态环境有着重要作用。

2 新疆杏资源的特点

新疆是我国杏的原产地之一，主要产区是南疆各地，具有干旱少雨的气候条件，偏远封闭的栽培环境，实生繁殖的育苗技术和悠久的栽培历史。在长期的自然与人工选择中，杏的品种资源形成了以下的特点。

2.1 种质资源丰富

新疆的杏有普通杏、紫杏、辽杏、西伯利亚杏和李光杏四个种和一个变种。辽杏、西伯利亚杏为新中国成立后引入，现作绿化及砧木用，紫杏疑是杏和樱桃杏的天然杂种，仅在个别果园有栽培。至今，新疆的栽培杏是普通杏和其变种李光杏。

张钊等对新疆杏品种按照起源生态和生物学特性及形成的历史条件，归纳为中亚细亚、欧洲、伊朗、高加索、准噶尔、外伊犁及中国华北品种群等5个品种群，12个品种组。其中以中亚细亚品种群为原产，历史悠久，栽培最多，资源丰富。计有‘西米西’、‘阿克玉吕克’、‘佳娜丽’、‘托哈齐’、‘牙合里克’、‘托永’、‘奎克苏里’等七个品种组；伊朗、高加索品种群次之，有‘胡安娜’、‘安江内’2个品种组；欧洲品种群自花结实率高，果实较大，但因果实酸硬，品质较差，苦仁，熟后易落果而栽培少，准噶尔—外伊犁品种群历史久远，但人工栽培较晚；中国华北品种群系新中国成立后引入的优良品种试栽。

廖明康等根据多年的研究，对新疆杏品种分类为：中亚品种群、准噶尔—外伊犁品种群和欧洲品种群。并按品种形成和分布地区将新疆的中亚品种群分为胡安娜亚群、佳娜丽亚群和库车亚群。另外依其果皮有无毛茸还可分为毛杏（有毛）和李光杏（无毛）两类。李光杏的最大特点是子房及果实光滑无毛，按其色泽不同，有赛来克（黄色）、佳娜丽（红色）、阿克（白色）、奎克（绿色）四类。

新疆的栽培杏约有120个品种，主要是中亚细亚或伊朗高加索2个品种群的后代，由于长期实生繁殖，品种的地域性强，类型和实生优株亦多。1997年6月21日至23日“和田地区首届赛杏会”参赛样品109份，评选出1、2、3等奖样品共33个。喀什、阿克苏等杏主产地区品种类型更多，蕴藏着丰富的良种资源可供选择和开发利用。

2.2 果实高糖、低酸、品质优异

新疆杏果实的质量特点是含糖量高，含酸量低，味极香甜。分析我国主要产区（山东、河南、河北、山西、陕西、宁夏、青海、甘肃和新疆的杏果实：新疆杏含可溶性固形物19.8%，总糖15.45%，而其他7省（区）则分别为9.7%～14.2%和5.51%～8.28%，新疆杏含酸量为0.91%，其他7省区则高达1.24%～2.29%，即和其他7省（区）相比，新疆杏的可溶性固形物和总糖含量分别高出39%～104%和87%～180%，而总酸含量相反低36%～152%。高糖、低酸致使糖酸比高达16.98，为其他7省区的278%～705%，考察中实测11个品种果实的可溶性固形物含量，平均为21.6%，最高达31.7%，构成了极香甜的风味，深受人们欢迎。

从不同品种可溶性固形含量的分布（上述9省区）看，新疆杏在10.0%～28.5%之间，以15.0%～22.5%最多，而其他8省（区）在6.0%～20.7%，以10%～17.5%最多。以含可溶性固形物高于17.5%为高糖品种计，94个新疆杏中有68个，占调查总数的72.34%，而其他8省（区）516个品种中只有23个，约占总数的4.5%，表现出新疆杏的高糖群体特点。

另据甘肃、青海、宁夏、山东的资料，新疆杏引种到异地栽培，果实仍表现出高糖、低酸特点。

2.3 果皮光滑无毛

果皮光滑无毛的‘李光杏’，在新疆形成了一大群体，分布极为广泛，是新疆杏的又一特点。我国栽培的杏品种中，只有新疆的杏以无毛品种为主，其他各省区都只栽培有毛品种。甘肃、青海、宁夏3省有10个无毛品种，均是从新疆引入的。

据考察，新疆的无毛杏，多是栽培最多、最广泛的中亚细亚品种群，少量为伊朗高加索品种群的胡安娜品种组等。而其他品种群的有毛品种，当地统称“毛杏”。

果实表皮光滑无毛的杏品种，因果面类似李子而统称为李光杏。犹如桃中的油桃。具有色泽鲜艳、美观、食用与加工方便，在干旱多风沙地区栽培，尘土难以附着于果实表面，减少污染等优点，深受消费者欢迎。同时，新疆无毛杏具有高糖、低酸、香气浓、果肉细嫩、汁多的优良品质，而无油桃的低糖、高酸、果肉粗糙、品质差及裂果等缺点。因此，新疆‘李光杏’是杏树栽培中的优良资源群体，急待扩大推广。

2.4 种仁香甜、饱满

我国杏的栽培品种中，依种仁的甜苦分为甜仁、苦仁两类。我国东部各省以苦仁品种为主，西北各省（区）以甜仁品种居多，尤以陕西、新疆的甜仁品种最多，分别占栽培品种的82.3%和79.6%。在栽培中主要依据果肉品质选择品种，通过是甜仁、苦仁品种混杂栽植，只在产甜杏仁为主的仁用杏产区才单栽甜仁杏品种。我国各省区栽培的甜仁杏均为有毛品种，唯有新疆是无毛甜仁品种。

新疆的甜仁杏，果核壳薄，出仁率高，种仁虽小但饱满，香甜，并有单仁重大于1g的大仁品种。果实虽较小，但肉质细嫩，汁多，味香甜，含糖高，含酸低，极适鲜食和

加工晒成的包核（仁）杏干，是当地群众的传统食品。更是进行深加工的优质原料，这是其他地区仁用杏品种不可相比的。

2.5 丰产性强

新疆杏树的栽培管理比较粗放，技术水平滞后，多不进行树体整形修剪和病虫害防治等管理，通常仅在有间作作物的栽培条件下，对间作作物进行肥培、土壤管理与浇水时，杏树同时得到了水肥管理。但丰产性极强。无论是成片的杏园还是零星树株，农田渠旁，道路两侧还是沙漠边缘，乃至树林深处，都可结果累累。新疆杏的这种丰产性，首先得益于当地的自然条件，同时也有品种特性。据廖明康等研究，新疆的杏，除欧洲品种外，都自花不结实。但自然受粉坐果率达20%以上，远较其他省区为高。加之花芽多（每节花芽有花4～8个），故丰产性极强。

2.6 果实小

新疆杏果实小是其缺点，我国各省（区）栽培的杏，平均单果重在32.8～57.3g之间，而106个新疆杏品种平均单果重仅26.7g，属“极小”类型。从单果重的分布来看，各省（区）主要在20～60g之间，并有60g以上的“大果”品种。而新疆杏单果重在10～40g之间的占92.5%，虽有单果重大于50g的品种，但几乎无60g以上的“大果”型品种。

果实大小，既受遗传因子制约，也可通过栽培技术影响。新疆杏果实总体虽小，但仍有单果重50g以上的品种（类型）。因此，可通过选育大果优良品种、优株和提高栽培管理水平，采用增大果实的技术措施，如疏果、控产、修剪等措施克服果实小的缺点。

3 几点建议

新疆的杏具有抗寒、抗旱、耐瘠薄、适应性强、丰产、栽培容易等特点，是绿化荒山、沙滩、戈壁、防风固沙、保护农田、实行果粮间作的优良果树树种，对改善全疆生态环境也有重要作用，是我国极具特色的宝贵杏资源，急待开发推广，扩大利用。据此建议：

3.1 国家或自治区立项，加大对新疆杏的开发、推广、利用力度，提高其市场占有率。

3.2 新疆杏果实较小是其缺点，但亦有单果重大于50g的品种和优株。建议立项，通过广泛地选择、试验、培育无毛、甜仁、优质大果品种，开拓新的市场。

3.3 研究开发具有新疆地方特色，适合新疆杏特点的深加工产品，变原料输出为产品输出，提高新疆杏的经济价值。

3.4 在我国三北防护林工程中，把杏作为一个经济林树种，建立基地，既可达到防风固沙，改善生态环境的效果，又可获得供鲜食、加工、仁用的果实，提高经济效益。

注：参加本次全程考察的有山东果树研究所的于希志研究员，新疆维吾尔自治区农业厅园艺特产处的廖新宇同志。所到州县分管农业的领导和果树科技人员给予极大的支持，在此表示感谢！本文未曾发表，但考虑本书文和图排版的要求，将文中原有的表格全部删掉。

28 环南疆杏资源考察的社会背景与见闻

在1997年5月初，我曾邀请辽宁省安全厅的领导在我所做国内外社会安全方面的形势报告，其中谈到我国新疆由于国际恐怖集团东突分子的渗入社会治安很差，我国公安部门于4月初刚刚在和田地区的墨玉县围歼了全疆东突分裂骨干分子代表，除4名来自伊犁地区的代表漏网外全部被抓获。随后在北疆的伊犁地区发生炸毁桥梁、袭击公安局，在南疆也发生了派出所民警被杀害事件，在乌鲁木齐市公交车上发现了炸弹等等恐怖事件……人们出行上班都不敢乘车，恐怖分裂分子十分嚣张，扬言香港收回之日就是新疆独立之时、杀一个汉人奖励3万元……社会秩序很乱，安全厅领导告诫我所科技人员尽量减少外出活动注意安全。

但是我们知道新疆是我国杏的主产区，不仅品种资源丰富而且有许多长寿老人，不去实地考察就不能获得第一手资料，要影响到全国李杏研究成果的申报和《中国果树志・杏卷》的撰写进程等。为此，在6月12日至7月13日，我与山东果树研究所的于希志研究员还是决定赴新疆进行实地考察。

我们在自治区农业厅园艺特产处廖新宇女士的陪同下，从乌鲁木齐乘飞机至喀什，一下飞机就有一种异域的感觉，我们自己成了少数民族，眼前所有人从头发、眼睛的颜色到服装、言语和我们都不一样，街上播放的乐曲和满街都能闻到的烤羊肉气息，加上各条街道都醒目悬挂着坚决打击或坚决镇压民族分裂骨干分子的标语，更增加了一层孤独和恐惧之感。

幸好有和田地区刘新胜副专员派专车到机场迎接，我们才能开始考察活动。这里各地区和县乡的所有干部（包括科技人员）都编成三人一组，白天下乡做民族团结和深挖恐怖分裂分子的工作，天黑前都必须回到县城住宿并汇报工作，晚上12点所有街道都戒严禁行，所有路卡昼夜均有全副武装的解放军把守，检察过往车辆和行人，路上有满载荷枪实弹解放军的卡车或坦克巡防，空中时有低飞的战斗机呼啸而过，全然是一种临战的状态。

在这种情况下进行环疆资源考察，我们要查清当地杏品种资源，要了解杏树的抗旱能力、丰产性状，要采集果实标本当天调查记载品质，要查找最古老的杏树，要访问当地的杏农，要找百岁老人座谈，要查明杏树分布的海拔高度和深入沙漠的程度，以及杏的加工与销售状况等等，必须要深入到塔克拉玛干大沙漠与周边天山、昆仑山的所有戈壁滩和帕米尔高原上的各绿洲等最基层单位，这样就存在着安全和翻译两大困难，而这一切都由小廖同志安排解决了，从和田地区的民丰县一路向西至喀什地区最西部的乌恰县，再向东北至阿克苏与库尔勒地区，共环塔里木盆地考察了5个州地18个县的主要产杏的乡镇与农场以及加工企业与建设兵团等，沿途均有当地政府人员接送陪同并兼翻译，因此我们才安然无恙圆满地完成了本次历时32天的考察工作。

幸好我们还在香港回归仪式前10分钟赶到阿克苏地区招待所，从电视上看到了回归的全过程。在此我们要向廖新宇同志及沿途陪同的领导和司机们表示感谢！

1997年6月，作者与于希志研究员（右）在和田评选杏良种

新疆和田晒杏干场景

库车县晾晒杏干场面

阿克苏晒杏干场面

柯平县晒杏干场面

新疆农业厅马德明处长在轮台县调查晒杏干场面

29 李杏资源考察轶事回忆

在多年的考察与研究中，常有一些难忘的但又不能写进研究报告和工作报告中的趣事，除了写在本书各有关报告附注中的以外，还有如在贵州不见太阳的苦恼、高黎贡山上的野番茄、福建古田县与蟒蛇争路、两踏祥云鉴别‘鬼李子’、陕西旬阳冒雨十里铁路行、两遇台风被困福州、新疆茫茫戈壁途中汽车断油、川北考察‘冬李’资源、喝下雪域高原的青稞酒、在库尔勒寻找‘辣味杏’、武威联系户的特殊款待、寻找‘直立杏’资源等等。我把这些考察与研究中发生的“花絮”按时间排序集中写在下面，可使读者对我们的考察与研究经历更加了解。

1 贵州不见太阳的苦恼

1984年12月18日，我与何跃、李锋、郭忠仁、彭晓东五人从广西进入贵州省考察，从农业厅、农科院及农业大学了解到全省水果中李子的产量最多，全省也都有杏树资源分布，但是由于地形限制，规模最大的一个李子园仅有20亩(平坝区)。

由于长期在野外工作衣服都很脏，这次住在贵阳市省农业厅的招待所里可以洗衣服了，于是大家都把衣服裤子洗好晾在房间里，待下乡回来时再换穿，没想到分头下乡十多天回来后衣服还不干，我们还要继续向贵西地区和云南省考察，湿衣服不好拿又不能等它干了再走，我们则把衣裤套在电风扇上整宿的吹，用风力将其吹干带走。我们在贵州工作了半个多月都没有看到明朗的阳光。

1985年12月的最后一天是在安顺县政府招待所过的，元旦后，我们与何跃分手，四人从安顺一路考察至盘县特区，收集到许多当地的杏李资源，最后要从盘县至六盘水乘火车去云南，当时从盘县至六盘水150多km还没通铁路，盘县农业局派出一辆大卡车送我们，由于路面结冰又逢天降大雾，车轮事先虽然都上好了防滑链，但是由于山路较窄而且越走雾越浓，能见度从50m逐渐缩减为不足10m，尽管车速很慢但我们谁也不敢再站在卡车上，全都下车跟在车后面步行，因为稍微不慎卡车就有可能会滑落至路两侧深不见底的沟壑中，直到离六盘水火车站不远才上车。

由此我们更加体会到贵州省冬季真是“天无三日晴，地无三里平”；“两人说话能听见，握手得一天”。但是一走进云南省我们就见到了久违的太阳，顿觉精神爽快。

2 高黎贡山上的野番茄

1985年1月17日，我与李锋及云南省农科院园艺研究所的刘家培同志来到怒江傈僳族自治州的州府六库镇，六库镇位于怒江东岸的横断山山脚下，西岸是高黎贡山。18日一早我和李锋走过吊桥去攀登高黎贡山寻找当地的李杏果树资源，我们沿着一条弯曲的小路往上爬，爬到半山腰时，发现路边杂草丛中匍匐生长着几株特别像番茄的植物，我们走过去摸了摸它的叶子一闻番茄味很浓，又摘了个红色的小果尝了尝，确认它是番茄。但是我们是来调查收集李杏果树资源的，因此只是看看而已。

怒江野番茄

晚上回到州招待所睡觉时，我总觉得不对劲，世界公认番茄是南美洲智利和秘鲁原产，在我国不应该有野生番茄，而在这很少有外来人的荒山上怎么会有野生番茄呢？由此我想起过去世界公认柑橘的原产地并非是我国，但是自从中国农科院重庆柑橘研究所叶荫民先生等在金沙江、大渡河上游河谷地带，发现了野生、半野生的大翼橙、甜橙和柚的原始群落后，文章发表后世界各国才改变了认识，承认中国是柑橘类大多数种的原产地。

第二天一早，我和李锋再次登上高黎贡山找到了那几株野番茄，将所有成熟的果实都摘下，回到州招待所拆开一个口罩，用纱布将种子洗净，晾干后用信封包好带回。

第二年春季，我在李杏资源圃旁边播种了野番茄，秧子长得很好，结了许多红色的小番茄，单果重约7～8g，皮薄肉少籽多，甜酸番茄味浓。除供大家品尝外我收集了满满一信封的种子，借一次进京办事之机，我将种子送到中国农科院蔬菜花卉研究所，希望他们能鉴定一下这是否是番茄的祖先，或是由飞鸟传播的外来物种？但是却没有人愿意接收！

以后我又连种了两年，最后因为没有精力和资金继续研究而告终。但是没想到事隔十多年后，我国却从国外引进了许多作为水果用的小番茄，成为现在人们喜食的水果型蔬菜。

现在回忆当初，如果我将野番茄的种子送到品种资源所，也许就会有人接收并保存研究了！不过当时中国农科院的农作物品种资源研究所刚成立不久，也没有统领全国各资源圃的职责，知道的人不多。

3 在福建古田县与蟒蛇争路

1985年7～8月间，我与何跃从广东省考察后转移到福建省调查收集‘青棕’资源，由于天气热他习惯穿短裤，结果两条腿被南方蚊虫叮咬肿胀得不能弯曲，加上潮湿多雨，有些抓痒破伤处还发生了溃烂，携带防蚊虫的清凉油已经不管用了。因此，我将他安排在福州市省农业厅招待所中，并请厅卫生所的大夫给予治疗。

随后我便独自乘火车北上，再转公共汽车直奔‘青棕’李的发祥地古田县，我无暇环顾这里有全国最大的银耳（白木耳）市场，在县政府农业局果树站向黄连生站长说明来意，第二天一早我们就一起去西溪乡，乡政府又派了一位向导前往‘青棕’树最多的西阳村。

福建省是八山一水一分田，可想农村山路之难行，到处都是旺盛生长的杂草和林木，有许多地方道路狭窄得只能单列行走，走了很久，走在最前面的向导突然站住并后退，大呼不好，有条大蛇！我们一看这条用石块垒起的石墙路只有1m多宽，两侧是3～4m深的农田，在路的中央盘睡着一条有小饭碗口粗的花白蟒蛇，无法绕道通过，也不能因此返回，于是我们就抓起路边的竹竿和石块猛砸过去，我知道蛇的致命处在头的下方七寸处，就喊打七寸！

经过好一阵的乱打终于它不动了，向导用竹竿插入蛇的嘴里挑起来比人还高，然后将此竹杆插在石缝中高兴地说今天晚上可以请我们吃老蛇肉了。

我们夺路继续前行去找‘青棕’资源，下午采集到‘青棕’的接穗和标本原路返回时，这条大蛇和竹竿已经没有了，向导说可能被过路人拿走了，是一条无毒的大蟒蛇，肉可鲜啦！可惜我们没有这个口福。

我们在考察时虽然都自备有蛇药，但还是不被蛇咬为好，他们告诉我在山野杂草丛中行走时，手中拿一根木棍边走边敲打地面或树干，这样便可以先把蛇惊走。特别是走在竹林中可预防身体很小但毒性又很大、全身都是绿颜色不易辨别的“竹叶青”蛇！

4 两踏祥云鉴别“鬼李子”

1985年1月6日，我们进入云南，由于是少数民族和山地较多的地区，我们四人分成两个考察组，郭忠仁和彭晓东考察滇东各县，我和李锋考察滇西各县，然后再集中共同去滇南考察。1月11日，我们在大理白族自治州的祥云县马街镇的大海村（海拔在1500m左右）看到路边长着一种很矮的李子树，树高不足1m，当地人称之为“鬼李子”，普遍用做嫁接李树的砧木。当时没有采集它的接穗，事后很后悔，这“鬼李子”会不会是李的一种矮化砧木呢？多年来这一直是悬在我心中一个未解的问号。

2003年元月，中国梅花蜡梅分会在云南昆明举办“中国第八届梅花蜡梅展暨国际梅花学术研讨会议”，我是该分会的常务理事出席了会议，会后我会同云南省农科院园艺花卉研究所的胡忠荣研究员，一起冒着雨再次赴祥云县马街镇大海村考察，由于公路条件大为改善，我们仅用半天时间就到达了目的地，时隔18年，大海村两株200年生的古杏树没有了，但百余年生的杏树还在。当地的李树并未矮化，这次是专为取“鬼李子”而来，为了保活，我们所幸挖了两株“鬼李子”的根蘖苗，用湿巾纸和塑料袋包扎好，当天晚上赶回昆明，第二天乘飞机返回我所，第三天就栽在温室大花盆中，精心管护以便观察和研究。

2005年1月下旬，“鬼李子”出现了花蕾，我立即采集多种李资源有花芽的休眠枝条，在温室内催花，2月11～16日，温室中的“鬼李子”开花了，我用事先准备好的李混合花粉和“鬼李子”自身花粉分别进行人工授粉，结果一个果也没有坐住。证明其不仅自花不实而且不接受李的花粉。我很觉奇怪，于是把“鬼李子”的花和叶压制成蜡叶标本，寄至中国科学院武汉植物研究所请张忠慧主任找人鉴别。

2005年5月张回信说，经该所蔷薇科专家鉴定：这“鬼李子”原来是蔷薇科樱属的郁李，学名为*Cerasus japonica*（Thunb.）Lois. 本身就是灌木，长不高，并不是蔷薇科李属植物。但我知道了其可作为李的砧木，没有矮化作用。

5 陕西旬阳冒雨十里铁路行

1995年6月5日，为了考察收集‘旬阳荷包’杏，我与何跃从湖北的丹江口乘火车进入陕南的旬阳县，住在车站附近的一个小旅社里。由于事先带有原西北农学院晁无疾教授的详细调查资料，所以第二天一早我们没有找当地政府的有关部门协助，就带着雨伞直接下乡去了，按晁教授的资料我们来到位于县城东部十多里地山上一个省林业实验站，在那找到了‘旬阳荷包’杏，采集到果实和接穗，还参观了他们新选育的抗寒枇杷新品种。

吃过午饭我们就往回返，刚出实验站不远天就下起了小雨，我们打着折叠伞慢慢下山，雨越下越大，路上出现了泾流，黄土路变得非常湿滑，再小心也难免跌跤，跌倒起来衣裤都沾上黄泥，小雨伞也坏了，干脆顶着雨走吧！一路上没遇到任何过往车辆，我们找不到回城的路，就只好沿着铁路往西走，一直走到旬阳火车站内，从站内出来拿着湿钱就去售票口买当天夜里去西安的火车票，由于满身是泥，站排购票时别人都让我们先买，买到票后我们马上回到车站的小旅社，急忙洗衣裤和刷洗鞋上的黄泥，用老办法套在电风扇上吹。

由于为了行动轻便，来时都没有多带换洗的外衣外裤，不便出去吃晚饭，只好请旅社服务员代买点食品在房间里吃，晚上12点多，我们穿着半干不干的衣服上火车又奔向西安……

6 两遇台风被困在福州

1996年初我接到政和县农业局果树股吕亩南的来信，说他已找到了该县的杏

1996年7月，在政和县冒雨考察（右1为时任福建省农业厅园艺处处长赖澄清）

考察组找到了政和杏百年生大树，树下为政和县农业局吕亩南

树，并拍下了花的照片，让我来最后确认。7月25日我到达福州，26日我与福建省农业厅经济作物处赖澄清处长乘长途公共汽车北上，踏上我第五次赴政和县考察杏资源的征程，27日一早我们与该县农业局的吕亩南和局领导及两名县电视台的记者等共10人，乘车到外屯乡海拔约1200m的稠岭山下，然后慢慢往山上爬，这里山高路险林密，据说在日本侵略我国时，日军都没敢进来。

早上出发时就是阴天，刚进山就开始下雨并刮大风，虽然后来雨越来越大，有人说这是今年第七号台风，我们艰难地打着雨伞行走在山谷与溪水间的羊肠小路上，雨大了就在密林中蹲着躲避一会，雨小了继续爬山，突然我们发现前面高压线被风吹断，电线接地处发生火花和吱吱的响声，我们一方面派人回县城报告，一方面绕道很远继续爬山。

在海拔780～940m处，我们找到了5株树龄在100～500年生的大杏树，树高约40～50m，树干粗得一个人环抱不了，附近的山民们称其为‘红梅杏’，在山民家中找到从这几棵树上采集的果实，我根据这树的小枝不是绿色、核面上又没有孔纹断定这不是梅而是杏树，但其树叶背面密被淡黄褐色的茸毛，叶形为长椭圆形或披针形，叶基又是截形，与我见过的所有杏属植物种不同，应该是杏属植物的一个新种！我们拍摄了大量照片，采集了足够的标本后下山。

下午我们又冒雨去星溪乡宝岱村，在海拔600～800m处的竹林中，村长张生义带我们看他从山东引进的“杏树”，其实是欧洲李中的‘大玫瑰’，非常丰产。在他的果园里我发现‘美八号’苹果果实的外观特别漂亮，口味好，产量也不低，这应当是在我国南方高海拔处可以发展苹果的一个尝试吧！

7月29日我们回到福州，住在福建省农科院招待所三楼一个房间，当晚又来了该年第八号台风，雨下得非常之大，穿城入海的闽江上游下来洪水，加上海水倒灌，福州城内大量积水，招待所一楼餐厅的水深达30cm，凳子都漂了起来，街上水深达1.5m，树木东倒西歪，飞机停飞，我又一次感受到台风的威力。

整个招待所里只有我一个客人，停水停电，电话也不通了，夜间只有蜡烛相伴，想看正在韩国比赛的奥运会也看不成，好在招待所的厨师每餐给我送一碗热面条，总算是没有挨饿。风雨小后赖处长在水中骑自行车来看我，车座和衣裤全湿透了。直到8月1日民航才恢复，下午6：30离开福州，晚上10：00回到沈阳……

7 在新疆茫茫戈壁途中汽车断油

1997年6月末，我和于希志研究员在新疆农业厅廖新宇同志的陪同下，从和田一路考察到喀什地区，把喀什市周边几个县都考察完后，我们要去乌恰县最西部的几个乡村（中国与吉尔吉斯坦共和国交界处）考察杏资源，早上从喀什出发时，喀什园艺站的李宝亮站长特意叮嘱司机把油加足，司机指着油表回答说加满了！

一辆人货两用的小货车载着我们五个人就向西驶去，出了喀什市，又穿过了乌恰县，小货车在茫茫戈壁上越走越慢，最后熄了火，李站长问怎么回事，司机下车一检查原来油箱空了，可在油表上还有15升，这才知道是油表坏了，出发时油未加满。

在这一望无际的戈壁滩上，前不着村后不着店，电话也打不了，又无过往车辆和行人，连一棵树也没有，近中午火热的太阳烤得人只能在车影下乘凉，带的矿泉水也不多了，难道我们会成为又一个彭加木吗……

等了很久总算盼来了一辆往境外运送建筑材料的大货车，李站长和司机立刻迎上拦车求援，在这茫茫戈壁滩上汽油比性命都珍贵，缺什么也不能缺汽油，李站长拿出工作证向他们求了半天才给了一矿泉水瓶的汽油，我们真得千恩万谢！可是车跑了不远又熄火了，好在货车和我们是同路、重车又走得慢，于是我们再次回头求援了一瓶油，如此反复多次总算来到一个加油站，我们才与“保驾” 的大货车司机谢别，幸免了一次遇难。

这里是我国最西部的边陲，晚上12：00多还有太阳的霞光，是我国日落最迟的地方。所有维吾尔族人和汉人家都种有几十株甚至上百株杏树，而且棵棵都特别丰产，农民卖杏干的收入能占全年收入的40%以上。

8 在川北考察“冬李”资源

1998年11月6～11日，我与李锋研究员一起来到四川省北部的广元市，考察由四

在四川青川县考察冬李现场

川农业大学王大华教授从国家李杏圃引进的‘串枝红’等杏良种在这里的表现。在本次考察之前听中国农科院郑州果树所的宗学圃和江苏农科院的周建涛两人介绍，以及该市农业局的同志证实，在该市所辖的青川县有一种极晚熟的李资源，于是我们又赶到了青川县的房石镇，从这个小镇的名称中你就能想象到这里的石头有多么大。镇的南边是龙门山，西北面是摩天岭，正北面是甘肃省文县白水江自然保护区，由此可知我们是处在一个群山环抱的环境中。

小镇领导黄家敏等得知我们远道而来是专门调查当地“冬李”资源的，都热情接待积极支持。当地群众也因来了两个外地人而都前来围观，询问打听外面的事情。第二天一早镇领导带着四、五个年轻人，扛着矿泉水和方便面陪我们进山考察。

“冬李”树在该镇柴栢村上梁合作社的二道梁山上，海拔1400～1600m处，我们要翻爬上下两座山头，当我们爬到头一个山顶时，看见一架飞机在我们下方绕山飞过。时年我已60岁了，真感到体力大不如前，身上所有考察用的背包连同照相机都由年轻人轮着背，什么也不拿还爬得很费力，尽管浑身都是汗水，但我和李锋都表示，如果今天找不到“冬李”，我们就在山上过夜明天继续找。

幸好于午后2：00左右我们在二道梁的树林中找到几棵“冬李”树，这里有一间

在四川省黑水县雪山喝迎宾青稞酒

很久以前是护林人住的破损露天的石片房（村民王成相承包的山林）。我们立刻忘记了疲劳，开始采集接穗和叶片标本，拣拾落地的果实，拍摄果实和树体照片等；共找到了分别结着红、黄、青三种类型果实的“冬李”树5株，果实只有10g左右，丰产性好，离核或半离核，核小， 味甜酸微涩；我们采集到种核红果类型116粒，黄果类型35粒，青果类型17粒。

这是我国所有李资源中成熟期最晚的特殊资源，是可以培育晚熟品种的亲本，也可能是栽培李的砧木资源。李锋研究员根据果形和成熟期认为，这可能是由飞鸟传播的樱桃李野生类型。如果这个判断成立，这将是我国除天山之外第二个野生樱桃李的自然分布区域。因为时间不多了我们未能扩大调查范围，吃点东西喝点水稍事休息便匆匆下山。

在下山的路上我建议镇领导：第一要保护好这一珍稀资源，继续组织人员普查，寻找是否还有大果类型；第二可以进行人工驯化栽培和加工果酱、果冻等产品，寻找鲜果销售市场，探索开发利用的途径等。回到镇上天已经大黑了。

第二天一早我们谢过镇领导，又继续向平武县和九寨沟方向走去……

9 喝下雪域高原的青稞酒

2000年11月8日，我应四川省阿坝州(马尔康)农业局金强局长的邀请：一来考察几个从辽宁引进的杏品种在阿坝州的表现； 二来为当地果农讲课，进行李杏栽培技术方面的培训。

当时还没有普及电脑利用多媒体授课，我携带的幻灯片就是最先进的了，9日下午，先在州府马尔康（海拔2600m）给州委和7个县的农林局干部们讲了一课，大家反映很好，于是金局长要求我到黑水县再讲一课，我欣然答应。

10号早上从马尔康去黑水县，途中要经过高原草原带，还要翻越一处终年积雪的雪山。出发后车越走越高，从茂密的森林到稀疏的灌木丛，从高山草原再到冻土地带，然后小心翼翼地爬入冰天雪地。车窗开始上霜了，呼吸也出现了哈气，车外面呼啸着寒风。

就在一处飘扬着许多长串旌旗的地势最高处(垭口山，海拔4450m)，有一辆黑色的小轿车早就等在那里，看见我们车到了，从轿车上下来三人迎了过来，经过金局长介绍知道是黑水县前来迎接的县领导，其中有一位是穿着藏族服饰的女同胞，他(她) 们先敬献我们每人一条洁白的哈达，然后端着盛有三碗青稞酒的盘子和酒壶，不停地唱着敬酒歌，要我们每人喝三碗，我知道这是藏族迎接贵客的最高礼节，但是在这个冰天雪地旌旗飘动寒风刺骨的山巅饮酒我还是头一次，平日我基本不喝酒，今天实在是盛情难却，于是硬着头皮喝了三大碗。

喝下后浑身发烧，头脑不清，到达县城后老想睡觉，中午饭也没怎么吃，就休息了，下午一点多全县听课的人都到齐了，我不得不去讲课。事后我建议洪县长：现在改革了，今后再迎接客人时最好也能把大碗改换成小酒盅。他听了哈哈大笑……

10 在库尔勒寻找‘辣味杏’

1997年7月10日，我和于希志研究员完成环塔克拉玛干大沙漠考察，最后来到南疆最大的城市库尔勒，巴州市农业局经作科科长朱春香问我们有没有找到‘辣味杏’，我奇怪地反问她：杏都是甜酸的，难道还有辣的吗？她笑着说1964年她从沈阳农学院果树系毕业后，分配在本州离农垦30兵团不远的库尔楚园艺场工作，当时农场有一株杏树结的果很辣，但外表颜色很漂亮，她负责卖杏，在农场大家都知道这个杏辣所以不好卖，她们就把这个杏运到30团附近叫卖，兵团的人不知杏辣，很快就卖完了，她们偷偷笑着返回了农场。

我们一听还有这样的怪事，就要求她带我们去找，她是辽宁大连人，我们算是老乡， 又都是搞果树的同行，因此，她就答应了。

第二天一早我们就开着车从库尔勒市向西奔去，跑了100多km来到她曾经工作过的库尔楚园艺场，她虽然从园艺场调到州里工作已有十多年了，但那棵‘辣味杏’树生长的位置还记得清清楚楚，可是到了现场树却没有了，老职工说果不好吃

2006年7月，访问在甘肃武威市凉州区中堡村的李杏联系户刘智基一家

砍掉了。我们又在附近乃至兵团找了找，还是没有找到。

又一个特异的杏资源，就这样从我们眼前消失了！

11 武威联系户的特殊款待

2006年7月5～8日，我与何跃应原中国科协副主席、中国沙产业基金会主任刘恕教授的邀请来到甘肃省武威市，参加甘肃武威市第五届“天马”文化旅游节暨“阳光”人与自然和谐研讨会。这次会议的规格很高，有两名中国科学院的院士，有多名全国治沙专家，有省、市、县的领导，还有钱学森的秘书和他的儿子钱正刚等。

我们在这里有一个多年的李杏专业联系户，因为路途遥远我们未曾见过面，只是从1992年起多次邮寄过李杏良种的接穗和通信指导过栽培技术。

会议头一天是文化节开幕式，我们可以不参加，抓紧这难得的一天与联系户见见面，了解一下我们提供的许多良种在这样干旱地区的表现情况很重要。他们住在离武威城西7km的松树乡中堡村三组，老户主叫刘智基。

我们事先通过市林业局和乡政府查找到他家的电话，通话后我们雇了一辆出租车直奔他家，老户主的大儿子刘文先带我们参观他家的果园，介绍各品种在这里的适应性和丰产性，介绍他们如何把鲜果都销售到内蒙古地区，‘大石早生’李和‘骆驼黄’杏等早熟品种售价可高达5～8元/kg，现在这30多亩果园的年收入已经达到30多万元。主人非常感谢我们的帮助，一定要留我们吃午饭，我们说会议上已经安排了饭，但他们全家非留我们不可，无奈只好客随主便了。

刘文高中毕业后接他父亲的班，莳弄这个果园，养活全家3代十多口人。他们讲话方言很重，我只好请出租车司机当翻译。

吃饭时就在客厅，先端上来一盆凉水洗手，然后在我们座的沙发前摆上一张很矮的小桌，用抹布擦干净，摆上一小碟雪白的精盐，然后就揣上来两只水煮白条整鸡，热气腾腾地直接放在桌面上，由老主人和刘文陪着我们这就开饭了。没有筷子没有碗也没有饭，更没有酒，怎么吃呢？出租车司机告诉我们用手撕下一块鸡肉蘸咸盐吃，这是当地信教回民的最高礼节。我们不得不入乡随俗，就这样吃了一顿极其特殊的午餐。

作者在辽宁喀左水泉乡考察‘直立杏’

饭后我们向主人要了一箱杏子，带到会上请市委书记等领导、院士和专家们品尝，说明这就是我们支持本地联系户脱贫致富的果实，用事实证明了在如此干旱缺水地区，发展李杏产业既能治荒，也能富民。

会上刘恕主席还特别要求我们在会场大屏幕上，向全体与会人员播放了刚刚在联系户果园里用数码相机拍摄的、尚未加工整理的照片原始资料，并说出联系户刘文家的住址。

我们这个举动在这次研讨会上影响极大，会后有许多与会的市县领导和记者们都到刘文家采访，结果很快就见诸了电视和报纸，这家联系户也就成为当地用李和杏良种治荒治穷的样板了，市领导还把进一步发展繁育杏李良种苗木的任务落实在他家。

12 寻找‘直立杏’资源

在杏属资源植物学形态特征的研究中，大家都公认西伯利亚这个种是灌木或小乔木，树高一般在1.5～3.0m之间，是杏属11个植物种中最矮小的一个种。2007年沈阳农业大学林学院院长刘明国教授告诉我，他们在辽冀蒙三省（区）考察西伯利亚杏资源时，曾发现有如同杨树一样细高直立的类型，我对此很感兴趣，多次约他前往考察收集。2009年4月初，刘教授安排他的助手董胜君副教授陪同我专程去内蒙古赤峰市和辽宁朝阳市一带寻找这种‘直立杏’资源。

我们从沈阳乘长途公郊车到达朝阳，再从朝阳转车去内蒙古的敖汉旗，在敖汉旗林业局同志的帮助下，我们先后考察了几个山杏资源较多的国营林场，这里原来有很多杏林现在被开垦成农田，山杏资源受到严重破坏，原有的‘直立杏’树如今已经消失。于是我们又转回到辽宁朝阳市，最后在喀左县林业局的帮助下，在他们直属的林场找到了几株‘直立杏’。

‘直立杏’与一般山杏明显不同，4～5年生自然生长的树高可达6～7m，树冠枝展却不到1.5m，枝条顶端生长优势特别强，枝量少而不开张，确实如同新疆杨或箭杆杨树一样。

我们拍摄了几张树体照片并采集了资源接穗后返回，将其分别嫁接在沈阳农业大学和辽宁省果树研究所里，观察其生长习性，研究其如何利用。

‘直立杏’资源的发掘，说明在西伯利亚杏的种性中有着高大的基因源。据喀左县林业局介绍，这些山杏苗来自河北省遵化县，我又通过杨建民在遵化县查找‘直立杏’的大树，结果没有找到。

第3部分

李杏资源鉴定和品种改良及开发利用

30 软核杏

‘软核杏’原产于辽宁省凌原县，在国内享有盛名。据调查，现在全县有‘软核’杏40株左右，最大树龄为40年生。分布在雹神庙公社的石门沟大队，松岭子公社的茶棚大队，瓦房店公社的沙金沟大队及道尔登公社等地。

‘软核杏’嫁接苗定植后2年即开花，4年生株产5kg，8年生株产30kg，40年生的大树在大年时株产可达250kg，小年时不足50kg，大小年严重。全县年产量约500～2000kg。

树形为倒圆锥形，树姿半开张，枝条斜生：新梢平均长32cm，红褐色，秋梢紫红色；皮孔较密，中大，突起，黄白色近圆形；主干光滑度中等，幼树黄褐色，老树暗灰色，叶芽离生，花芽大，侧生，单或复芽；9年生树高480cm，枝展395cm，干周41cm，干高56cm；40年生树高700cm，干径28cm，枝展570cm。

叶圆形，中大，具短尖，淡绿色；叶缘整齐，浅圆钝复锯齿；叶基圆形；蜜腺两个，5瓣，雄蕊25～33枚，雌蕊柱头1枚。其败育花率低，柱头与雄蕊同高和高于雄蕊者共占83.5%。‘软核杏’花为粉红色。

果实卵圆形，纵径4.06cm，横径4.04cm，侧径99cm，平均单果重31.7g，最大42g，果个整齐； 梗洼深0.67cm，果顶平，微突，缝合线不明显，片肉对称；果面底色黄白，阳面着橘红色晕，味甜多汁，微香，纤维少，品质上；果肉硬度为2.38km/cm^2，含可溶性固形物12.3%，总糖7.01%，还原糖1.63%，总酸1.38%，维生素C6.73mg/100g，单宁10.98%。

‘软核杏’为粘核，核扁圆形，基部有纵纹，顶部微有钝尖；核翼一侧为褐色不规则的月牙形硬壳，但显著薄于一般杏核，能捏碎，核缝合线的一侧为极薄的黄白色软膜，可食，有的核四周为薄壳，中间为软膜，掰开熟杏，核的膜即破，露出饱满的白色杏仁，干仁重0.6g，种仁皮红褐色，种胚乳白色，味甜。

注：该文发表在《中国果树》1984年第1期上。该杏在吃完甜酸可口的杏肉后，可以毫不费力、也不用任何敲击，就可以吃到香甜美味的杏仁，这个世界唯一而珍稀的软核杏资源，从发现至今尚未被育种家和生产者开发利用。我只能把它收集保存在国家果树种质熊岳李杏圃中，等待着智者来开发。

‘软核杏’果实剖面

‘软核杏’结果状

1979年，首次考察辽宁凌源县‘软核杏’树

31 李属与杏属新变种的鉴定

在多年考察与研究的基础上，经过鉴定，我们提出了杏属中的辽梅杏、陕梅杏和熊岳大扁杏及李属中的榛李共4个新变种。经中国科学院北京植物研究所谷翠芝、陆玲娣等研究员审核认定，已于1989年在《植物研究》上公开发表。现将其形态鉴定的主要特征报告如下。

1 辽梅杏

【别名】重瓣花杏、毛叶重瓣花山杏、辽梅。学名：*Armeniaca sibirica*（L.）Lam. var. *pleniflora* J. Y. Zhang *et al.*

【来源】原产于辽宁省北票县大黑山林鹿场，海拔800m，野生、单株，珍稀资源。

【分布】现经人工繁殖后，分布于辽宁、吉林、黑龙江、河北、山西、河南和北京等省（市）。

【主要特征】辽梅杏的叶尖、果实、果核的形状，以及果肉干燥，成熟后果肉开裂、离核、仁苦等特征与西伯利亚杏的特征完全一致。但又有如下特征可与西伯利亚杏明显区别：叶片正反两面密被茸毛，老叶茸毛不脱落；花重瓣、每朵花有花瓣30余枚，雄蕊正常；双柱头花占17%～50%，多为一柄双果；核较原变种大且粗糙；多年生枝干为红褐色，有光泽，酷似山桃（京桃）。因此，鉴定认为辽梅杏为杏属西伯利亚杏种内的一个新变种。

【用途】可作为北方早春乔木观赏的新树种。因其先叶而花、花色红转粉红，具微香，酷似梅花。且可耐-38.4℃的低温。可在哈尔滨等北方城乡栽培，是北方建设仿梅园的良好资源。并可供盆栽和切花利用；辽梅杏可与梅花杂交，因此，又是培育抗寒梅花的优良亲本和试材。

2 陕梅杏

【别名】重瓣花杏、光叶重瓣花杏、陕梅。学名：*A.vulgaris* Lam. var. *meixianensis* J. Y. Zhang *et al.*

【来源】原产于陕西省关中一带和秦岭北麓，海拔700m处，民间零星栽培。

【分布】陕西、河北、辽宁、河南、甘肃、北京等地。

【主要特征】陕梅杏的叶形、果实、果核、仁等主要特征与杏属普通杏的特征一致。但又有如下明显区别：普通杏的花冠直径为2.5cm左右，而陕梅杏的花冠直径为4.5～5.0cm，最大可达6.0cm，是杏属植物中花朵最大者；普通杏花为5瓣，少数达7瓣，而陕梅杏每朵花瓣为70余枚，最多达120枚；普通杏的花瓣较平展或呈瓢形，而陕梅杏的花瓣多皱褶，极不规则；普通杏花有雌蕊一枚，少数为2枚，雄蕊30枚左右，而陕梅杏每花有雌蕊1～7枚，且长达3cm，明显伸出花冠，雄蕊有100余枚，其中有50枚左右倒卷在子房周围，不能向上伸出；陕梅杏的萼片明显大于普通杏，是普通杏中的一个新种。

【用途】与辽梅杏相同。但陕梅杏的花期最迟，不仅可以延长杏花的观赏期，而且是培育晚花杏新品种的珍贵亲本和试材。

3 熊岳大扁杏

【别名】大扁杏。学名：*A.vulgaris* Lam. var. *xiongyueensis* T.Z.L.*et al.*

【来源】不详，是辽宁省果树科学研究所在20世纪50年代收集保存的杏资源。

【分布】辽宁省熊岳。

【主要特征】其枝干、叶、花、果实、果核等主要特征与普通杏基本一致。但其叶色深绿、叶柄较短、叶两面及叶柄上密被黄褐色茸毛；核基为圆唇形；这些特征与普通杏区别。因此，鉴定认为熊岳大扁杏是普通杏的一个新变种。

【用途】鲜食或加工(仁苦)。

4 棕李

【别名】花棕、油棕、桃夹李等。学名：*Prunus salicina* L. var. *cordata* Y.He. *et al.*

【来源】福建省沙县，海拔500m。

【分布】福建、广东、浙江、江西、

福建古田县一女孩在展示青棕李幼树结果状

青棕李果实特写

湖南、广西、云南、辽宁等地。

【主要特征】棕李的树形、枝干、花果、核均与李属的中国李相同。但其叶形为长倒卵形或长圆披针形，酷似桃叶，果实心脏形。果面有突起的油泡，内含25%～28%的粗脂肪，这一特征在李属植物中仅它具有。核较一般中国李略大且粗糙。因此，鉴定认为其是李属内中国李种中的一个新变种。

【用途】是优良的鲜食和加工的品种。

注：原文发表在《北方果树》1990年第4期上，本文有删节。从本文发表起，结束了福建省长达300余年关于棕李究竟是桃还是李的争论。

32 李、杏种质资源性状鉴定与优异资源筛选初报

根据国家科委“七五”和“八五”攻关项目的要求，于1986～1991年，我们在国家果树种质熊岳李杏圃内，开展了农艺性状、果实品质、矮化性状、果实加工性能、染色体倍数性等项鉴定，鉴定试材总数1446份，从中筛选出一批优异资源，可向生产推荐一批良种，向科研提供一批优良试材。

1 材料与方法

全部鉴定资源（李150份、杏260份）和试材均取自国家果树种质熊岳李杏保存圃。

1.1 农艺性状鉴定

主要采取田间调查的方法，内容包括植物学特征、生物学特性、物候期、果实经济性状等；评价标准参照国际杏、李描述符，结合我国李、杏资源的特点，重新制定了《李、杏种质资源调查项目与评价标准》（以下简称《标准》），对其进行评价，从中筛选出各项优异资源。

1.2 果实品质鉴定

采取室内化验分析的方法，测定其总糖、总酸、Vc、硬度等指标，从中筛选出各项优异资源。

1.3 矮化性状鉴定

采用田间观察与调查的方法，取同一砧木（杏为西伯利亚杏、李为小黄李），在同一圃内，管理水平一致的同龄资源，每份调查3株，取株高平均值与对照品种（杏为‘香白杏’、李为‘香蕉李’）相比较。评价标准≥CK者，为乔化资源；为CK的4/5者，为半乔化资源；为CK的3/5～4/5者为半矮化资源；为CK的1/2～3/5者，为矮化资源；<CK1/2者，为极矮化资源。

1.4 加工性能鉴定

在农艺性状和果实品质性状鉴定初选的基础上，筛选部分资源，取果实按省（部）级果品加工的标准工艺，分别试制糖水罐头、果脯、果酱、果干等；请专家进行开罐品评鉴定，从色、形、味、汁等综合性状比较，对照品种为省级或部级优质品种，评价该资源最适宜的加工制品及加工品质。

1.5 染色体倍数性鉴定

采用生长点细胞去壁低渗涂片法，镜检染色体数，确定其倍数性。

‘骆驼黄杏’果实特写

果形特异的‘辣椒杏’

2 研究结果

2.1 农艺性状鉴定中筛选出优异资源

2.1.1 极早熟资源

按鉴定《标准》，杏果实发育期≤70天者为极早熟杏资源，李果实发育期≤80天者，为极早熟李资源，共筛选出极早熟杏资源14份，其中优异资源有‘骆驼黄杏’、‘金妈妈’、‘沙金红1号’、‘串铃’等7份。特别优异的是‘骆驼黄杏’和‘沙金红1号’杏，其果实发育期分别为55天和60天，单果重分别为51.2g和53.2g，均为甜仁、品质上。鉴定筛选出极早熟李资源12份，其中优异资源为离核、锦红、大石早生等7份，特别优异的是大石早生，其果实发育期仅65天，单果重49g，红色，较丰产，品质上。‘骆驼黄杏’、‘沙金红1号’及‘大石早生’李均在淡季上市，市场售价很高，有开发价值。

2.1.2 大果型资源

按鉴定《标准》，李和杏的果实>60g者为大果型 。经鉴定筛选出大果型杏32份，李7份，其中优异大果型杏10份，李5份。大果型杏为‘兰珠红杏’、‘假麦黄’、‘二转子’、‘大黄杏’、‘房山桃杏’、‘二窝接杏’、‘天鹅蛋’、‘草滩张公园’、‘华县大接杏’、‘英吉沙杏’等，其中最优异者为‘华县大接杏’、‘假麦黄’、‘英吉沙杏’、‘草滩张公园’、‘二转子’等；大果型李为‘美国大李’、‘美丽李’、‘香扁’、‘琥珀李’、‘月光李’等，其中‘美国大

果形较扁平的‘草坯杏’

历朝历代贡果‘槜李’
（贾惠娟 提供）

李’和‘月光李’综合性状最佳。

2.1.3 果仁特大的甜仁杏资源

当前生产上的甜仁杏各品种中，以‘龙王帽’的杏仁为最大，平均单仁重0.85g，为我国仁用杏的代表品种和主栽品种。今又筛选出‘80A01’、‘80E05’、‘80B01’、‘C3091’、‘80A03’、‘80D05’等甜仁杏，其单仁平均重分别为0.88、0.89、0.90、0.96、0.98、1.00g，均超过了‘龙王帽’的单仁重，仁大整齐，外形美丽，自然结实率高，产量高。

2.2 果实品质鉴定中筛选出的优异资源

2.2.1 高可溶性固形物资源

按《标准》果肉中可溶性固形物杏>16%，李>18%者，为高可溶性固形物资源。经鉴定筛选出杏8份、李7份。杏为‘伊通大红杏’、‘阿洪扬来克’、‘延庆沙金红’、‘双仁杏’、‘红花接杏’、‘平和杏’、‘金杏’、‘苏卡加纳’等，其中‘苏卡加纳’内的可溶性固形物高达22.5%，极为罕见。高可溶性固形物李资源为‘大白李’、‘朱砂李’、‘桃形美丽李’、‘奎丰’、‘晚熟李’、‘冰糖李’和‘甘李’等，其中‘奎丰’和‘晚熟李’的可溶性固形物均为21.1%，而甘李高达23.7%，为鉴定资源中可溶性固形物最高的李资源。

2.2.2 高糖资源

按《标准》果实中总糖杏>9.0%，李>10%为含糖量极高的资源。经鉴定筛选出高糖杏资源9份、李资源12份。其中优异杏资源为‘红杏’、‘克孜尔西米西’、‘中白杏’、‘安加那’、‘荷包’、‘大红杏’等6份。‘红杏’果肉中含总糖达11.94%为最高；优异高糖李资源为‘奎丰’、‘红心李’、‘吉林黄干核’、‘73-83-1’、‘勃利红李梅’等5份。其中‘奎丰’、‘红心李’、‘吉林黄干核’等总糖含量均在12%以上，是最优的高糖李资源。

2.2.3 高酸资源

按《标准》果肉中总酸含量杏>3.0%，李>2.5%的为含酸量极高的资源。经鉴定筛选出‘友谊杏梅’、‘胭脂半’、‘光板杏’等3份杏资源；筛选出‘花檫’、‘西安大黄李’、‘鸡心李’、‘小黄李’、‘樱桃李’5份李资源，为含酸量极高的资源，其中‘友谊杏梅’和‘花檫’的总酸含量分别为3.32%和2.46%，为含酸量最高的资源。

2.2.4 高Vc资源

按《标准》果肉中Vc含量杏>19mg/100g者为高Vc资源，经鉴定筛选出‘克孜尔西米西’、‘金杏’、‘80B01’、‘中真核’、‘79CB’、‘其力干玉陆克’等6份含Vc极高的杏资源，其中‘克孜尔西米西’、‘金杏’Vc含量分别达22.32mg/100g和22.65mg/100g，是十分宝贵的高Vc杏资源。李的Vc含量较杏低，经鉴定筛选出‘佛罗信彦’、‘早李’、‘鸡心李’、‘黑刺李’等4份含Vc极高的资源，其中‘佛罗信彦’的Vc含量达10.58mg/100g，为鉴定李资源中Vc含量最高者。

2.2.5 耐贮运的高硬度资源

按《标准》杏和李果实（代皮）硬度>19kg/cm^{2}者，为耐贮运资源，经鉴定筛选杏4份、李11份。硬度极高的杏资源有‘杨继

抗寒丰产新品‘龙园秋李’结果状

元’、‘新水杏’、‘双仁杏’和‘红脸杏’，其中‘杨继元’杏的硬度达19.5kg/cm^2，为鉴定的杏资源中硬度最高者。硬度极高的李资源有‘花檫’、‘大灰李’、‘月光李’、‘秋李’、‘加庆子’、‘郯城杏梅李’、‘黄李’、‘奉化李’、‘但丁’、‘玉皇李’等等，其中后4个品种果硬度均达20kg/cm^2，‘花檫’的硬度>20kg/cm^2，为鉴定的李资源中最高者。

2.3 矮化性状鉴定中筛选出的矮化资源

按《标准》鉴定筛选出半矮化的杏资源有‘辽阳杏梅’、‘平和杏’、‘克孜尔达拉斯’、‘库尔什代克’、‘阿洪杨来克’、‘李子杏’、‘华阴杏’、‘北营杏’、‘东宁2号’、‘华县大接杏’、‘包天杏’、‘其力干玉陆克’、‘英吉沙’和‘虎爪子’等14个品种，矮化资源有‘胡外那’、‘阿洪于力克’、‘阿克达拉斯’、‘山黄杏’、‘穷苦曼提’等5个品种；其中优异的半矮化和矮化资源有‘华县大接杏’、‘英吉沙杏’、‘山黄杏’、‘包天杏’4个品种，其果实较大、品质上等、丰产，可直接用于生产。在鉴定中发现极矮化资源1份，即西伯利亚杏，其株高仅为对照品种的2/5，为杏的优良砧木资源。

鉴定筛选出半矮化的李资源有‘黄水李’、‘向阳红’、‘窑门李’、‘阿伯特’、‘小核李’、‘小黄李’、‘牛心李’（锦西）、‘扫帚李’、‘益都甜紫李’、‘大黄李’、‘盘石李’、‘开原李’、‘牡丹江黄干核’、‘离核4号’、‘巴彦大红袍’、‘延吉李’、‘奎丽’、‘跃进李’、‘北京樱桃李’等19个品种，其中优异资源为‘奎丽’、‘跃进’、‘离核4号’、‘小核

大果形的‘美丽李’

李’等4个品种，其果实品种质好，丰产，可直接用于生产。其中‘小黄李’是李的优良砧木资源，具备亲和力强、抗寒、抗涝等特性。另外还鉴定出‘九三杏梅李’这个矮化李资源，其株高小于对照品种的3/5。

2.4 加工品质鉴定中筛选出的优异资源

供加工糖水罐头、果脯、果酱、果干4个食品品种共62份（李23份、杏39份）进行加工品质资源鉴定，其结果如下。

2.4.1 制糖水罐头良种

经鉴定制罐品质上等的杏资源有‘沙金红1号’、‘关爷脸4号’、‘孤山杏梅’、‘法杏4号’、‘锦西大红杏’、‘法杏5号’、‘晚杏’等8个品种；李资源为‘郯城杏梅李’、‘前所寺田李’、‘黄干李’、‘香蕉李’、‘密山紫李’、‘秋李’等6个品种。其中‘沙金红1号’杏、‘关爷脸4号’杏和‘郯城杏梅李’加工的糖水罐头，其品质超过了轻工业部和辽宁省的优质品种（‘锦西大红杏’、‘秋李’）。

制罐品质为中等的杏资源有‘串枝红’、‘大拳杏’、‘小拳杏’、‘木瓜杏’、‘崂山关爷脸’、‘荷包杏’等6个品种。

2.4.2 制脯良种

制脯品质上等的杏资源有‘晚杏’、‘大黄杏’、‘大接核杏’等3个品种；李资源有‘五香李’、‘绥棱红李’2个品种。

2.4.3 制果酱良种

制酱品质上等的杏资源有‘大黄杏’、‘龙王帽’杏2个品种；李资源有‘绥棱红’、‘绥李3号’和‘东北美丽’3个品种。

2.4.4 制果干良种

品质上等的仅有‘绥棱红李’1个品种；品质中等的有‘阿克达拉斯杏’、‘阿克西米西杏’和‘绥李3号’。

从以上鉴定结果看出：有些品种适宜加工单一的食品，有些品种则兼为几种食品加工的优良资源，如‘绥棱红李’制脯、酱、干兼优；‘晚杏’为制罐、制脯兼优良种；‘大黄杏’为制脯兼制酱良种等。

2.5 染色体倍数性鉴定中筛选出的多倍体李、杏资源

通过李、杏资源染色体倍数性鉴定，在国内首次证实：7个杏属植物种中的各变种、品种和类型，6个李属植物种及其变种，染色体均为2n=2x=16（2倍体）；欧洲李各品种的染色体均为2n=6x=48（6倍体）。除此之外，还有以下首次重要发现：① 发现杏的3倍体资源1份，② 发现中国李3倍体资源2份，③ 发现中国李4倍体资源1份，④ 发现中国李的嵌合体资源2份；锉李为3种倍数性的嵌合体（混倍体）。⑤ 原产新疆的栽培品种‘爱奴拉’李为6倍体，属欧洲李；原产新疆的野生欧洲李有6倍体，也有2倍体，这再次证实欧洲李起源于中国的新疆伊犁。⑥ 除2倍体和6倍体外，3倍体和4倍体及嵌合体资源的产量都很低，但长势整齐、健壮，说明存在着多倍体资源自然杂交的不亲和性。

3 讨论与建议

① 经过鉴定研究，仅从260份杏和150份李资源的上述各项鉴定中，就筛选出一大批性状各具特色的优异资源，对发展生产和推进科研具有重要的现实意义。由此可以预想，如果把我国2000余份杏和800余份李资源全部鉴定完，一定会有更多、更重要的发现，因此这项研究有待于进一步深入。

② 在鉴定中筛选出的优异资源中，有许多不同熟期、大果、优质、丰产、耐贮运、矮化等综合性状优良的品种，可直接用于生产开发。

③ 在李、杏果品加工业中，可利用高固形物、高糖、高Vc的原料，降低成本，改进品质，提高经济效益。

④ 筛选出的各种优异资源，为品种改良提供优良亲本试材和试验依据，可减少育种的盲目性。

⑤ 开展同工酶和染色体倍数性的鉴定，不仅为果树育种提供了科学依据，也为研究资源的起源、演化和分类提供了科学依据。

注：原文在中国园艺学会于1993年9月在北京举办的《国际果树品种改良研究会议》上发表。另于1995年载入《辽宁省农业科学院建院40周年论文集中》，本文有删节。

33 杏属二新种

1 政和杏

别名：红梅杏（福建）。学名：*Armeniaca zhengheensis* Zhang J.Y.et Lu M.N.

大乔木，树高35～40m，树形直立。树皮深褐色，小块状裂，较光滑。多年生枝灰褐色，皮孔密而横生。1年生枝红褐色，光滑无毛，有皮孔。嫩枝无茸毛，阳面红褐色，背面绿色。叶片长椭圆形或宽披针形，长7.5～15.0cm，宽3.5～4.5cm，先端短渐尖至长尾渐尖，基部平直截形，叶边缘微具不规则的细小单锯齿，齿尖有腺体，上面绿色，脉上有稀疏茸毛，下面浅灰白色，密被浅灰白色长柔毛，几乎看不到叶片，叶背主脉有红、白两种类型。叶柄红色，长1.3cm，无毛，中上部具2～4（6）个腺体。

花单生，直径3cm，先于叶开放。花梗长0.3cm，黄绿色，无柔毛。萼筒钟形，下部绿色，上部淡红色，开后白色，具短爪，先端圆钝。雄蕊25～30枚，长于花瓣，雌蕊1枚，略短于雄蕊。果实卵圆形，单果重20g，果皮黄色，阳面有红晕，微被茸毛；果汁多；味甜，无香味，成熟时不沿缝合线开裂。黏核，鲜核重3g，黄褐色，核长椭圆形，两侧扁平，顶端圆钝，基部对称；表面粗糙，有浅网状纹，多茸

政和杏叶片、果以及核标本

毛状细纤维。腹棱和背棱均圆钝，几无侧棱，背棱有时两端或全部开裂，腹棱两侧与核面之间，有从核顶至核基的一条深纵。仁扁椭圆形，饱满，味苦。

在原产地物候期是：2月下旬芽萌动，3月下旬开花，比梅开花明显迟，果实7月上中旬成熟，11月下旬落叶。分布于福建省政和县外屯乡稠岭山中，海拔780～940m处。现有多株240～300百年生半野生大树，大年时每树株产150～200kg果实。

与相近植物种的形态区别：本种与梅的区别在于：前者树体高大，1年生枝红褐色；叶片背面全面厚被白色茸毛；果实黄色，味甜；核长椭圆形，核面粗糙，无孔穴；花期明显迟。与普通杏的区别在于：前者叶片长椭圆形或宽披针形，叶尖

长尾尖，叶基截形；叶背厚被白色茸毛；核棱圆钝，不具龙骨状侧棱，核面粗糙，具纵沟。

2 李梅杏

别名：酸梅、吼、味（豫），杏梅（辽、冀、鲁），转子红（陕）等。学名：*A. limeixing* Zhang J.Y. et Wang Z.M. 分布于辽宁、河北、山东、河南、陕西、吉林、黑龙江和江苏的北部等地区。

小乔木，树高3～4m，树势弱，树形开张，主干粗糙，树皮灰褐色，表皮纵裂。多年生枝灰褐色，1年生枝阳面黄褐色，背面绿色或红褐色，无茸毛，皮孔扁圆形，较稀。节间长0.5～1.5cm。

叶片圆披针形或椭圆形，叶长7.2cm，宽4.1cm；叶尖渐尖，叶基楔形；叶片绿色，两面无茸毛；叶缘整齐，具浅钝复锯齿；主脉黄白色。叶柄长1.8～2.4cm，有2～4个腺体。

花(1)2～3朵簇生，花与叶同时开放或先花后叶，花冠直径1.6～2.4cm，具微香；花白色5瓣，稀8瓣，花瓣近圆形或椭圆形，长0.96cm，宽0.75cm，顶端内扣，边缘有波状皱折，基部具短爪；雄蕊24～30枚，雌蕊1(2)枚，长于雄蕊，花药淡黄色，自花不结实。子房与花柱基部具短茸毛；萼筒钟形，黄绿色或红褐色，无毛；萼片舌状或宽舌状，多绿色，稀褐色，无茸毛，边缘有锯齿，花开后多不反折。花梗长0.2～1.0cm，无毛，稀有毛。

果实近圆形或卵圆形，果实较大，果顶平或微凹，缝合线较深；果面黄白、橘黄或红色，具短茸毛，无果粉；果皮较厚，不易与果肉分离；果肉黄至橘黄色，肉质致密，多汁，酸中有甜，具浓香。粘核。核扁圆形，核尖圆钝或急尖，核面有浅网状纹，腹棱圆钝，几无侧棱，背棱稍利，核基具浅纵纹。仁苦。果实较耐贮运。在辽宁熊岳地区，4月下旬开花（比普通杏花期迟2～3天），7月中旬果实成熟，11月上旬落叶。染色体2n＝2x＝16，稀24。

果实可鲜食，亦可加工优质糖水罐头。代表品种有‘郯城杏梅’、‘曲阜杏梅’、‘苍山杏梅’、‘昌黎杏梅’、‘阜城杏梅’、‘转子红’、‘酸梅’等。

与相近植物属的形态区别：本种的树形、树势、一年生枝的颜色、花芽簇生、花萼绿色和花开后萼片不反折等特征，均近似中国李（*Prunus salicina* Lindl.），但其叶与核的形状介于杏和李之间，果面具短茸毛，无果粉，与杏相同。因此，可能是普通杏与中国李的自然杂交种（即*Armeniaca*×*Prunus*或*Prunus*×*Armeniaca*），没有发现野生类型。其形态特征变化较多，有些品种特征近似杏者多，有些品种特征近似李者多。

从美国引进杏与李种间杂交的品种‘红梅杏’

注：参加政和杏考察的有福建省农业厅的赖澄清、南平市农业局的吕佳敏、政和县农业局的张正河、周良伟等人。参加李梅杏研究的有辽宁省果树所的刘宁、孙升、刘威生、唐士勇、何跃、李秀杰等人，长春市园艺所的李锋，绥棱果树所的关述杰，黑龙江省园艺所的曾烨等同志。本文于1997年完搞，承中国科学院北京植物研究所陆玲娣研究员审核，原文发表于《植物分类学报》1999—02上，在此一并致谢。本文有删节。

34 杏与李属间远缘杂交遗传性的研究初报

本研究为国家“九五”攻关项目（96—014—01—05）的内容之一，但此项工作早在20世纪80年代初即开始研究。果树本身是一个多种基因控制的杂合体，因此，研究其遗传规律极为困难，近百年来全世界许多育种学家为之奋斗，至今尚无一条成功的规律被公认和重复应用。特别是果树远缘杂交的遗传规律更难定论，根据试验和观察，我们只能谈些遗传趋势或遗传倾向。

我们开展此项研究的目的在于，解释在全国李杏资源考察搜集中发现一些似李非李、似杏非杏的特殊资源的来源和开发利用的价值。俄罗斯和美国早在20世纪30年代即开始了这方面的研究，日本在80年代末期也开始搜集这方面的资源，美国和日本称李、杏的杂种为“未来的水果”或“21世纪的水果”，评价极高。

1 李属与杏属植物远缘杂交亲和力的研究

1.1 属间杂交成功率的研究

李、杏属间杂交的亲和性表现在杂交

南会秋（右）在做‘秋香李’×‘安哥诺’李杂交

成功率和杂种的生活力两个方面。

李属（*Prunus* L.）和杏属（*Armeniaca* Mill.）之间开展人工授粉的远缘杂交，其成功率如下。

杏×杏的属内杂交可获2.45%～6.21%的坐果率，李×李的属内杂交也获得了9.34%～25.25%的坐果率，均表现为杂交亲和；而杏×李的属间杂交，坐果率均为零，表现为不亲和；反之，李×杏的属间杂交，可获得11.11%～24.29%的坐果率，其亲和性良好。这说明李、杏的属间远缘杂交，其母本应是李，杏为父本，反之不成功。

李和杏的自然杂交种‘郯城杏梅’和‘转子红’的花粉授在‘芦店杏’上，可获得1.56%～1.91%的坐果率，而将其花粉授在‘跃进李’上，则得不到种子。这进一步说明杂种后代的亲缘关系倾向杏。

1.2 杂种后代生活力的研究

1992年以‘绥棱红’、‘跃进李’、‘绥李三号’为母本，以‘崂山红杏’和‘锦西红杏’的花粉为父本进行杂交，分别获得91、15、86粒种子，1993年播种后其出苗数分别为8、0、2株，其出苗率分别为8.79%、0%、2.94%。可见，李与杏属间杂交虽然能够获得种子，但其F1代杂种的出苗率极低。同时观察到这些杂种长势均很弱，植株矮小，枝条细弱，节间较短，叶片小而单薄，而且大部分在生长过程中死亡，达到结果的很少。这不仅说明李、杏属间杂种F1代的生命力弱，更说明属间杂交的亲和性不良。

1997年4月，在国家李杏圃中播种这些似李非李、似杏非杏自然杂交品种的种子：‘郯城杏梅’733粒、‘曲阜杏梅’414粒、‘昌黎杏梅’1171粒、‘泰安杏梅’897粒，其出苗率均为零。1998年再次播种‘泰安杏梅’140粒，结果同样没有获得植株。而同时播种杏的自然杂交种子：‘沙金红1号’85粒，出苗22株，出苗率达25.9%；播种‘黄口外杏’161粒，出苗28株，出苗率达17.4%；播种‘串枝红杏’589粒，出苗293株，出苗率达49.8%。由此可见，在同样的管理条件下，杏的自然杂交种子可以正常出苗，而李和杏属间杂种的自然杂交F1代不具备生命力。

1998年8月，我们解剖‘郯城杏梅’自然杂交种子120粒，仅18粒有种仁，空壳率达85%，而这18粒种仁也均不饱满，也证明杂种后代生活力很差。

2 李、杏属间杂交F_1代主要植物学特征和生物学特性遗传趋势的研究

2.1 植物学特征

在李属和杏属植物学特征中，我们抓住：杏树高大和李树矮小；杏树枝条红褐色，李树枝条黄褐色；杏树每芽1花，李树每芽多双花等植物学特征的明显差异，对1982、1990年李×杏的部分有花的杂种后代，于1999年4～5月开花期进行调查和评价：在12株杂种后代中，树势强和较强

的只有5株，其余7株为中庸和较弱，倾向杏的占多数；枝条色泽中暗褐至红褐色有8株，褐至黄褐色只有4株，倾向杏者多；而从每芽花朵的数量中可见，没有全部单花的后代，也没有全部为双花的后代，单花比例大于双花的有10株，占83.3%，双花多于单花的后代有2株，占16.7%。由此可见，李与杏的属间杂交，后代中李的单花基因遗传为显性，杏的双花基因遗传为隐性。此外还观察到杂种的叶片比杏叶明显窄，酷似李叶等特征。

综合评价其中倾向中间类型的有6株，占50%；倾向杏的有5株，占41.7%；倾向李的有1株，占8.3%。可见杂种后代虽然有复杂的多样分离，但趋中性变异显著。

2.2 生物学特性——开花物候期变化趋势的观察

在自然界中杏花最先开，杏花比李花早开7～10天，李属与杏属杂交后代的开花期均比杏花迟3～5天，比李花略早2～3天，可见后代开花物候期趋中性变异显著。这个趋势有利于选育抗御和躲避晚霜危害的杏良种。

3 属间杂种果实经济性状遗传趋势的研究

3.1 果实表面茸毛与果粉的遗传趋势

普通杏果实的表面有着疏密不等的

贾惠娟（右）在观察‘槜李’的花（贾惠娟 提供）

短茸毛（李光杏变种除外），不具蜡质果粉；中国李果实的表面有着厚薄不等的蜡质果粉，不具有短茸毛。李属与杏属的杂种果实表面，只有短茸毛，不具果粉，其茸毛的多少单株之间有差异，这个倾向杏的遗传趋势比较一致。

3.2 关于果实品质的遗传倾向

从观察搜集在资源圃内的李杏杂种中，其果实外观酷似杏，果实圆形至椭圆形，有缝合线，果柄极短，果皮底色黄白色，阳面着红色或橙黄色；果肉黄色，肉质硬脆，硬度较大，耐贮运性增强，果实的果汁中等偏少，风味甜酸，香味浓郁。杂种多为粘核，少数离核。核扁圆形，比李核大，没有杏核的侧棱，腹棱圆钝，背棱稍利，核面有浅网状纹。从果实品质上看，总的趋势倾向杏，但又与杏的风味不同。

杂种后代中多数果实变小，但也有少数果实增大者，果实变小和产量不高是普遍的趋势。

3.3 杂种后代的丰产性和商品性观察

所有李与杏的自然杂种与人工杂交后代的结实率均低，果实较小，丰产性和商品性均不良，这在国内外是一致的，也是这种水果在国外未大面积商品性开发生产的主要原因。但是在我国收集到的9个李、杏杂种中，却有‘郯城杏梅’、‘阜城杏梅’ 和‘昌黎杏梅’ 丰产性较好，且果实较大。其中以‘郯城杏梅’ 做原料加工的糖水罐头，于1989年在辽宁省制罐李、杏品种鉴评会上名列第一，超过了省优和部优（‘锦西秋李’、‘锦西大红杏’）。其二‘阜城杏梅’ 在河北省阜城县已大规模生产，其栽培面积1998年已达800hm^2，年产量达470万kg。平均单果重65g，果实鲜销于国内外市场。我国现有的‘郯城杏梅’、‘阜城杏梅’、‘昌黎杏梅’等我国部分李、杏杂种果实，应加大力度开发。

4 李与杏属间杂种后代分类学地位的研究

在多年研究的基础上，1996年9月，我们完成了对李、杏杂种植物分类学的鉴定，进行了中文和拉丁文的描述，压制了模式标本，并绘制了模式图，经中科院北京植物所陆玲娣等研究员审定后，于1999年1月在《植物分类学报》上正式公开发表为杏属植物的一个新种，命名为：李梅杏（*Armeniaca limeisis* Zhang Jia Yan et Wang Zhi Ming sp.nov）。

注：参加本项研究工作的有辽宁果树研究所的孙升、赵锋、刘宁、唐士勇、郁香荷、张玉萍等同志，以及河南省职业技术师范学院的王志明教授，长春市农科院园艺所的李锋、张凤芬、曹希俊、张冰玉等同志，河北省阜城县政府的高崇达县长等。原文发表于2000年，由中国林业出版社出版、张加延和孙升主编的《李杏资源研究与利用进展》论文集中。本文有删节。

35 论李与杏的育种目标、遗传倾向及特异种质资源

众所周知，李与杏原产于我国，其栽培历史悠久，种质资源异常丰富，国家李杏种质资源圃也早已建立起来了，对种质资源的研究与利用从“六五”至今一直是国家重点支持的攻关项目。可是我们至今没有培育出让加工企业满意的加工良种，也没有培育出能够进入国际市场的鲜食良种，这在一定程度上影响了产业的发展。为什么我们拥有世界最丰富的种质资源，却育不出“世界级”的优良品种呢？究其主观原因有二：一是长期以来我们李与杏的育种目标普遍不高，没有把达到或超越国际知名品种作为育种的奋斗目标。第二我们对种质资源研究的深度不仅滞后而且与育种和生产脱节，有限的资源研究成果又未能被育种家及时而充分利用。本文仅就这两点将笔者从事李和杏种质资源研究近30年的所获与设想奉献给大家，也许能有助于我们早日培育出具有自主知识产权的“世界级”主栽良种。

1 要按国际市场和种植商及广大消费者的要求树立育种目标

现在是市场经济时代，果农也常被

牟蕴慧在调查杂种后代

誉为种植商，其生产的果品即是商品，商品只有通过市场营销才能产生经济效益。市场有本地、国内和国际三种大小级别，你的果品能在多大的市场受到欢迎，你自然就会获得多大的经济效益。欢迎和需求就是标准，在哪级市场受到欢迎就是达到了哪级市场标准。这是市场经济的基本规律。作为一个果树育种家，自然也要以育出国际市场欢迎的品种为荣。那么，在国际市场上受到欢迎的李、杏良种是什么标准呢？

1.1 弄清国际市场上李和杏的主销方向

以美国为例：加州杏的产量占全美国杏产量的96%，其中加工占86%，鲜销占6%，冻藏8%。在加工用量中制脯（蜜饯）约占60%～70%，制汁约占20%～30%，制罐头、果冻、果酱等约占10%左右。不同国家与不同地区上述比例不尽相同，但大体如此。也就是说李、杏在国际市场是以加工品销售为主，鲜销为辅。在这种市场行情下，我们的育种家们是否应依据主要销售方向来制定育种目标呢？遗憾的是我国至今还没有一个为加工企业选育良种的育种家。

1.2 国际市场对李、杏各种加工原料的要求

杏脯被誉为果脯之王，不仅价格久居最高位，且市场需求大到无法预测。当今世界杏脯最大生产国是土耳其，最好的杏脯来自土耳其的马拉特亚地区，主栽品种是一种当地的毛杏，果重仅30～40g，但其果实中可溶性固形物含量高达25%，其肉质硬韧、果皮和果肉色泽橙黄、离核。目前国际市场已不再欢迎我国传统的高糖杏脯，而是要求低糖或无糖杏脯，这就要求原料品种本身的可溶性固形物含量要高，少加或不加糖的杏脯也能表现出肥厚饱满的诱人状态和风味。因此，培育高可溶性固形物的制脯专用杏或李良种应是我们的主要育种目标，当然还要注意到果皮与果肉的色泽和离核性状。

浓缩的杏汁或李汁在国际市场上也极受欢迎，其售价常比苹果汁高50%以上，其中高酸的杏汁或李汁又是普通杏汁或李汁价格的一倍。因此，制汁的李或杏良种的选育目标应是高酸资源，新品种总酸的含量应>2.5%，最好在3.0%以上，另外果肉的色泽、果汁的多少和去核难易等也应注意。红色或白色果汁一般不受欢迎，杏汁以橙黄色为佳，李汁则以浅绿色为佳。同时还要有杏或李的芳香。

制罐品种则要求果实中大，果肉的厚度在1.5cm以上，去皮、去核容易，果肉细纤维多，色泽杏要金黄至橙黄，李要白色至黄色。

加工果酱的杏品种则要求果肉呈“糕干状”或沙面，果汁少，色泽杏为金黄或橙黄，李为淡绿或浅黄色，果胶含量适中（0.5%）。加工的杏酱为深琥珀色，李酱为浅翡翠绿色，把杏或李酱倒在盘中，果酱能够徐徐流散。

加工果冻的品种则要求果肉致密，果

牟蕴慧培育的李杏杂种‘龙园黄杏’（左）和‘龙园桃杏’（右）

汁少，果胶含量>0.8%，不另外添加琼脂等食用胶就可以凝结成果冻，倒在盘中不流散。

对杏仁的要求则是仁越大越受欢迎，目前杏仁平均干重达0.8g以上为一级杏仁。育种的目标自然要>0.8g。在国际市场上甜杏仁比苦杏仁价高1～3倍。高油杏仁的脂肪含量要达55%以上。

从以上各种加工对原料的要求中看出：果实的大小和形状并不重要，关键是果实中糖、酸等的指标，红色果皮和白色果肉一般不受企业欢迎；红色果肉的李在加工蜜饯或果酱时会受到欢迎。

1.3 国际市场上对李、杏鲜食品种的要求

对于鲜食品种的要求首先是果实耐长距离运输和有较长的货架寿命（‘黑宝石’李和‘安哥诺’李在常温条件下货架期长达30～40d）。以便在通过整个商品性物流过程后，仍有较高的新鲜度，并且还能给商家和消费者留有充分的购销时间。第二是果实外观美丽、色泽诱人，果皮光泽明亮或厚被果粉，形状整齐，大小适中。第三是品质优良，李的肉质要硬脆，杏的果肉呈“糕干状”，果汁少，酸甜适口，芳香浓郁。

1.4 果农对李、杏良种的种植要求

在纵览世界各国李、杏的育种目标中可以看出：优良品种在本地区的适应性是各国共同的育种目标。其中果农对杏树花期和幼果期能抗御霜冻的或开花期较晚的品种要求更迫切，同时还要求具有较高的自花结实能力。果农对李则要求抗穿孔病、流胶病和早期落叶病的品种。此外，不同地区的果农还分别要求良种要具有抗寒、抗旱和抗涝等特性。而设施果树种植者要求良种具有休眠需低温短、极早熟、自花结实和丰产优质的特性。

1.5 广大消费者的要求

目前乃至今后，不论是市场还是加工企业及广大消费者，都有一个共同的愿望，即果品的供应时期要尽可能长些，最好能实现周年供应，对李和杏这两种时令

性较强的果品要求更为强烈。在这方面我们除采用贮藏保鲜延后和设施栽培提早上市外，还要求育种家能够提供成熟期相互连接的系列良种，特别是极早熟和极晚熟的良种。

2 要充分运用现已探知的遗传倾向与育种经验

当前果树新品种培育的主要途径是在生物技术辅助下的杂交育种。由于绝大多数中国李（*Prunus salicina* Lindl.）和普通杏（*Armeniaca vulgaris* Lam.）都是依靠异花授粉结实，所以能够提供大量的杂交种子，因此可以获得自然杂交或人工杂交的变异后代，自然也提供了人们选育新品种的机会和物质基础。其中人工杂交选育出符合理想良种的机会较大，但是杂交育种是受许多遗传因子影响的，并不是所有杂交组合都能亲和，在杂交双亲的选配中，符合遗传规律或倾向者成功的几率则大，为此要充分运用以下已经探知的遗传倾向和育种经验来指导我们的育种工作。

2.1 染色体倍性杂交的遗传倾向

已知双亲染色体倍性相同时，不论是属间还是种间杂交往往是可以结果的；当双亲染色体的倍性不一致时，用二倍体作母本，其坐果的几率要比反交高得多；在双亲染色体倍性不同时，选用能够自花结实的品种作父本，比用不能自花结实的品种结实率要高。在不同倍性杂交后代中染色体的数量往往是中间型的。如以二倍体的中国李与六倍体的欧洲李杂交，可产生四、五、六、七、八倍体的子代。未行减数分裂的配子能有较高的交遇能力，五和七奇数性倍体的出现，可能是未经减数分裂二倍体雌配子与六倍体雄配子结合的结果。而八倍体的出现，则可能是四倍性合子发生加倍的结果[1]。

2.2 果实性状遗传倾向

李或杏的果实成熟期是一种数量遗传，后代的成熟期与双亲的平均成熟期接近，而与某一亲本的成熟期关系不大；果实的大小也是数量遗传，双亲果实都大的杂交后代中，果实的平均大小往往小于双亲；果实的形状是受多基因控制的，后代的形状难以预料，仅知欧洲李果实的宽椭圆形是显性，而圆形是隐性。在中国李果皮的颜色中，黄色是显性，而红色、紫色和黑色是隐性，而欧洲李果皮的色泽遗传倾向正相反，果皮的色泽也是数量遗传；李果粉的浓与薄，浓厚果粉为显性，淡薄果粉为隐性；在中国李中，果肉的色泽红色是显性，而黄色是隐性，但红色的深浅在子代中会有许多变化；杏果肉的色泽，在杂交后代中浅色占优势。李的离核性状是显性，在双亲都是粘核的后代中，有时也会出现离核的。古老生态群的杏品种与年轻生态群的杏品种杂交时，前者的浅色果肉、果肉的细软与多汁性状遗传传递力强。古老的生态群为中国普通杏、中亚及伊朗一高加索等杏资源。欧洲、大洋洲和

美国李杏杂种‘恐龙蛋李’

美洲杏均为年轻的生态群。

2.3 植物学特征和生物学特性的遗传倾向

李树的紫色叶片和紫色的果实都是由一对各具中间色度的杂合基因所控制；欧洲李叶片和枝条上的茸毛，以及花朵中雌蕊较短的特征都是显性遗传；用雌蕊较短的品种作母本比用他作父本成功率为高。欧洲李的树姿开张特性为隐性遗传，而直立抱合特性是显性遗传。杏的自交亲和性是数量性状遗传，自交亲和对自交不亲为显性。

2.4 抗寒与抗病性遗传倾向

如果杂交的双亲都是抗寒的，则其后代也多是抗寒的；如果双亲都不抗寒，则其后代也多不抗寒；如果双亲中有一个是抗寒的，而另一个是不抗寒的，则后代可分离出抗寒与不抗寒两极，并有少数中间类型，后代的抗寒性近于母本者多。加拿大李的抗寒性遗传传递力强于美国李；原产北方的抗寒性的传递力强于原产南方的。

中国李各品种中抗御树干流胶病的能力，红肉品种强于黄肉品种；欧洲李一般很少发生枝干的流胶病；在中国李中也有对流胶病免疫的品种，一般树冠开张的品种较抗流胶病。

2.5 远缘杂交育种的研究进展与成功经验

两个种或两个属间的杂交称为远缘杂交。远缘杂交一般因为植物的稳定性和保守性而难以获得成功，亲缘关系越远成功的几率越少，可是一旦成功则会产生一个新种质。据刘连森等的研究：在我国存在着大量的梅与桃、李、杏等近缘果树自然杂交的天然资源，是其种质相互渗入杂化程度不同的混缘类型，证明梅与杏、李、桃之间具有良好的杂交亲和性和可育性。如普通杏与樱桃李杂交产生了紫杏，杏与李杂交产生了杏李（红李），杏与李及梅的杂交产生了李梅杏，杏与花梅杂交产生了送春等许多杏梅类观赏品种，梅与樱桃李杂交产生了美人梅等樱李梅类观赏品种等。

2007年笔者发现以秋香李为母本，可与安哥诺等多种李及山杏杂交，秋香李是培育极晚熟李和杏李杂种的优良亲本。

其经验是杏与李杂交时，用李作母本成功率高；中国李与欧洲李杂交时，以中国李为母本易成功；一般李与桃杂交时，以中国李为母本能够获得杂种后代；但以自花结实率高的桃为母本，杂交的亲和力也高，如陈学森等以中华寿桃×‘大石早生’李，坐果率达29.5%。他们又分别以自花结实率高的‘凯特’杏和‘凯新一号’杏×六倍体的‘总统’李，分别获得7株和6株杂种苗木。杏与桃杂交时，以杏为母本易成功。对于自交不亲和的品种，在杂交时可以免去去雄的工序，提高效率；父本花期迟的品种，可取其花枝，在室内催花提前采粉等。杂种采收后直接播种出苗率为48.67%，风干并层积后再播种出苗率仅为17.82%。铃铛花期授粉的坐果率显著高于初花期授粉的坐果率；选择自交亲和或自然坐果率高的种或品种作母本，容易克服远缘杂交的不亲和性；用适宜场强的静电场、He-Ne激光处理及$^{60}C_O$ Y射线与He-Ne激光联合处理花粉均能显著提高花粉离体萌芽率，可以明显提高远缘杂交的坐果率；对远缘杂种的幼胚及时进行胚抢救，并诱导形成多丛芽，是克服核果类远缘杂种不育性的有效方法。用50～100mg/L的GA处理母本柱头，可显著提高远缘杂交的结实率，授粉后66天的杂种胚，可以在MS培养基上培育成苗。

此外，育种家都知道利用远距离（国际或洲际间）邮寄花粉杂交，可以获得意想不到的后代。由于李和杏是高度杂合性的果树，而许多性状的遗传又是受多对基因所控制的，因而在其后代中常出现较大的变化，甚至出现超亲子代。

3 充分利用已经探明的特异种质资源

确定育种目标后，则首先要在众多的种质资源（包括栽培、野生和近缘）中筛选出与目标品种最接近的品种或资源为母本，同时针对该母本与目标品种某些性状的差距，再从众多资源中筛选另一个能够弥补该差距并与这一母本杂交可亲和的特异种质资源做父本，组成最佳亲本组合，然后通过人工杂交使双亲的优良性状综合到一个后代上，培育出最理想的品种。因此，在进行杂交育种时，正确的选配亲本组合极为重要。要正确选配亲本，必须对众多的种质资源十分了解，特别是要熟知各种特异种质资源（也叫极值种质资源），才能从中迅速找到我们所必需的亲本。

3.1 果实性状特异的种质资源

3.1.1 耐贮运的特异种质资源

按国内外李和杏的描述符，即性状鉴定评价项目与标准（以下简称《标准》），果实采收后在常温下能够存放7～10天以上者为耐贮运品种，或者采收后果实的带皮硬度>19kg/cm^2，去皮硬度>14kg/cm^{2}者为耐贮运品种。一般白肉杏不如黄肉杏耐藏，普通杏不如杏梅类和李杏类耐藏，黄肉杏在常温下可贮放7～10天的品种有‘串枝红’……等14个，其中‘阜城杏梅’、‘银川晚红杏’和‘昌黎晚熟杏’可贮放15天左右。

耐藏的李资源有：福建沙县的花棕……等8个，其中花棕的带皮硬度>20kg/cm^2，近年新引进的‘澳李14号’、‘黑宝石’和‘安哥诺’等都属于极耐贮运的国际知名品种。

3.1.2 大果型特异特质资源

按《标准》平均单果重≥110g者为特大果型资源，我国大果型杏有：陕西礼泉的‘二转子’杏等7个。大果型李资源有：福建的‘油榇’和‘青榇’等8个。以及近年新引入的‘安哥诺’、‘黑宝石’、‘玫瑰皇后’、‘秋姬’、‘李王’、‘幸运李’、‘红沸腾李’及欧洲李中的‘总统’等。

3.1.3 高可溶性固形物种质资源

按《标准》果实中可溶性固形物含量杏>16%，李>18%的为高可溶性固形物资源（以下简称高固资源），高固杏资源有：新疆的‘英吉沙赛买提’（26.0%）、‘赛克来克西米西’（29.0%）、‘柯平赛买提’（31.2%）等7个。高固李资源有：新疆伊犁的‘野生欧洲李’（22.1%～22.7%）、欧洲李中的‘甘李子’（23.7%）等7个。

3.1.4 高糖种质资源

按《标准》果实中总糖的含量杏>9.0%；李>11.0%即为高糖资源。总糖在9.0%～10.0%的高糖杏资源有：甘肃的‘唐王川大接杏’等11个。总糖>10%的高糖杏资源有……浙江的‘仙居杏’（14.9%）、新疆‘黑叶杏’（16.0%）等5个。高糖李有‘奎丰李’（12.1%）、吉林‘黄干李’（12.3%）、桐乡的‘潘园李’（12.4%）等9个。

3.1.5 高酸种质资源

按《标准》果实中总酸的含量杏>3.0%、李>2.5%即为高酸资源。高酸的杏资源有：四川‘康定2号’杏（3.0%）、浙江‘仙居杏’（3.0%）、烟台的‘胭脂瓣’杏（3.1%）、‘友谊杏梅’（3.3%）；高酸的李资源有‘伊犁樱桃李’（2.7%）、‘北京樱桃李’（2.9%）等。更高酸的种质资源应从果梅中去找，果梅的总酸含量一般为4%～5%，高者可达7%～8%。

3.1.6 高Vc种质资源

按《标准》果实中Vc含量杏>19mg/100g、李>9mg/100g为高Vc资源。高Vc杏资源有……‘克孜尔达拉斯’杏（22.3mg/100g）等。高Vc李有……意大利‘李佛罗信彦’（10.6mg/100g），‘美国BY-68-119’李（14.7mg/100g）等。

3.1.7 高果胶杏种质资源

杏果实中果胶的含量变幅在0.1%～1.4%之间，其>0.8%者为高果胶资源，河南渑池的‘仰韶杏’，达1.4%，含量最高。仁用杏‘龙王帽’果肉中的果胶含量为0.51%，制果酱很好，做果冻不如‘阜城杏梅’、‘串枝红杏’、‘山黄杏’、‘二红杏’、‘郯城杏梅’及上述高果胶资源。

3.1.8 杏仁特大的种质资源

在我国仁用杏中：‘苦杏仁’一般单仁干重0.3～0.4g；甜杏仁‘一窝蜂’为0.6g，‘优一’为0.7g，‘龙王帽’为0.84g，‘国仁’为0.88g，‘丰仁’为0.89g，‘油仁’为0.90g，‘超仁’为0.96g，‘80A03’为0.98g，‘80D05’为1.00g。≥0.8g为一级杏仁，‘80D05’的杏仁最大。

3.2 生物学性状特异的种质资源

3.2.1 果实发育期极端的种质资源

依据《标准》从全树75%开花至果实达采收成熟期所需天数，杏≤60天者为极早熟资源，>100天者为极晚熟资源；李<70天者为极早熟资源，>130天为极晚熟资源。杏只需58天的有‘菜籽黄杏’和‘新世纪杏’，需57天的有‘红丰杏’，需55天的只有‘骆驼黄杏’。极晚熟的杏资源有……河南虞城的‘晚红杏’需120天。昌黎的‘晚熟杏’需160天，至10月中旬才成熟。

极早熟的李资源有：‘大石早生’李（65天）、安徽宁国县‘珍珠李’（65天）。福建永泰的‘珍珠李’（<65天）、‘意李2号’（61天）。极晚熟的李有：桐乡的‘石灰李’、‘奎丰李’和‘龙园秋李’（135天），‘木里李’与‘澳大利亚14号’（140天），广东的‘大蜜李’、福建的‘青棕’和‘黑宝石李’（150天），辽宁的‘秋香李’（150天）及‘安哥诺李’（170天）。

3.2.2 开花时期极端的种质资源

即开花期极早和极晚的资源。这类资源的鉴别指标应是冬季休眠在0～7.2℃的需冷量，但目前在这方面的鉴定尚缺少广泛性，因此难以给出具体划分极早或极晚的指标。只能凭观察的结果来判定。如在李和杏及其近缘果树中看出：开花期从早至晚的顺序依次是梅、杏、李、桃；同一树种中，原产南方的品种开花早，而原产北方的品种开花晚；在同属不同种间看出：果梅早于普通杏，普通杏又早干李梅杏和紫杏，花期相差5～7天；杏李早于中国李，中国李又早于欧洲李，欧洲李是李属植物中开花最迟的，比中国李花期迟7～10天，比普通杏迟15～20天。

已知原产于北方的李花芽的需冷量一般为820～880c.u，杏花芽需冷量为800～920c.u。原产南方的李和杏约为200～500c.u，而果梅可能在100～200c.u，甚至在落叶后仅几周的当年内即开花。现在知道日本的‘秋姬’李的需冷量在300～400c.u，福建的‘珍珠’李可能更短，原产福建的‘油棕’约在500～600c.u，而‘大石早生’李则在840c.u[19]。原产于浙江仙居县的‘仙居杏’（代号9803）的需冷量约在500c.u之内，而‘李梅杏’约在1000c.u或更多，较普通杏的花期迟7～10天左右。陕梅杏是所有杏资源中开花最迟的资源，而在陕梅杏自然杂交的后代中又分离出花期更晚的单系，从中也许可找到晚花基因。因此，培育晚花杏的亲本应从陕梅杏、李梅杏、紫杏或中国李中去找，甚至可以从欧洲李中去找。而培育需冷量极低的李或杏品种，应从‘秋姬’、‘珍珠李’或‘仙居杏’中选择亲本，甚至从早花的果梅中去找亲本。

3.2.3 能够自花结实的特异种质资源

已知原产于我国的普通杏和中国李绝大多数品种自花不结实，只有少数品种具有1%～5%的自花结实能力。但是我们已引入和发现了许多自花结实率很高的品种，如北京植物所引入的‘美国7号’杏为24.1%，北京农林科学院林业果树研究所从法国引入的‘斯兰卡’杏为25%，新疆伊犁从前苏联引入的‘阿布里可斯’杏为40%，天津林果所从美国引入的‘竞争者’为60%（笔者鉴定），山东果树所引入的‘凯特杏’为70%（吕德国）。据李秀杰、孙升等鉴定‘澳李14号’为20.5%，‘晚黑李’为33.3%，‘冰糖李’为41.2%；还有‘山塔玫瑰’李（Santa Rosa）等。

近年笔者鉴定：‘秋香’李25.9%，‘理查德早生’李26.0%，都具有很强的自花结实能力，是培育自花结实良种可供选择的宝贵资源。山东农业大学陈学森培育的‘山农凯新一号’杏自花结实率为25.9%，就是利用‘凯特杏’×新世纪培育的自花结实品种。桃大多品种是自花结实的；梅则与李和杏相似，只有少数品种可以自花结实，已知浙江上虞的‘杭白梅’自花结实率为14%，四川大邑的‘白梅31号’自花结实率达69.4%，福建的‘大沛梅’也自花结实累累。

3.3 抗逆性状优异的种质资源

3.3.1 抗寒性状优异的种质资源

据刘威生等对休眠后枝条超低温冷冻的鉴定，筛选出抗寒性较强的杏是：‘沙金红1号’、‘软核杏’、‘陕梅’杏、‘串枝红杏’和‘骆驼黄杏’，其致死临界温度为-35.4～-39.5℃；抗寒性极强的杏是：‘龙垦1号杏’、‘辽梅’杏和‘西柏利亚杏’，其致死临界温度分别为-40℃、-43.1℃和-45.1℃。抗寒性较强的李是：‘跃进李’、‘73-81’、‘绥李三号’、‘黄干核’、‘小黄李’和‘绥棱红李’，其致死临界温度为-40.7～-44.9℃；极抗寒的李是：‘尼格拉’（加拿大李）、‘红干核’、美国‘牛心李’和‘绥棱香蕉李’（系乌苏里李），其致死临界温度为-46.1～-48.2℃。在目前引入的欧洲李各品种中‘理查德早生’抗寒性最强，冬季可抗-30℃的低温。

3.3.2 抗盐和抗涝性特异种质资源

据刘威生等盆栽抗盐性鉴定：筛选出抗盐性较强的杏资源是‘串枝红杏’和‘友谊杏梅’，在NaCl含量为0.3%的土壤上生长正常。高抗盐的杏资源是‘熊岳大扁杏’，其在NaCl含量为0.3%的土壤上生长正常。抗盐的李资源是‘晚熟小黄李’、‘中熟小黄李’和‘小紫李’，在NaCl含量为0.3%的土壤上，只有轻微不良现象；高抗盐李资源是‘红果樱桃李’，在NaCl含量0.3%的土壤上，能正常生长。

抗涝的李砧木资源是吉林的‘小黄李’，其在含水量饱和的土壤上可以生长很久。

3.3.3 花期抗霜冻的杏资源

据杨建民研究：仁用杏中的‘优一’花期雌蕊受冻的褐变率，在-3℃时为27.7%，在-4℃时为47.1%，在-5℃时为55.0%，在-6℃时为90.0%。是所有仁用杏品种中最抗花期霜冻的品种。据黑龙江友谊农场白琳的研究：他培育的‘龙垦1号’和2号杏，在大蕾期遇-3.3℃低温，持续6.57h；盛花期遇-5℃低温，持续4.5h；在幼果期遇-7.1℃低温，持续0.87h，当年仍正常结果，是鲜食与加工杏中花期抗霜冻能力最强的品种。

3.3.4 抗病性状优异种质资源

据刘威生研究：对细菌性穿孔病高抗的李资源是‘大石早生’、‘绥李三号’和‘北京樱桃李’；免疫资源是‘乌苏里李’、‘红叶李’和‘黑刺李’。对果实疮痂病高抗的杏资源是‘水晶杏’、‘沙金红一号’、‘西伯利亚杏’、‘兰州大接杏’、‘关老爷脸四号’、‘大偏头’和‘80A03杏’；免疫的是‘阿克西米西’、朝鲜‘惠阳白杏’和紫杏。

3.4 染色体倍数性鉴定中筛选出的多倍体李、杏资源

通过李、杏资源染色体倍数性鉴定证实：杏的3倍体资源1份，即山东仓山的‘杏梅’，其染色体2n=3x=24。中国李3倍体资源3份，即绥棱‘晚熟李’和‘73-81’（‘巴彦大红袍’×‘西瓜李’）及‘大叶砧木’。中国李4倍体资源1份，即‘安家晚熟李’，其染色体为2n=4x=32。中国李的嵌合体资源2份，即郑州‘大玫瑰’李和长春‘锉李’，前者的染色体为2n=4x=32和2n=6x=48，是2种倍数性的嵌合体；‘锉李’染色体为2n=2x=16、2n=3x=24、2n=6x=48，即3种倍数性的嵌合体（混倍体）。原产新疆的栽培品种‘爱奴拉’李为6倍体，属欧洲李；原产新疆的‘野生欧洲李’，是6倍体，但也偶有2倍体。除2倍体和6倍体外，3倍体和4倍体及嵌合体资源的产量都很低，但长势整齐、健壮，说明存在着自然杂交的不亲和性。

3.5 其他特异性状的种质资源

有果实形状如尖辣椒的新疆库车‘辣椒杏’；果实形状似蟠桃的陕西乾县和礼泉的‘草坯杏’；杏核半膜质化的辽宁凌源‘软核杏’；重瓣花极具观赏价值的辽宁北票的‘辽梅’杏和陕西眉县的‘陕梅’杏；花萼为绿色的冀东和辽西的‘绿萼山杏’；枝条下垂的‘吉林垂枝杏’。

以上是我们对部分李、杏资源初步鉴定中筛选出的特异种质资源，随着鉴定工作的逐步广泛和深入，一定还会有更多更好的发现。但以上丰富的特异种质资源，足以满足我们开展各种选育目标利用。相信只要我们树立面向国际市场的育种目标，严格遵循杂交育种的遗传规律，科学选配亲本组合，加上批量杂交、精心选育和长期坚持，就一定能够培育出符合理想的具有自主知识产权的主栽良种，推动我国李、杏产业的发展。

注：本文基于我国多年以来在李杏新品种选育中成效不显著，针对新品种选育缺少方向性，资源研究与育种工作脱节、育种又与生产脱节、种植与加工及市场不协调等问题，由我起草李锋同志补充修改而作，在2006年9月于河北省石家庄—保定市举办的“第十次全国李杏学术交流会议”上，由李锋同志做多媒体报告，原文载入2008年5月中国林业出版社出版由我主编的《李杏资源研究与利用进展》（五）中，本文有删节。

36 杏属（蔷薇科）一新种

本文发表了蔷薇科杏属的一个新种，即仙居杏（*Armeniaca xianjuxing* J.Y.Zhang et Z.X.Wu）

小乔木，高4～8m；树皮灰褐色，纵裂。多年生枝紫褐色，具大而横生的皮孔；一年生枝红褐色，有光泽，无毛。叶片宽卵圆形，长6～11.5cm，宽4～8.7cm，先端渐尖至尾尖，基部圆形，边缘具圆钝锯齿，两面有短柔毛，下面沿叶脉或在脉腋间尚有茸毛；叶柄长3～3.5cm，常具2个肾形腺体。花单生，直径2.5～3cm，先于叶开放；花梗或果梗长1～1.2cm，绿色，幼时有短柔毛；萼钟形，紫红色；萼片倒椭圆形，红色，边缘有小钝锯齿；花瓣5，椭圆形，幼时粉红色，开花后转为白色，边缘钝锯齿状或小裂片状，基部具短爪；雄蕊27～30枚，高于花瓣，花药黄色；雌蕊1，花柱等于或长于雄蕊；子房密被短柔毛。核果扁圆形，黄色，直径4～5cm，密被短柔毛，先端平；果肉桔黄色，多汁，味酸甜，有香味，离核。核扁圆形，褐色，顶端圆钝，基部对称并有短纵条纹，表面甚粗糙，腹棱稍利，背棱圆钝，不开裂。种仁味苦。

本种与杏（*Armeniaca vulgaris* Lam.）近缘，区别在于后者叶两面无毛或仅下面脉腋间具短柔毛；花梗与果梗较短，长约1～3mm；萼片边缘常无小钝锯齿；花瓣边缘无锯齿状，也无小裂片。仙居杏的叶片两面具短柔毛，下面沿叶脉或在脉腋间尚有茸毛；花梗或果梗较长，长1～1.2cm；萼片边缘有小钝锯齿；花瓣边缘钝锯齿状或小裂片状。

仙居杏在浙江省花期2月下旬，果期6月上旬。在辽宁省熊岳花期4月中旬，果期6月下旬。果实供食用。

此种分布于浙江省雁荡山西北麓，包括苍山主峰西南麓海拔50～400m处。在仙居县田市、白塔、皤滩等20余个乡镇均有分布，多为农家宅旁栽植。百余年的老树目前仍生长于仙居县田市镇柯思村海拔150m处。在辽宁省熊岳也有栽植。

仙居县林业局副局长吴相祝在‘仙居杏’树下

注：承中国科学院植物研究所陆玲娣研究员审阅修正，特此致谢！原文发表于《植物研究》2009第29卷 第1期，本文有删节。

37 李新品种‘秋香李’的选育

我国李的果实发育期大多为70～130天，由于成熟期过于集中，产销矛盾突出。因此，选育果实发育大于130天并耐贮运的优良李品种，可以延长李果实的市场供应时期，对缓解产销矛盾有着重要的意义。

1 选育经过

2003年，我们在辽宁省盖州市杨运镇发现1株5年生的‘香蕉李’晚熟芽变树，其果实比‘香蕉李’晚熟50天左右，品质优良（‘香蕉李’为辽宁主栽品种，1983年省被农业厅评为全省鲜食李品质第一名。）取其枝条分别在阜新、熊岳、普兰店等地进行异地高接栽培鉴定，结果各地果实发育期均稳定在150天左右；取其果实先后分别在农业部郑州和兴城两个果品质量检测中心化验分析，其优良的品质性状也稳定一致。2007年9月21日通过了辽宁省非主要农作物品种审查登记。

2009年9月，何跃所长（右2）在现场介绍‘秋香李’

‘秋香’李果实特写

2 主要性状

2.1 植物学特征

幼树树势旺，树姿开张，树冠半圆形。多年生枝灰褐色，一年生枝黄褐色，自然斜生，无绒毛，节间长1.7～3.0cm。叶片倒披针形，叶长9.5～12.0cm，宽4.3～4.6cm，叶基狭楔形，先端短突尖。叶柄长1.7cm，有两个肾形蜜腺。每个花芽有蕾2～3朵，萼片椭圆形，黄绿色。花白色，5瓣，雌蕊1枚，雄蕊39～40枚，果柄长1.6cm。

2.2 果实经济性状

果实卵圆形，果顶平，微凹，梗洼深而狭，果面紫红色，果粉厚，缝合线浅，片肉对称，平均单果重60.9g，最大果重100g。果肉橘黄色，肉质硬脆爽口，酸甜浓香，果汁中多，可溶性固形13.1%～18.0%，总糖9.14%，总酸1.1%，维生素C含量55.3mg/kg，硬度15kg/cm^2。半离核，核小，可食率96.4%。常温下果实可贮放10天左右，在0～2℃的冷库中果实可贮放70天以上。

2.3 生长结果特性

‘秋香李’嫁接苗第二年有部分开花，第三年全部开花结果，早果性强，自花结实率达25.9%。‘香蕉李’自花不结实，进入结果期较晚。给‘秋香李’分别授以‘香蕉李’、‘美丽李’、‘安哥诺李’、‘晚花山杏’和‘早花山杏’的花粉，其坐果率分别为27.3%、30.3%、40.0%、39.2%和70.0%。可见异花授粉坐果率较高，其中授以‘安哥诺李’和‘山杏花粉’坐果率更高。据调查：高接树第二年株产8.8～15.1kg，折合亩产果484kg，3年生亩产果1100kg，最高达1375kg。

2.4 物候期

在辽宁省普兰店市爬山果园，‘秋香李’4月上旬花芽萌动，4月下旬显蕾，4月底至5月初开花，花期7～9天，8月中下旬果实开始着色，9月下旬果实成熟，11月上中旬落叶，果实发育期150天左右，营养生长期200～210天。

2.5 抗性与适栽区域

‘秋香李’抗病与抗旱性强，在多年的栽培中没有发现流胶病和采前裂果现象，抗寒性中等。可在原‘香蕉李’（河北称‘杏李’、河南称‘玉皇李’）和‘美丽李’（‘盖县大李’）栽培区域露地栽培，不宜在土壤pH值大于8的地区栽培。

3 栽培技术要点

3.1 砧木与园址选择

在北方排水良好的平地或山坡地，可选用山杏或山桃做砧木；在南方地下水位较高排水不畅地区栽培，可选用毛桃作砧木并实施台田栽培；在较寒冷地区栽培可选用小黄李或毛樱桃作砧木。尽可能不在春季有冷空气下沉或有霜冻害的地区栽培。

3.2 整形修剪

以自然开心形或自然圆头形树型为好，干高80cm，主枝不可角度过大，以免结果后垂地。修剪上要多缓少截，疏除徒长和竞争枝。

3.3 肥水管理

‘秋香’李喜肥怕涝，初果期树在萌芽期土施松尔功能复合肥每株1～2kg，在生长旺季喷施500～800倍稀施美叶面肥，或用200～400倍稀施美液涂抹主干四周20cm宽2次。

3.4 病虫害防治

在春季萌芽前喷施1次750倍的强力清园剂，在7月底或8月初喷施1次800～1000倍70%甲基托布津可湿性粉剂或600～800倍多菌灵可湿性粉剂，防治果实上的炭疽病或轮纹病。

‘秋香李’在2003年全国首届鲜食李杏评比中获极晚熟李品质第一名。

注：原文发表于《园艺学报》2008年第35卷，第11期，本文有删节。

38 杏属植物新种鉴定与利用的研究

仙居杏自然分布于浙江省仙居县境内，当地称其为杏梅，1985年发现，1997年引入国家果树种质熊岳李杏圃，1998年发现其休眠需冷量仅500c.u，适宜设施栽培，2003年设施栽培获辽宁省科技进步三等奖。2007～2008年对其分类学地位进行了鉴定，2009年确定其是杏属植物的一个新种并正式命名。其果实品质优良，栽培性状良好，适应性强，具有良好的开发利用前景。

1 材料与方法

1.1 以浙江省仙居县的杏梅为试材。

1.2 调查该杏梅在原产地的分布范围、海拔高度、经济效益、采集蜡叶标本、绘制模式图，与我国杏属（*Armeniaca* Mill.）各植物种进行形态特征的比较鉴定和规范的描述，确定其分类学地位。

1.3 将该杏梅引种到辽宁国家果树种质熊岳李杏圃，经过长达12年的生物学特性、果实经济性状、抗寒性及休眠需冷量等的观察与鉴定，同时开展露地和设施栽培试验研究，明确其开发利用的途径与技术措施。

‘仙居杏’的花与花柄

2 结果与分析

2.1 植物学特征与物候期

仙居杏自然分布于浙江省括苍山主峰西北和西南麓，海拔高度为50～400m。乔木，树高4～8m，树冠半圆形。叶片宽卵圆形。叶缘具圆钝锯齿，叶片正面密被短茸毛，背面叶脉处或脉腋间具茸毛。花单生，花冠直径2.5～3.0cm，花（果）梗长1.0～1.2cm，绿色，有短茸毛。花瓣椭圆形，蕾期粉红色，开花后逐渐转为白色，花瓣外缘锯齿状或小裂片状。果实扁圆形，果皮黄色，密被短茸毛，果肉橘黄色，味酸甜，多汁，有香气。离核，核扁圆形，表面粗糙，腹棱稍利，背棱圆钝，无开裂，侧棱不明显。种仁味苦。

在浙江省仙居县该杏花期2月下旬，果期6月上旬。在辽宁熊岳地区该杏花期4月中旬，果期6月下旬。

2.2 与杏属（*Armeniaca* Mill.）各植物种形态特征区别的鉴定

2.2.1 与普通杏（*Armeniaca vulgaris* Lam.）的区别

【仙居杏】叶片正面密被短茸毛；花柄与果柄长1.0～1.2cm；完全花为100%；花瓣外缘锯齿状或小裂片状；核表面很粗糙；种核无侧棱。【普通杏】叶面光滑无毛；花柄与果柄长0.2～0.3cm；完全花仅为6%～24%（70%）；花瓣外缘完整；核表面平滑或稍粗糙；种核侧棱龙骨状。

2.2.2 与藏杏[*A. holosericea* (Batal.) Kost.]的区别

‘仙居杏’果实特写

【仙居杏】果柄长；叶片正面多茸毛，老时不脱落;种核大而粗糙；自然分布在低海拔处。【藏杏】果柄短；叶片背面多茸毛，老时脱落；种核小而光滑；自然分布在高海拔处。

2.2.3 与辽杏[*A. mandshurica* (Maxim.) Skv.]的区别

【仙居杏】叶正面密被短茸毛；1年生枝红褐色；叶缘锯齿圆钝；主干皮层坚硬。【辽杏】叶面光滑无毛；1年生枝黄绿色；叶缘锯齿锐利；主干皮层木栓化。

2.2.4 与梅（*A. mume* Sieb.）的区别

【仙居杏】种核粗糙但无孔纹；1年生枝红褐色；叶片老时茸毛不脱落；果柄长。【梅】种核具蜂窝状孔纹；1年生枝绿色；叶片老时茸毛脱落；果柄短。

2.2.5 与政和杏（*A. zhengheensis* Zhan J. Y.et Lu M.N.）的区别

【仙居杏】叶片正面密被短茸毛；

‘仙居杏’设施基质台田栽培开花状

叶基圆形；果柄长；种核背棱不开裂；中等乔木；果实大、核扁圆形。【政和杏】叶片背面密被灰白色长柔毛；叶基截形；果柄短；种核背棱开裂；高大乔木；果实小、核长椭圆形。

2.2.6 与志丹杏（*A. zhidanensis* Qiao C.Z.）的区别

【仙居杏】叶片茸毛老时不脱落；果柄长；种核表面粗糙，背棱圆钝。【志丹杏】叶片茸毛老时脱落；果柄短；种核表面平滑，背棱龙骨状。

2.2.7 与紫杏[*A.dasycarpa* (Ehrh.) Borkh.]的区别

【仙居杏】花单生；萼筒紫红色；果面有茸毛无果粉；叶片正面密被茸毛；种核背棱圆钝。【紫杏】花双生；萼筒橘黄色；果面有茸毛也有果粉；叶片正面无茸毛；种核背棱锐利。

2.2.8 与李梅杏（*A. limeixing* Zhang J.Y.et Wang Z.M.）的区别

【仙居杏】花单生；花萼反折；叶片宽卵圆形；叶片正面密被短茸毛。【李梅杏】花双生；花萼不反折；叶片长圆披针形或椭圆形；叶片两面无茸毛。

2.2.9 与西伯利亚杏[*A.sibirica* (L.) Lam.]的区别

【仙居杏】果柄长；叶片正面密被短茸毛；核大而粗糙；种核腹棱圆钝。【西伯利亚杏】果柄短；叶片两面无茸毛；核小而光滑；种核腹棱锐利。

2.3 中国杏属植物分种检索表

1. 花多单生，萼片与萼筒紫红色或红褐色，开花后萼片反折。

2.1 年生枝灰褐或红褐色；核表面平滑或粗糙，无孔穴。

3. 果实表面有短茸毛，无果粉（惟普通杏的变种李光杏果皮无茸毛亦无果粉）。

4. 叶片圆形至卵圆形，叶缘具细小圆钝单锯齿；几无果柄。

5. 叶片背面绿色，光滑或具疏毛；叶基圆形或心形。

6.1 年生枝光滑无毛（嫩枝有毛）；叶片和叶柄幼时具短柔毛，成熟叶片及叶柄毛较稀疏……………………………1.藏杏*A. holosericea* (Batal.)Kost.

7. 乔木；叶尖急尖至短渐尖；果实大而多汁，肉质松软，味酸甜，芳香，成熟时不沿缝合线开裂；核棱稍钝，核基对称…………………………………………………………………………………2.普通杏*A. vulgaris* Lam.

8. 花瓣外缘完整。

8. 花瓣外缘锯齿状或小裂片状；果柄长10～12mm；叶片正面和叶片背面叶脉处具茸毛，老时不脱落。……………………………………………………………………3. 仙居杏*A. xianjuxing* Zhang J.Y.et Wu X.Z

7. 灌木或小乔木；叶尖长渐尖至长尾尖；果实小而干燥，果肉薄，味苦涩，成熟时沿缝合线开裂；核棱锐利，核基不对称…………………………………………………………………………4.西伯利亚杏*A. sibirica* (L.)Lam.

6.1 年生枝、叶柄和叶脉上具灰白色茸毛；嫩叶背面脉上有毛，成熟叶片无茸毛…………………………………………5.志丹杏*A. zhidanensis* Qiao C.Z.

5. 叶片背面银白色，厚被白色茸毛；叶片长椭圆形，叶缘锯齿细微，叶基截形；核棱圆钝，不具龙骨状侧棱…………………………………………………………………………………6.政和杏*A.zhengheensis* Zhang J.Y.et Lu M.N.

4. 叶缘具不整齐细长尖锐重锯齿；果柄长7～10mm；1年生枝黄褐色；老树主干皮层木栓质………………………………………7.辽杏*A.mandshurica* (Maxim.) Skv.

3. 花双生，萼片与萼筒黄绿色；果实表面同具疏茸毛和浅薄果粉；果实暗紫色或黑紫色；核侧棱稍凸，腹棱锐利……………8.紫杏*A. dasycarpa* (Ehrh.) Borkh.

2.1 年生枝绿色，核表面具蜂窝状孔纹；果实味酸……………………9.梅*A. mume* Sieb.

1. 花双生或簇生；萼片与萼筒绿色，开花后不反折；1年生枝绿色、黄褐色或褐色；叶片披针形，叶缘具重锯齿……………10.李梅杏*A. limeixing* Zhang J.Y.et Wang Z.M.

2.4 生物学特性与栽培性状

2.4.1 果实品质与适应性

仙居杏平均单果重70g，可溶性固形物10.3%～13.1%，总糖14.9%，总酸3.0%，维生素C9.6mg/100g，离核，仁苦，是鲜食与加工兼用的优良品种。仙居杏既适宜高温多雨而冷凉资源少的南方环境，也能在冬季极端最低气温达-30℃的辽宁熊岳地区安全越冬，适应性极广。

2.4.2 结果习性与栽培性状

仙居杏休眠期的需冷量仅为500c.u，几乎没有败育花，是设施促早栽培的优良品种。其自花不结实，需配植‘金太阳’、‘凯特’等普通杏为授粉品种。用‘毛桃’和‘山杏’为砧木，亲和性良好。高接树第2年即丰产，低接树第3年结果，5年生树一般亩产果2500kg左右，丰产性好。在辽宁常规设施促早栽培中，花期1月中旬，果期4月上中旬。

3 结论与讨论

3.1 仙居杏与原产于我国的杏属9个植物种均有两个以上显著的形态差异，易于区别。因此，根据植物分类学种群划分的原则，确定其为杏属植物一个新种，命名为仙居杏，学名为（*A. xianjuxing* Zhang J.Y.et Wu X.Z.）。

3.2 仙居杏的适应性很强，果实品质好，丰产性强，可在我国南北方广泛种植，特别是该资源填补了我国南方杏良种的空白，可以向南方扩展杏的种植区域。在北方可以充分利用休眠需冷量少的特性，开展设施栽培提早供应鲜果。

3.3 仙居杏也是园林绿化中早春观花的优良树种和杏品种改良的良好亲本与试材。

注：本文未曾发表。

39 李杏品种抗寒能力与栽培技术相关性的观察

2000～2001年冬季，是辽宁省近50多年来罕见的一个冷冬，由于秋季寒流来得早，致使苹果和桃等果树尚未来得及落叶，树体营养尚未回流到根基就结了冰。据熊岳气象站资料：2000年12月日均气温为-20℃有1天，2001年1月日均温低于-20℃的达7天，低于-25℃的达5天，其中最冷天气温为-31.6℃，2月份又出现了2天低于-20℃的天气。致使全省苹果和梨等许多果树发生了严重冻害，熊岳归州乡的大桃树几乎全部冻死，国家李杏种质资源圃部分来自南方的一些资源也出现了抽条现象。但是我要重点说明的是同年仁用杏4个新品种（‘国仁’、‘丰仁’、‘超仁’与‘油仁’）和‘理查德早生’李在熊岳地区一点冻害也没有发生，说明其抗寒力是很强的。

但是就在这同一年，问题出现在冬季比熊岳气温高得多的辽宁省建平县。建平县原果树局的韩跃局长，为了加快繁殖仁用杏上述新品种，1998年春从我所引进了4个仁用杏新品种的接穗，嫁接在当地大

聂洪超研究员在资源圃修剪

山杏砧木上，通过两年大肥大水的培养，快速扩繁出大量接穗，培育出十多万株株高为2.0～2.5m的苗木。2001年春天，这批大苗100%的遭受了冻害，苗木卖不出去，来电话说这些新品种不抗寒，要我们包赔损失。我立即派聂洪超和刘宁两位科技人员前往调查。结果：凡是1.5m以上的大苗确实木质部全部变褐，证明已经冻死！但在肥水管理较差的苗地，同样的品种，株高为1.0m左右的苗木一切正常，剪断其苗干检查，形成层为绿色，髓心为白色，毫无冻害的痕迹。这说明不是新品种抗寒力差，而是栽培技术不当，肥水过多，苗木贪青徒长，枝干的细胞组织发育疏松，不充实所致。

2004年春，在阜新市彰武县的二道河子乡，500多亩仁用杏苗圃，600多万株苗木也发生了类似的现象，损失惨重。

现在要说的是‘理查德早生’李子，它是沈阳农业大学傅望衡教授1985年从美国引进的一个欧洲李品种，在国家李杏种质资源圃中欧洲李有几十个品种，很丰产，果实的颜色很像紫葡萄，外形也特别好看，成熟的果实有紫黑色的也有粉红色的。我曾在1992年将这些欧洲李的接穗，送往吉林省海拔较高并更加寒冷的盘石县，高接观察它们的抗寒能力，结果只有‘理查德早生’李一个品种能够生存下来，说明其抗寒能力很强。

2001年春，我们将‘理查德早生’李推荐给新疆轮台县一个农业公司，经过高接试栽，成功地获得了丰产，其果实可溶性固形物含量高达19.0%～22.0%，比在熊岳地区高出4.5～7.5个百分点，品质更好。于是在2003～2004年，我和杨承时就在巴州的和硕县，与县政府和企业家们共同建设我国首个万亩欧洲李生产基地，我们从辽宁引进‘理查德早生’李接穗，用当地4～5年生的杏树为砧木，采取全株换头的高接技术，进行大面积改造。在位于该县全疆最大的清水河果树农场、农垦23团和几个乡镇大力推广，一度发展面积达666.7hm^2。由于该品种高接枝第二年即有产量，所以每个种植单位和农民都特别重视，在栽培上特别加强了肥水管理，当年生新梢长度大多在1.5～2.0m左右。2005年秋季寒流来得较往年早，致使大多数李树生长的树叶被冻在树上，至深冬干树叶也不脱落，树干木质部形成层发生褐变，出现了大面积冻害。据县气象站资料：这个冬天最低气温仅为-18～-22℃，远不如在东北寒冷，‘理查德早生’李树就发生了冻害？

2006年春天，分管本项工作的县政协马心坦主席，经过认真的考察和研究后，找到了受冻的真实原因，顶住了来自各方面要求该项目下马的呼声，坚决地又从辽宁引进该品种接穗，继续宣传推广，并在自家的树上带头重接。但是在栽培管理上，实施了夏末控制肥水，在8月末喷施抑制树体生长的调节剂，10月中旬对未停止生长的枝条进行摘心，11月初对未落叶的

马心坦主席在和硕县指导欧洲李修剪

枝条实行人工落叶，同时采用了树干涂白和培土，以及浇灌封冻水等多项提高树体自身抗寒力的栽培技术措施，结果至今再无冻害发生。

至2010年，和硕县‘理查德早生’等欧洲李种植面积已经达到1200hm^2，初果期年产量就达到500t，产值达1200万元，欧洲李现已成为和硕县一大特色支柱产业。马主席为了巩固这个全国乃至亚洲最大的欧洲李生产基地，还特别成立了欧洲李产业化办公室，制定服务与扶持政策，及时解决生产中的问题，为果农提供技术、农肥、农药、园艺工具等服务；积极引进‘法兰西’等抗寒欧洲李新品种，用山桃替换土杏作砧木，新建专业化苗圃2hm^2，确保生产规模每年扩展200hm^2。他多次赴上海、浙江、广东等省（市）展销招商，现在不仅鲜果销售渠道畅通，而且正在积极引进加工企业。

所以，从上述实例中我们看出，一个品种的抗寒能力除决定于其种性外，与其栽培技术措施有着密切的相关关系。

注：本文未曾发表。

40 仙居杏休眠需冷量的检测认定

1997年1月中旬，我在国家果树种质熊岳李杏圃的塑料薄膜温室中，观察发现1996年4月从浙江省仙居县引进嫁接的仙居杏高接枝开花特别早而且整齐，整个温室几十个杏品种唯有它最先开花，粉红色的花朵特别引人注目。我们依据熊岳气象站实际观测记录的资料，查找1996年10月上旬杏树落叶扣棚遮阴休眠至12月15日大棚升温前，日平均气温稳定在0～7.2℃的天数，再乘上每天24h，算出仙居杏休眠需冷量仅为500h左右，比一般杏品种少了300h，是我国首个短低温杏品种。

为了验证这个发现，2007年8月我利用办公室的美菱牌冰箱做了如下的检测试验。

1 试材与方法

于8月12日在熊岳田间剪取仙居杏的1～2年生完全木质化并带有腋花芽的枝条各30条，枝长35～40cm，立即逐条留短柄摘叶，将各品种的枝条按粗细均匀分成10组，每组3条捆绑在一起，挂上品种名称标牌，再将每个品种10组绑在一起，直立插入浅水盆中，水深10cm左右，第二天8点取出沥干水，再将每捆枝条的下部用经过稀高锰酸钾水浸泡拧干

仙居杏休眠需冷量鉴定

后的潮湿毛巾包严，外面包上塑料布，捆严后于9点整放入冰箱的冷藏室中，冷藏室的温度调至7℃，以后缓慢降温，但不能低于1℃，强迫枝条进入休眠状态，经常检查箱内温度，无结冰现象。每周将枝条取出一次，整捆打开塑料外包装，抖掉自动脱落的叶柄和腋花芽，将毛巾取下用清水洗过拧干，再按原样包扎好迅速放回冰箱冷藏室中。

仙居杏从入箱第15天（即8月28日，休眠408h）起，每天上午9点从冰箱随机取出一组枝条，在标牌上注明这组枝条出冰箱的日期和准确时间，用清水冲洗后插入装有清洁自来水的半截矿泉水瓶中，水深10cm左右，置于办公室窗台上室温催芽，每3天修剪一次枝条的基部并换水。每个小瓶都标明从入箱到出箱的小时(h)数，观察枝条芽眼的萌发状况。连续整齐萌发的开始时间，即为该品种休眠期的足够需冷量，每1h为1个冷量单位（c.u）。

2 检测结果

检测结果如2007年9月17日拍摄的图片所示，仙居杏的需冷量为504h，即9月1日出箱休眠计冷量为504c.u。与1997年计算的结果基本一致。同时得知该品种满足休眠需冷量后，给予适宜生长的温度15天左右即能够萌芽（开花）。这些数据对于指导促早设施栽培非常重要。

3 分析与讨论

3.1 由于仙居杏是在8月12日采集的枝条，花芽尚无完成生理分化，同时也因为枝条内贮存的营养有限，腋花芽不能开花而且早早脱落。

3.2 从图片中看出萌发的都是顶端叶芽，但在自然界中杏树是先开花后长叶，两者相差5～7天，因此，杏的花芽需冷量应比叶芽少许多。

3.3 本试验证明利用冰箱检测果树枝条休眠需冷量的方法可行，而且方便快捷，但如果在果树自然落叶后采集枝条可能效果会更好。我将上述做法称作“同进分出法”，另一种做法为“分进同出法”，即每天定时去田间剪取一组枝条，按上述方法处理后放入冰箱，然后按预测的天数提前2～3天一次全部取出升温催芽。两种方法的结果应该是一致的，我认为还是“同进分出法”省时省力更为实用。根据经验和已有的研究资料，我认为预测的需冷量：原产南方的杏品种需冷量应在200～500c.u之间，而原产北方的杏品种应在800～1200c.u的范围。

3.4 在国家果树种质熊岳李杏圃内，有着上千份品种资源，但它们（包括仙居杏等许多南方资源）每年都整齐一致的在同一时期开花，这说明有许多品种资源早已获得了足够的“睡眠”，是由于气温低而“懒得起床”！用上述方法可以将他们真实的需冷量和物候期鉴别开来，以便更好地利用。

注：本文未曾发表。

41 我国李杏种质资源利用和产业开发

李杏种质资源调查研究的目的是保护和开发李、杏种质资源，主要包括两大部分：创造新品种，发展生产。而培育新品种的目的又是为了满足市场的需求和提高产量和品质，因此，开发利用的终极目的还是为了提高生产者的经济效益。

1 新品种选育的进展

目前我国李和杏果树新品种选育的方法，主要有从自然界和生产中筛选新品种、芽变选种、杂交育种、胚培育种、实生选种和从国外引进驯化等。

1.1 从野生资源中选育新品种

现在栽培的品种中，很多都是先人从野生资源中选择驯化出来的。近年，我国科技人员从野生杏资源中选出优良品种（系）的成功实例有2个：一是在20世纪50～90年代，新疆建设兵团农4师61团与伊犁园艺技术推广站的科技人员，从天山野杏林中选育出了树上干杏。其抗旱、抗寒、极丰产，栽后第2年见花，第3年结果，第4年即丰产，第5年最高株产可达60kg。其杏有大果（16g）、小果（9～13g）和早熟三个类型，同龄树中以小果类型丰产性最好。树上干杏最大的特点是果实能在树上自然风干，3kg鲜杏可晒1kg杏干，杏干不仅果肉极甜，且离核壳薄仁甜，能如同吃瓜籽一样食仁。2007年该杏干市场售价50元/kg，仁肉两用杏，很受市场青睐，现已在新疆和甘肃等干旱地区广为推广。第二个成功的实例是沈阳农业大学林学院刘明国院长等多年在辽冀蒙三省（区）考察山杏野生资源，从西伯利亚杏中选出丰产优系12个、晚花优系10个、抗霜冻优系4个、丰产并避霜冻无性系14个，自交亲和率≥10%的优系11个，其中有一株高达69%，完全花率达100%的6株等，并于2007年获得省科技进步一等奖。

1.2 从生产中选育新品种

我国采用这种方法选育新品种的实例很多，在杏方面笔者认为最有前途和希望的当属‘围选1号’杏。这是河北省围场县林业局高连祥等从‘龙王帽’杏生产园中选育出来的仁用杏新品种，2007年通过河北省林木品种审定委员会审定。其特点是在开花期能抗-6～-7℃的霜冻害，抗寒性超过‘优一’，并有19%的自花结实能力，3年生开始结果，5年生平均株产杏35.7kg，丰产性极强，平均单核重2.6g，平均单仁重达0.93g，离核甜仁，出仁率达35.7%，属一级特大杏仁。现已经被河北、辽宁、陕西、内蒙古、吉林和宁夏等地迅速引种栽培。

第二个实例是仙居杏的选育，仙居县林业局吴相祝同志从1985年开始对原产于本地的仙居杏进行精心选育，基本掌握了其经济性状、生物学特性、生长结果习性及其主要的栽培技术；并通过引种栽培比较试验，只有需冷量较少的仙居杏适合本地栽培。2007年8月4日浙江省科委对仙居杏的选育进行了成果鉴定。辽宁省果树科学研究所于1998年引进该品种并进行设施栽培和鉴定，其需冷量仅为500h左右，是目前国家李杏圃保存的1000余份李杏资源中需冷量最少的品种。除此之外，该品种还具有结果早、品质好、果个大、完全花比例高、产量高、抗逆性强等特点，能够大大提早杏的上市时期，可产生显著的经济和社会效益，2003年12月仙居杏设施栽培获辽宁省政府科技进步三等奖。现已在辽宁、河北、山东、陕西和宁夏等省（区）设施生产中引种栽培，有望成为我国首例拥有自主知识产权的适宜设施栽培的杏良种。据统计，年均生产鲜杏14.1t/hm^2，产值85.305万元，经济效益比露地栽培高出5～6倍。

1.3 芽变选种的成就

把在自然环境下发生变异的植株，用无性繁殖的方法在异地栽培鉴定，优变的性状能够在异地稳定遗传给后代，则可以成为一个新品种。依据此法，我在1983年成功将山杏中罕见的重瓣花自然芽变，培育出辽梅杏新变种，现已在园林部门广为应用。2002年我又在辽宁省盖州市扬运乡发现一株‘香蕉李’的自然芽变，成熟时期明显延后约30天，随即将其转接到普兰店市等多处，经多年观察鉴定，发现其不仅保留了‘香蕉李’的优良品质，而且延迟成熟的性状能够稳定遗传，同时有25%的自花结实率，极丰产，栽后第2年见花，第4～5年丰产，平均单果重60g，最大果达100g，可溶性固形物13.1%～18.0%，果肉橘黄色，有香气，比原辽宁省鲜食品质第一的‘香蕉李’更优。其延后至中秋和国庆两节前夕成熟，此时正处在我国李果市场的淡季，2007年通过省级品种审查备案，命名为‘秋香李’，有望成为我国北方李的主栽品种之一。

1.4 杂交育种的成就

我国李、杏育种成果对生产促进最大的当属黑龙江省园艺所曾烨、牟蕴慧等人选育的‘龙园秋’李，这个品种是1982年杂交（‘九三杏梅’×‘福摩萨李’）得来的，1997年通过黑龙江省审定命名。最大优点是极其丰产、果实大（80～100g）、抗寒、晚熟。现已在北方14个省（市、区）推广2万hm^2，总产量已达50万t，成为我国北方李的主栽品种之一，并于2007年获省科技进步二等奖。

吉林省果树所李峰研究员采用杂交育种的方法，选育出抗寒的‘红叶李’，把‘红叶李’的栽培区界从辽宁大连推到长春以北，被园林部门普遍看好。山东农业大学陈学森教授用杂交的方法培育出自花结实率高达25.9%的‘凯新1号杏’。

从20世纪80年代以来，我国李杏的杂交育种工作在东北三省、河北、山东、新

河北巨鹿县的“中华杏茶”

新疆伊犁生产的李饮料“独风流”

南京的“旺旺杏仁奶”

承德“露露”企业生产车间

杏仁“露露”产品

承德“露露”产品库

山西生产的五香杏仁系列产品

深圳丰达进出口公司生产的杏仁系列产品

河北涿鹿杏仁加工车间

陕西、甘肃、浙江、河北均有生产的“开口杏核”

山西农科院园艺所杏仁开发成果签定会现场

作者一行访张家口东方杏仁开发有限公司

疆、陕西和北京等地的科研与教学单位广泛展开，在山东农业大学和黑龙江园艺所相继开展了桃、李、杏之间的远缘杂交育种工作，并获得了一批杂种实生苗。山东林业科学院泰安分院还开展了杏的转基因育种工作，并于2010年获得了世界首例转基因杏组培苗。

在陕西的户县、吉林的舒兰县和黑龙江省的龙江县还出现了农民育种家，已选出了一些品种和优系。其中户县农民杜锡莹培育出‘丰园红’和‘丰园29’两个早熟杏品种，并申请了新品种保护权，推广后不仅致富了当地百姓，自己也获得了100多万元的收益。

1.5 胚培育种的成就

1988年山东省果树所与山东农业大学合作，采用‘红荷包’×‘二花槽’和‘二花槽’×‘红荷包’的正反杂交组合，获得一批胚胎发育不良的种子，从400株胚培苗中通过筛选，育出了‘红丰’、‘新世纪’、‘试管早红’、‘试管早荷’等杏的早熟新品种，现推广面积达0.67万hm^2。

1.6 实生选种的成就

早在20世纪80年代，河北农业大学吕增仁教授就从‘串枝红’杏的实生苗中选育出了‘明星’和‘金星’2个新品种；黑龙江省597农场白琳等人，也从‘荷包杏’的实生苗中选出了15个能在高寒地区生长的龙垦系列杏新品种。从20世纪末到21世纪初，陕西省果树所王长柱等人，从杏的自然杂交实生苗中，选育出完全花率高达94%的大果型杏新品种‘秦杏1号’，2005年又选出了晚花并抗霜冻的大果型杏新品种‘金皇后’杏。辽宁省果树研究所也从杏的实生苗中选出了观赏的‘寒梅杏’新品种。

1.7 引进国外的优良品种

改革开放以来，我国先后从国外引进许多李和杏的优良品种，不仅丰富了我国李杏种质资源，也促进了李杏生产。其中发挥作用最大的当属：1984年上海市农科院园艺所从日本引入的‘大石早生’李；1987年山东省果树所从澳大利亚引入的‘黑宝石’李和1993年从美国引入的‘金太阳’与‘凯特’杏，以及20世纪末至21世纪初，民间从国外引入的‘安哥诺’和‘幸运’李等这6个品种，现在都成为我国李与杏设施栽培的主栽品种。其中沈阳农业大学吕德国教授在大连博士后工作站，采用了台式基质等保护地栽培新技术，创造了3年生‘凯特’杏产量53580kg/hm^2，4年生产量70845kg/hm^2的全国最高纪录，收益达90万～105万元/hm^2。辽中县农民李宝田盆式移动控温栽培新技术，使金太阳杏在春节期间上市，效益达150万元/hm^2以上。

2 商品性大规模开发利用的进展

2.1 大规模开发的试点

李和杏虽然是我国原产、栽培历史悠久的古老果树，但在改革开放以前，还只是我国民间房前屋后或田边地埂上或山坡林间的自食性零散果树资源，没有进行商品性大规模开发利用的先例。1986年农业部立项由笔者主持，首先在河北省巨鹿和广宗及山东省招远县进行开发试点工作，分别开发当地的‘串枝红’杏和‘红金榛’杏，集中连片种植杏6667hm^2，共400余万株，同时兴建配套的加工企业以及营销组织，取得了显著的经济效益。以没有工业的巨鹿县为例：发展‘串枝红’杏3667hm^2，1990年产杏630t，以后逐年提高，至1995年达39870t，5年生平均产量22875kg/hm^2，杏果全部进入加工企业，加工出著名的“中华杏茶”，县工农业年总产值从试点前1985年的1.33亿元，上升到1995年的9.96亿元，十年间县收入提高了7.5倍，农民的收入也提高了3.5倍。为此，1989年8月，笔者所在项目组在巨鹿县召开了全国李杏资源研究与利用现场会议，把大规模开发李杏资源的成功经验推广到全国。

2.2 大规模开发利用的成果

根据农业部和李杏分会的统计，1985年全国李的栽培面积为5.3万hm^2，产量为18.8万t，到2005年全国李的栽培面积达到39.3万hm^2（比1985年增长了7.4倍），产量达196.0万t（比1985年增长10.4倍）；1985年全国杏的栽培面积为6.6万hm^2（不包括山杏和大扁杏），产量为23.0万t，到2005年全国杏的栽培面积达35.9万hm^2（比1985年增长5.4倍），产量达到144.9万t（比1985年增长6.3倍）。在1999年辽宁省果树科学研究所曾创造了9年生‘串枝红’杏平均产量75000kg/hm^2，收入高达12万元/hm^{2}的纪录。

2005年我国‘甜杏仁’（大扁杏）的生产面积达27.8万hm^2，产量达2.2万t；我国山杏（苦杏仁）有林面积达142.8万hm^2，产量达2.7万t。我国大扁杏和山杏单产都很低，原因是立地条件差，大多为荒山荒坡，且是基本不管理的“望天收”，投入极少。但在河北省蔚县常宁乡安庄村农民夏正时承包的0.2hm^{2}大扁杏，由于采用了比较科学的管理，在1991年曾创造了平均产杏仁2587.5kg/hm^{2}的全国最高产纪录，不包括果肉和核壳仅杏仁平均收入就达6.66 万元/hm^2，由此可见我国李、杏的增产潜力之巨大。

据2005年联合国粮农组织的统计，我国李的栽培面积和产量均居世界第一位，我国杏的栽培面积也位居第一。但我国的单产很低，李居68位，杏居36位。

3 加工利用现状

李与杏果树除提供美味的鲜食果品外，与其他果树不同之处是果实特别适宜深加工，不仅是食品工业的重要原料，同时还是医药工业、油脂工业以及活性炭工业的优质原料，而活性炭更是多种工业特别是军事工业和卫生与环保行业不可缺少的重要物质。所以开发利用李杏资源的产业链条很长，深加工能带来高额的附加值。

3.1 杏肉加工利用的现状

我国传统的李、杏果实加工是糖水罐头和糖渍蜜饯与果脯等，现在这些高糖加工品已经淡出市场，要求是低糖与纯真自然的食品。目前我国最大的杏生产基地在

山西左权县百利士公司生产的杏仁油

辽宁阜新振隆土特产品公司生产的杏仁油

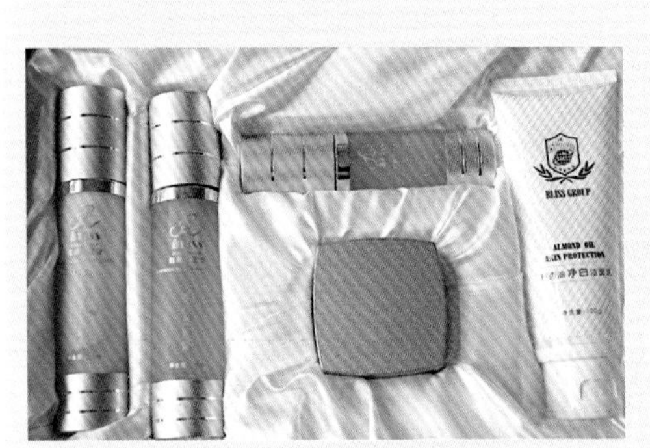

山西利百士公司生产的杏仁油系列化妆品

河北涿鹿德仁源杏仁油公司生产的杏仁油胶囊和利百士公司生产的系列按摩油

德仁源杏仁油公司董事长李炳仁展示获奖证书

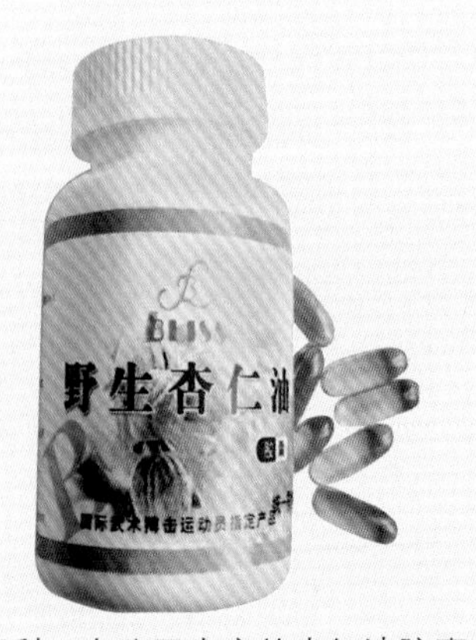

山西利百士公司生产的杏仁油胶囊

我国首个现代化浓缩杏浆加工企业——新疆屯河喀什果业公司外景

现代杏浆加工设施

杏浆加工生产的流水线

罐装杏浆产品

杏浆饮料

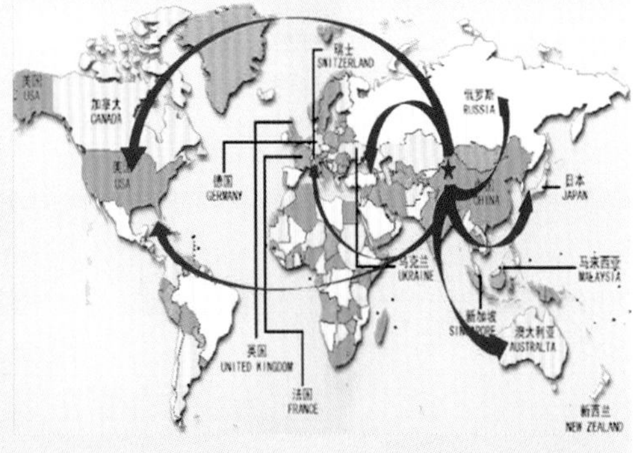

杏浆杏脯行销世界示意图

新疆屯河果业公司的优质无糖杏脯

天津林果所酒厂生产的李子酒和白杏酒

辽宁阜新振隆土特产品公司总经理黄跃和他生产的冰杏酒

新疆南部，1996年南疆杏的栽培面积为3.9万hm^2，产量为21.7万t，位居全国第一位，其中70%～80%被我国东南沿海省份争购，作为加工话杏、话梅的原料。但进入21世纪以后，在南疆先后新建了10多个大型杏浆加工企业，采用国际先进的加工设备与技术加工杏浆原汁和不加糖的杏脯。由于企业的拉动，南疆加快了杏的发展速度和品种的更新换代，至2006年南疆杏的栽培面积扩大到21.57万hm^2（比1996年增长了5.5倍），产量达到105.99万t（比1996年增长了4.9倍）。其中80%以上被企业收购，加工的杏浆出口占据国际市场35%～40%的份额，售价高达800美元/t，比浓缩苹果汁吨价高50%，且供不应求。新疆的鲜杏特别甜，其可溶性固形物比内地杏高出7～8个百分点，最好的品种高出15个百分点，因此，不加糖的杏干很受市场的青睐，其杏脯市场售价比苹果脯高出3.1～3.5倍。

3.2 杏仁加工利用的现状

在20世纪50～70年代，杏仁曾是我国出口创汇最高的农产品之一，出口价曾高达6000美元/t。但到21世纪以后杏仁的出口量逐渐萎缩，这非国际市场不景气，而是国内人民生活水平相对提高，内需量增大。医药工业、油脂化工、饮料企业等都在争购原料，市场上出现了原来没有的杏仁露、杏仁霜、杏仁精油、杏仁油胶囊、杏仁粉等高档新食品和许多国产的杏仁油化妆品，以及苦杏仁生物柴油、木醋液、杏仁种皮黑色素等深加工产品正在逐步敲开国际市场的大门，杏及杏产品已成为出口创汇的重要产品。

3.3 杏壳加工利用的现状

我国的杏壳活性炭有着质地坚硬、孔隙密度大、吸附能力强、比表面积高等优点，因此杏壳活性炭的质量最优。2003年我国活性炭的年产量达23万t，全国有400多家民营企业，产量居世界第二位。同年出口18.26万t，创汇额达9723.4万美元，平均出口吨价为532.4美元，而同年我们的进口平均吨价为3030.8美元，相差5.7倍。原因是我们的工艺水平低，质量不如人。我国精细化工企业每5年要更换一批从美国进口的载钯（Pd）活性炭，其价格高达80万元/t。

4 园林绿化美化利用现状

杏和李都是人们喜爱的春季观花果树，开花时繁花似锦、美丽妖娆。因此，也是园林绿化部门造园的优选树种，被广泛种植在庭院和行道树中。其中我们发现的辽梅和陕梅，选育的‘紫叶李’和‘寒梅’与‘送春’，以及从国外引进的‘美人梅’等，都具有傲雪迎春、无叶先花等酷似江南梅花的特点，受到中国花卉协会的高度重视，1989～1992年，时任中国花卉协会秘书长的刘近民先生曾3次前来现场考察，1992年时任农业部部长和中国花卉协会会长的何康同志曾给予极高的评价，辽宁省原副省长谈立仁、朱川等都亲临现场赏梅并题词，中国工程院资深院士、国际梅花登录权威、北京林业大学陈俊愉教授

张全科（左）在宁夏彭阳县山区发展杏产业

及其博士生，多次来访并选做抗寒梅花育种的亲本，陈院士将此类观赏价值极高杏资源命名为“类梅花”。“类梅花”资源受到北方广大画家、摄影家、诗赋作家和人民群众的喜爱，也得到了园林绿化部门的赏识和广泛利用。现已被辽宁、吉林、黑龙江、内蒙古、河北、北京、天津、山西、陕西、宁夏和新疆等地引种，进入各大城市的公园和景区，有的年份甚至出现了“踏雪寻梅”的罕见景观。

笔者与同事们，从1979年受命起，历时30多年的时光，经历了从联合、组织、考察、收集、建圃、鉴定、选优、评价、试点、宣传、开发、加工、营销等全过程。将古老的李、杏种质资源，从山野和农宅边发掘出来，得到政府、果农和企业的认可与协力创办，形成了如今利国利民和有着广阔前景的产业，并产生了较大的经济、社会和生态效益，为此而感到十分欣慰。

注：原文发表于《园艺与种苗》2011年第2期上，本文有删节。

第4部分

观赏杏资源的研究与利用

42 谈“辽梅”山杏的开发价值

梅是杏属植物中的一个种，由于梅的抗寒能力远不如杏，自古以来就形成了南梅北杏的自然格局。时至今日，这种现象依然如故。一旦梅花被确定为国花，而在辽阔的北国大地，特别是在首都北京又无梅可赏，这将是极大的憾事。因此，能否选育出抗寒的梅花新品种，并在北方尽快建立起梅园，这是我国梅花科研攻关的首要任务。

据悉北京林业大学近年已经开展了此项工作，获得了一些实生单系，同时又从美国引进一个抗寒的品种。怎样才能尽早在首都和沈阳等北方大城市建立梅园，供中外游人尽情观赏呢？笔者和北方广大花卉界同仁将肩负起这一重任！

在农牧渔业部和辽宁省共建的“国家果树种质熊岳李杏圃” 内，保存着一个极为罕见又酷似梅花的资源——“辽梅” 山杏（原称为毛叶重瓣花山杏），这是近年才发现的一个西伯利亚杏的新变种，因被列为一级保密资源，所以尚未公开发表。

其原产于辽宁省与内蒙古昭盟的交界处，当地冬季最低气温为-35℃，在田间土壤持水量仅为3%时，尚能开花。因此，“辽梅” 山杏极为抗寒、抗旱。其一年生枝条上成花率极高，花朵密集，一个节上往往着生两朵花，花萼红褐色，花蕾红色，开花后呈粉红色。一朵花上有30余枚花瓣，花丝顶部着生黄色的花药，集聚在花心，中间还有一个被满短茸毛的雌蕊，花冠直径3cm，具微香，先开花后长叶，酷似梅花的开花习性。

“辽梅”山杏在辽宁熊岳地区，4月中旬开花，花期15天左右。其叶尖为长尾渐尖，颇为悦目，叶正反两面有茸毛，可免遭毛虫危害。

在几年的引种观察中，我们认为“辽梅”山杏重瓣花的性状能够稳定遗传。二年生幼苗既可开花成串，也可用做切花，且繁殖比较容易。可直接为京、津、沈等北方大城市利用，把辽阔的北国大地装扮得更加美丽妖娆。我们现已繁殖了近万株苗木，已经为大开发利用奠定了基础。

“辽梅” 山杏虽已被发掘，但为时尚短，还需园艺界特别是花卉工作者的关怀支持，有关领导部门和有识之士，应为“辽梅” 山杏的科研、开发、利用大声疾呼，并给予资助。以便使‘辽梅’山杏的英姿尽早呈现在祖国各地。

注：1987年12月22～23日，我参加了在南京中山陵梅花山宾馆召开的“中国花卉协会梅花与蜡梅科研协作组”成立大会，在自报15个协作项目中，辽宁省果树科学研究所选择了引种、选种和育种项目。本文1988年3月，发表在中国花卉协会梅花蜡梅分会主办的《中华梅讯》第二期上。2011年4月15日整理。

辽梅杏开花状

43 辽梅杏种质资源鉴定及其驯化栽培技术的研究

辽梅杏（毛叶重瓣花山杏、辽梅山杏）原产于辽宁省北票县大黑山林场，地处海拔800m，野生于纯西伯利亚杏的灌木丛林中。我于1984年4月，由原产地引进如牙签一样细小的接穗3条，嫁接于国家果树种质资源圃内。并于1988年3月，经中国科学院北京植物所俞德浚学部委员审定、命名，作为西伯利亚杏种内的一个变种发表在1998年的《植物研究》上。

五年的引种试栽与鉴定结果表明：1.明确了辽梅杏的植物学特征、生物学特性、分类学地位，具有很高的观赏价值。2.明确提出了辽梅杏适宜的栽培方法，为其扩大繁殖和利用提供了配套的栽培技术。

1 植物学特征

详见前述《李属与杏属新变种的鉴定》一文。

2 生物学特性

辽梅杏在熊岳地区，一般年份于3月中下旬花芽萌动，4月初花蕾显红色，4月10曰左右叶芽萌动，4月中下旬为盛花期，4月末落花并开始展叶，7月中下旬果实成熟，11月中旬落叶休眠；树体营生长期为210天，果实发育期为80天；枝条萌芽率为71.8%，成枝率为61.8%，一年可发1～3次枝，新梢当年形成花芽，几乎所有新梢翌年都能开出成串的花；壮枝每芽多为双花。有17%～50%的花内有双柱头。自花不结实，自然坐果率为18.4%，多结连蒂果。

辽梅杏的抗旱性很强，在春季开花期，当土壤20cm深处含水量仅为3%时，也可以正常开花；辽梅杏的抗寒性很强，不仅在辽西北，而且在吉林省长春市乃至在黑龙江省绥棱地区，也可露地栽培或略加防寒越冬。

1983年3月，在辽宁省北票县大黑山林场发现西伯利亚杏自然变异的辽梅杏原始母树

1986年春，作者在资源圃做‘辽梅’杂交（新华社记者 萧野 摄）

2000年4月9日，踏雪寻‘辽梅’

3 观赏价值

辽梅杏花朵密集繁多，每节有花芽1～3个，多为2个，其花萼为红褐色，花蕾为鲜红色，开绽后转为粉红色；花瓣多达30余枚，平展，花冠直径为3cm左右；雄蕊花丝白色，花药20～30枚，黄色，花期10～15天，若从花蕾显红色到落花，观赏期可达20余天。其无叶先花，花形又酷似梅花、清香，常与初春的残雪或晚霜相遇，构成“梅花报春”的奇景；辽梅杏又是作切花和盆栽的良好资源。

4 适宜的栽培技术要点

4.1 可以采用西伯利亚杏为砧木，以带木质部芽接或硬枝皮下接等方式繁殖，其成活率高达90%以上，树势生长健壮。

4.2 辽梅杏喜光性强，其栽植的株距3～4m为宜；在整形修剪时要尽量开张枝的角度，尽量使树体内部受光，否则内堂小枝会因无光而枯死。

4.3 在肥水管理时，要防止树下积水，特别怕涝。给予充足的肥水条件，可以促进分枝和形成较多的花芽。

4.4 及时防治病虫害，辽梅杏枝条上宜生桑白介壳虫，少时可用麻布抹掉；多时可在早春发芽前，用1～5度石硫合剂防治。

注：本文是1989年4月21日成果鉴定时的材料，未曾发表。鉴定后辽梅杏和另外一个陕梅杏得到中国花协和广大群众的极高评价与喜爱，国际梅花登录权威陈俊愉院士称其为“类梅花”。现在辽梅杏已在北方园林绿化中广为利用，而其自然变异的唯一一株母树早以消失。这算是我为人类抢救保存下的一个珍稀的植物种类吧！

44 陕梅杏引种鉴定及其栽培技术的研究

陕梅杏（光叶重瓣花杏、重瓣花杏）原产于陕西省关中地区，海拔700m处。我于1982年6月在陕西省眉县调查中发现；1983年1月将其接穗引入，当年培育成苗木，1984年定植在国家果树种质熊岳李杏圃内；于1988年3月，经中国科学院北京植物所俞德浚学部委员审定并命名，作为普通杏种内一个变种发表在1998年的《植物研究》上。

六年的引种栽培鉴定结果表明：1.明确了其植物学特征，生物学特性及分类学地位，并具有很高的观赏价值；2.总结提出了陕梅杏适宜的栽培技术措施，为其扩大繁殖与利用提供了条件。

1 植物学特征

详见前述《李属与杏属新变种的鉴定》一文。

2 生物学特性

在辽宁熊岳地区，一般年份3月下旬至

28年生陕梅盛花初期

4月初花芽萌动，4月中下旬花蕾显色，4月末至5月初始花，5月上中旬落花；7月中旬果实成熟，果实发育期80天；4月下旬叶芽萌动，5月上旬展叶，11月中旬落叶，营养生长期约200天，当年新梢粗壮，很少发生二次枝，成枝率达62.6%；新梢当年可形成花芽，翌年即可开花，自花不结实，自然坐果率很低。陕梅杏极喜阳光，内膛小枝光照不足时，易枯死；陕梅杏可耐−28.3℃低温。

3 观赏价值

陕梅杏的花多生长在向下斜生的一年生小枝上，每节有花芽1～3个，其花萼为紫红色，花蕾初绽为深红色，花开后逐渐转为粉红色；一朵花内有花瓣70余枚，最多可达120枚，花瓣多为卷曲皱折且相互重叠，非常艳丽，花冠直径一般为4.5cm，最大达6.0cm，有雌蕊1枚，长约3cm；花柱上半部为红色，柱头为深红色；有50余枚黄色雄蕊分布在花冠中间，另有50余枚雄蕊的花丝反卷在子房内；陕梅杏2～3年生即可开花，5年生达盛花期，单株有花芽1～1.5万个；每当陕梅杏花盛开时，从地面到3～4m高处，棵棵树上布满大朵粉红色鲜花，使人感到如入花海，十分壮观。

4 适宜的栽培技术要点

4.1 可用各种杏实生苗为砧木，亲和力好，嫁接树长势强壮，6年的试验结果表明，重瓣花的特征可以稳定遗传。

4.2 陕梅杏喜光性强，栽植时不宜过密，株距不宜小于5m，宜栽在向阳处，整形修剪时要注意开张枝的角度，或采用人工拉枝的方法，使内膛小枝能得到充足的阳光。

注：陕梅杏的花型比所有梅花品种显著都大，因此多次参加全国梅花展都获金奖；陕梅杏的花期也是所有梅和杏品种中最迟的，可以显著延长春季的观花时期，往往在辽梅杏落花后才开， 因此又是寻找杏晚花基因的宝贵资源；在其自然杂种后代中，花型变异性很大，不仅可以从中选出更多的观赏品种，其中还有花期更晚的后代，是培育避免早开花遭遇晚霜危害杏良种的种质资源。本文为1989年成果鉴定材料，未曾发表。

陕梅杏花冠直径

陕梅花蕾初绽

陕梅杏大树干

陕梅杏开花状

45 建设北方梅园的希望

1989年10月，在北京举办第二届中国花卉博览时，应中国花卉协会和省花卉协会的特别邀请参加展览。我们当时还没有辽梅和陕梅的盆栽树，即便有盆栽树未进行特别处理，在10月会展期间也不可能开花，在万般无奈的情况下我们只能送上彩色照片参展，但却获得辽宁省所有参展花卉中唯一的一个最高奖（二等奖）。中国花卉协会秘书长刘近民先生曾三次来我所指导工作，时任农业部部长、中国花卉协会会长何康同志，在1990年度中国花卉协会工作总结报告中高度评价说："由于辽梅和陕梅的发现与驯化，为北方梅园建设提供了物质基础，为梅花的抗寒育种提供了可资利用的亲本"。

为了扩大抗寒梅花新品种的利用，北京林业大学教授、中国花卉协会梅花蜡梅分会会长陈俊愉院士以及他的学生们曾多次来熊岳进行抗寒梅花的育种工作，现在已经培育出一批杂种后代。辽宁省果树研究所也进行了大量杂交工作，一个抗寒梅花杂种实生选种园已经建立起来，其中不乏许多优变单株，与此同时，我们又选育出抗寒性很强的'熊岳红'和'绿萼'等新品种，丰富了抗寒梅花的品种群。

1991年和1992年，我们所曾在熊岳举

1989年4月，北方梅园建设研讨会参会人员合影，二排左7为中国花卉协会秘书长刘近民

1992年4月，与全国梅花专家现场合影（左起北京林业大学副校长张启翔、作者、辽宁省花卉协会会长孙守友、中国花卉协会秘书长刘近民、辽宁省农业厅副厅长李信、武汉磨山梅园高级工程师赵守边、辽宁省农业科学院副院长邓纯宝）

办过中国北方首届和第二届露地梅花展，接待了许多来自省内外的领导和群众，原辽宁省副省长谈立人和朱川，以及国家计委的高寒松、省委的刘异云、罗定枫、滕元春等领导光临并挥毫题词，如今这些早春新的观赏名花，已经推广到许多省（市、自治区）。

梅是杏属植物的一个种，分为果梅和花梅两大支，按陈俊愉院士的分类方法，在花梅中又分真梅系、杏梅系、樱李梅系和山桃梅系，其中真梅系和杏梅系是我国梅花的主要栽培品种群，樱李梅系是近年才从美国引进的，山桃梅系为稀有资源。在我国近200余个梅花品种中，只有杏梅系的几个品种和樱李梅系的‘美人梅’较为抗寒，可以在我国北方较温暖地区露地栽培。经过试栽，在辽宁熊岳地区露地能够安全越冬的杏梅系品种有‘送春’、‘燕杏梅’、‘小梅’、‘大羽’等，但抗寒能力均不如我们选育的辽梅、陕梅、‘熊岳红’、‘北绿萼’等。

1. ‘熊岳红’：1986年从山杏实生苗中选出，是西伯利亚杏的实生变异类型。乔木，树高6～7m，花瓣粉红色，单瓣，花冠直径1～2cm。极易成花，一年生小枝上即有成串花朵，成片种植花开似火，春暖

1993年4月，辽宁省美术家们在北方梅园现场写生

大地。花期同辽梅，观赏期15～20天。果实同山杏，不可食用，结果很少。抗寒和抗旱性强，在吉林省公主岭能安全越冬。（该品种2007年经辽宁省审定备案，命名为‘寒梅’。）

2.‘北绿萼’：1987年从辽宁建平县引入，是西伯利亚杏中罕见的变异类型。小乔木，树高4～5m。花白色，单瓣，花冠直径1～2cm，萼片为黄绿色，大蕾时期如同梅中瑰宝‘台阁绿萼梅’一样，满树都有点点破春的珠光，令人苏醒。较易成花，一年生枝上花朵较密。花期同山杏，观赏期15天左右。果实同山杏，不可食，结果较少。抗寒性强，如同山杏。

3.辽梅：抗病虫，极抗寒，幼树经-38.4℃的低温能正常开花，适栽区域可以扩展到黑龙江省的绥棱县。辽梅与陕梅于1989年10月，在北京举办的“第2届中国花卉博览会”上获得二等奖。1991年3月，又在杭州举办的“第2届全国梅花蜡梅展暨首届西湖梅花节”上获得金奖。

4. 陕梅：抗寒，在熊岳经-28.3℃低温无冻害，可在吉林省公主岭市以南地区防寒栽培。陕梅与辽梅同在1989年10月，“第2届中国花卉博览会”上获得二等奖，在1991年3月，“第2届国梅花蜡梅展暨首届西湖梅花节”上获得金奖。

5.‘送春’：1986年从北京林业大学引入，是梅与杏的杂交种。乔木，树高6m左右。花粉红色，复瓣，花瓣19～30枚，

‘送春’特写

‘寒梅’母树盛花期

‘寒梅’开花状

‘寒梅’盛花期

花瓣浅碗状、不整齐、多皱、向内扣、层层疏叠，雌蕊多退化，花型美丽娇艳，花径3～4.5cm，易成花，一年生枝即花朵成串。花期较栽培杏略晚，比陕梅杏早，观赏期20余天。比较抗寒，在辽宁熊岳地区露地栽培一般可以越冬，极寒冬季花芽会受冻害。

6.‘燕杏梅’：杏与梅的杂交种。小乔木，树高6m左右。枝条具针刺状短枝。花白色，单瓣，似杏花，花径1.5～2.5cm。易成花，花量较大，花期与栽培杏相近，观赏期15天左右，较抗寒，在辽宁熊岳地区可以安全越冬。

7.‘小梅’：杏与梅的杂交种，小乔木，树高4m左右，枝条直立，花白色微绿，单瓣，有微香，花径1.2～2.5cm，花朵成串，密集，花期15天左右，在熊岳地区可以安全越冬。

8.‘大羽’：杏与梅的杂交种，大乔木，树高7m左右，枝条无针刺，花淡粉红色，单瓣，花大，直径2.5～2.8cm，花期同杏，抗寒，在熊岳地区可以安全越冬。

9.‘美人梅’：樱李梅系，乔木，每花约20瓣，粉红色，花萼绿红色，花梗长1cm，叶片紫红色，据报道冬季可抗-30℃低温。但是在熊岳地区露地栽培越冬需要保护。

注：本文发表在《辽宁农业科学》1999年第1期上，并在本期的封面刊登我与陈俊愉院士在熊岳梅树下的工作照，封二、封三、封四刊登近年在熊岳举办梅花展的盛况、省领导题词、获奖证书及6个品种的花型彩照。因原文与其他收录文章内容有重复，所以本文有较大的删减。

46 东北地区类梅花新品种选育进展

我国东北地区气候寒冷，真梅系的梅花不能露地越冬，因此不能选用真梅系梅花品种在东北地区露地建设梅园。但是，我们可以选用观花时期和观赏价值与真梅系梅花相似又极其抗寒的类梅花资源为主体，在东北地区露地建设梅园。

类梅花是与梅（*Prunus mume*）同科同属的观赏杏资源，其与梅不仅亲缘关系特别相近，而且开花时期与观赏价值也酷似真梅系的梅花。因此，陈俊愉院士为其赐名为类梅花。已知通过审定的类梅花主要品种有‘陕梅’杏（*Prunus armeniaca* ‘Shanmei’）、‘辽梅’杏（*P. sibirica* ‘Liaomei’）、‘寒梅’杏（*P. sibirica* ‘Hanmei’）和‘绿萼’山杏（*P. sibirica* ‘Liue’），这4个品种的抗寒能力极强。‘陕梅’杏原产陕西，但可在吉林省公主岭市安全越冬；其余3个品种原本就是西伯利亚杏的变种，原产地即在东北地区，因此均可以在黑龙江省哈尔滨市安全越冬。此外，近年来北京林业大学陈俊愉院士与张启翔教授等人培育的

1996年4月，陈俊愉院士在熊岳作梅花杂交

‘燕杏梅’（*P. mume* ‘Yanxinmei’）、‘送春’（*P.mume* ‘Songchun’）、‘小梅’（*P. mume* ‘Xiaomei’）和‘大羽’（*P. mume* ‘Dayu’）等杏梅系的抗寒品种，以及陈院士从国外引进的樱李梅系品种‘美人梅’（*P. mume* ‘Meirenmei’）等，都可在辽宁省南部地区露地越冬。因此，我们建议东北地区的首个梅园应该建在辽南地区。

为了丰富类梅花的品种，并增进其与真梅系梅花品种的亲缘关系，我们开展了抗寒类梅花新品种选育及其抗寒栽培技术的研究，旨在为东北地区梅园建设提供物质基础和技术支撑。

1 类梅花抗寒新品种选育的目标

选育能够在东北地区主要城市的郊区露地越冬的类梅花新品种，要求花形多姿、花色美丽、花朵大而重瓣、开花量多、花期较早或较晚，并具有真梅系梅花品种的清香气息。

2 材料与方法

2.1 试验材料

选用在辽宁省营口市熊岳镇经过10年以上露地驯化栽培的‘陕梅’杏、‘辽梅’杏和‘送春’3个花型重瓣、色泽艳丽的大树为母本。在南京农业大学、中国科学院南京植物所、中国科学院武汉植物所和武汉中国梅花研究中心分别采集浓香并浓红型的真梅系各梅花品种为父本。

2.2 试验方法

2.2.1 实生选种

1994年7月采集上述母本树上自然杂交的果实，及时剥离并洗清果肉，将种核立即保湿层积在0～7℃的冰箱冷藏室中休眠。第二年2月采用白天取出置于20℃室温下保湿、夜间放回冰箱冷藏的方法，持续1周左右，种核开裂。当种核伸出嫩芽时将其播种在温室营养钵中，每钵1粒，覆土厚度5cm左右，培育实生苗。待4月中、下旬移栽到实生选种圃内，株距1m，行距1.5m。经过6～8年进行自然越冬淘汰。对于存活下来的实生树采用促花栽培措施，提早度过童期（营养生长阶段）进入生殖生长阶段，连续3年观察，记载花期、花色、花形、花量和香气等数据，从中筛选出符合本研究育种目标的优株进行嫁接扩繁，然后将苗木送往东北地区各地试栽（区试），也可将枝条直接送各地高接观察。5年后对区试成功的优系定名、鉴定备案或申报品种保护，然后再扩大繁殖。

2.2.2 远缘杂交育种

2005年2～3月，采集浓香并浓红型的真梅系各梅花品种的花粉，阴干后密封在小瓶中，贮放在冰箱冷冻室内。4月上、中旬在辽宁省熊岳镇，对初花期和盛花期的母本树进行液体人工授粉。方法是配制50mmol/L的赤霉素溶液，加0.1%梅混合花粉，用手持微型喷雾器对母树的花朵进行全树喷布授粉，每天上午1次，连续3～4次。赤霉素与梅花粉的混合液要随配随用，并用细纱布过滤。同时，要疏除首次授粉前1天已经开的花和最后1次授粉后未开的花蕾，确保所结果实都是父母本杂交的结合。这种方法速度快且省力，并能获得更多的杂交种核。

待果实充分成熟后采集种核，种核的层积处理和杂种实生苗的培育，以及鉴定备案等同2.2.1。

3 结果与分析

3.1 实生选种的进展

自1994年开展工作以来，截至目前最大的自然杂交实生树已有15年生，从中我们发现‘陕梅’杏后代变异很大，有近30%的植株继承了重瓣花的特性，而‘辽梅’杏后代的重瓣或复瓣花比例不足5%。在重瓣‘辽梅’杏实生后代中我们初步筛选出如下的优系：花瓣向内扣、花型很像荷花的我们暂称为‘荷梅’；花瓣细窄的我们暂称为‘菊梅’。在大量重瓣‘陕梅’杏实生后代中我们初步选出了花色雪白的我们暂称为‘春雪’，花色绚丽酷似牡丹花的我们暂称为‘牡丹梅’，还有‘白花碧心’、‘红花碧子’、‘多子碧心’、‘满春’、‘迎夏’，以及‘送春’的后代‘多娇’等等。这些在一定程度上丰富了类梅花的品种，也拉长了类梅花的观花时期，成绩较为显著。

3.2 杂交育种的进展

杂交育种研究起步于2005年，现在只有1批树龄在2～4年生的杂种实生苗，数量约为3000株左右。母本是‘送春’的实生苗培育在辽宁省营口市熊岳镇，约有2500余株；母本是‘陕梅’杏的实生苗培育在辽宁省彰武县章古台镇，约有200余株；母本是‘辽梅’杏的实生苗培育在吉林省公主岭市，约有300余株。由于尚未进入花期，因此未开始鉴定工作，但我们认为其中必然会出现更好的优良品系，对此我们充满信心。

注：原文发表在《北京林业大学学报》2010年2月第32卷增刊2上。本文有删改。与李锋同志共同制作成文图并茂的多媒体，在2010年2月16～20日，于中国梅花蜡梅分会在上海举办的“第八届国际梅花研讨会议”上做过报告。2011年春，辽宁省果树科学研究所观赏果树研究室主任唐士勇研究员，采用自然杂交实生选种法选出许多‘送春’的优系，有望进一步提高‘送春’的抗寒能力。

国家李杏圃培育的类梅花新品系（暂定名）

‘春雪’  ‘白牡丹’  ‘碧心’

‘满春’  ‘迎夏’  ‘多娇’

‘多子’  ‘粉牡丹’  ‘菊梅’

‘粉白’  ‘棉团’  ‘荷梅’

这些优系的植物学特征和生物学特性早已稳定，至今没有审定和开发，是留给后人的一座“金山”

47 在东北地区建设梅园的可行性探讨、尝试与启示

1 度过长冬后的东北人最渴望踏春赏梅

“江南无所有，聊赠一支春”。自古以来梅花就以色、香、姿、韵和百花最早报春而博得我国人民的喜爱，梅的精神和梅的文化已经深深地融入了中国人的思想与品格。因此，在历史上梅花曾被推举为我国的国花。居住在江南的人民，不畏春寒举家倾城赏梅的习俗和爱梅如醉如痴的情趣世代相传，然而居住在我国北方的人民不能亲临其境，只能欣赏江南亲友馈赠的“一支春”。据史料记载：为了打破这种格局，实现南梅北移的理想，从明朝至今也不知有多少能人志士曾为此努力尝试，但终未成功。

20世纪80年代以来，在陈俊愉院士的带领下，我国梅花抗寒育种工作取得了显著的成就，随着抗寒梅花新品种的问世，新建的梅园已经跨长江过黄河，北上呈现

1991年熊岳首届梅展剪彩［谈立人副省长（左3）、刘近民秘书长（左5）、罗定枫省委宣传部长（右2）］

中国花卉协会刘近民秘书长在中国北方首届露地梅花展上致词

在燕京长城脚下，华北人民始见梅花的神和韵，皆大欢喜。

然而，在长城以外的东北三省，还有着亿万华夏同胞，由于气候寒冷，他们每年要熬过5～6个月的漫长严冬，长久“猫冬”后的东北人，最渴望春天早日到来，春节过后他们迫不及待地要踏雪寻春，尽早呼吸到春天清新的空气，见到春天明媚的阳光，漫步在春梅树下享受那阵阵沁脾的暗香，这就是东北亿万人民多年的宿愿。因此，在东北建设一个规模的梅园是顺应民心的举措，也是东北都市观光旅游农业的新创举，更是有着无限商机的新产业。当然，还是我国梅花抗寒育种与应用的攻关所在。

2 东北建设梅园的物质基础已经具备

在20世纪80年代初，我收集到一些酷似梅的杏资源，经过长期的驯化栽培，从中选出了‘陕梅’杏*Armeniaca vulgaris* ‘Shanmei’(*Prunus armeniaca* ‘Shanmei’)，‘辽梅’杏*A.sibirica* ‘Liaomei’(*P. sibirica* ‘Liaomei’)，‘寒梅’杏*A. sibirica* ‘Hanmei’(*P. sibirica* ‘Hanmei’)和‘绿萼’山杏*A. sibirica* ‘Lue’(*P. sibirica* ‘Lue’)等抗寒的“类梅花”（北京林

1992年熊岳第二届梅展剪彩仪式[(郭军市长(左2)、高寒松副司长(左4)、周毓珩院长(右3)]

业大学教授、中国梅花蜡梅分会会长、国际梅花品种登录权威陈俊愉院士赐名)资源，其抗寒能力极强，可在东北露地越冬。同时具备梅花的特征：无叶先花，开花极早，常常出现雪压红梅的景象。与南方梅花不同之处是树高、花大、花多。其树高可达5～8m，花冠直径可达6cm，花瓣最多可达100余枚，一株10年生的类梅树可开出上万朵美丽的花朵，唯清香不如“南梅”。从树姿上看类梅花少一份“南梅”的娇小秀气，而多一份北方人的粗犷豪放。

1986年我们以‘辽梅’杏和‘陕梅’杏参加全国梅花展获得金奖，1989年又荣获第二届全国花卉博览会二等奖。时任中国花卉协会秘书长的刘近民先生曾于1989、1991和1992年三次专程前来指导工作。1992年时任我国农业部部长与中国花卉协会会长的何康同志，曾在中国花卉协会年度工作总结报告中给予高度评价。

在20世纪80～90年代，北京林业大学和中国梅花研究中心的梅花专家陈俊愉院士、赵守边副会长、杨乃琴教授和张启翔、包满珠、吕英民、张秦英等博士先后多次来熊岳，用其进行杂交育种，先后选育出能在辽宁南部露地越冬的‘燕杏梅’、‘送春’、

辽宁省农业科学院周毓珩院长在中国北方第二届露地梅花展上致词

‘大羽’等杏梅系梅花新品种。

从1994年起，辽宁省果树科学研究所的科技人员在上述专家的指导下，开始了抗寒梅花的实生选种和杂交育种工作，如今又培育出许多新的品系，极大地丰富了类梅花的花色品种，也拉长了类梅花的观花时期。同时我们还在辽宁省营口市的熊岳镇、辽宁省彰武县的章古台镇和吉林省的公主岭市贮备了一大批不同杂交组合的杂种实生苗（树），更加优良的抗寒梅花新品种将会源源不断而来，为东北乃至我国北方梅园的建设打下了坚实的物质基础，同时积累了丰富的抗寒栽培经验和技术。

3 建设东北露地梅园的尝试与启示

3.1 邀请全国梅花专家们现场考察研讨

在上述资源研究与创新的同时，我们十分注意资源的开发利用工作。1989年4月20～21日，我们在辽宁省熊岳镇召开了“北方梅园建设与规划研讨会议”，有来自北京、上海、江苏、湖北、黑龙江、甘肃和辽宁等7省（市）的40余位园林梅花界专家与会，中国花卉协会秘书长刘近民和赵守边、张启翔、卢永锦、李衍德等梅花专家们首先考察了资源并现场咨询，之后对‘辽梅’和‘陕梅’杏发掘与驯化成果进行了鉴定，最后对北方梅园建设的可行性进行了研讨，一致认为可用‘辽梅’和‘陕梅’杏在东北替代真梅系建设梅园。

3.2 在辽宁举办梅花展（节）的三次尝试

1991年4月和1992年4月，我们连续在辽宁省熊岳镇国家李杏资源圃内举办了两届“中国北方露地梅花展”，到会的领导有中国花卉协会秘书长刘近民、中国花卉协会梅花蜡梅分会的副会长张启翔、辽宁省政府的谈立人和朱川两位副省长及有关厅局长和营口市的市长、书记等，还有国内梅花专家、各新闻媒体的记者、省内外梅花爱好者、画家、摄影家、书法家以及学生和军人等等，未曾散发广告每天就有400～500人闻讯前来参观、摄影、绘画和题词，在东北十分轰动。2005年4月我们又在辽宁鞍山市汤岗子镇举办了“中国北方梅园首届文化艺术节”，亦有较大的轰

2005年鞍山市首届梅花文化节

动。全国著名的评剧演员常香玉女士和鲁迅美术学院的画家们几乎年年春天前来现场写生，足见东北人们对梅园的浓厚兴趣和好奇心。

3.3 我们的启示

第一，在东北建梅园要有相当的规模，否则花期将会人满为患。

第二，东北的梅园要选择在交通方便、地形多变的地方，要有山丘和流水，有亭、阁、榭、桥等仿古建筑，还要有大量青松和巨石的衬托，方能让游人体会到梅之古朴典雅的氛围。

第三，东北梅园要以抗寒的类梅花为主体，并成片种植，以体现东北特有的大气与壮观景象，有别于南方传统梅园。同时还要有配套的温室，将不抗寒的“南梅”盆栽于室内越冬，春季移出连盆种植在类梅花丛中，开花期会释放出阵阵沁脾的暗香陶醉游人，以此弥补类梅花的不足。温室同时可供南方各省市来展评梅花品种与盆景。对露地种植的‘送春’、‘美人梅’等抗寒力相对较差的品种要进行越冬保护。

第四，梅园要配有音量适宜的古典弹拨乐曲声和现场书写绘画室、摄影展览室，并展示古今咏梅的诗词与歌赋，着力渲染梅的文化和精神，销售与梅有关的食品和纪念物品等，让游人在轻松愉快的赏梅春游中享受梅文化的洗礼，陶冶情操，振奋精神。

第五，完善梅园附近的服务行业，让远道而来的游人有饮食、住宿和休息之处，拉动第三产业的发展。

注：原文发表在中国花卉协会梅花蜡梅分会与北京林业大学主办的《中华梅讯》2009年第38期上，本文有删节。

第5部分

丰产栽培实用技术研究

48 提高‘大石早生’李坐果率的技术措施

‘大石早生’李是日本李的主栽品种，在日本很丰产（3年生树，株产2～3kg；10年生树，株产100kg左右），而且品质优良。我国于1981年引进，代号为A11403，并在全国各地布点区试，结果表明：该品种适应性强，在大多地区生长良好；果实成熟期明显早于我国现有的早熟品种，外观美丽、香气浓郁、酸甜适口、多汁、品质优良；上市极早，商品价值较高；但是产量太低，有的李园4～5年生树，株产不足1kg。为了尽快解决这一问题，我所在农业部引智办公室的支持下，于1995年6月23日至7月3日，邀请日本果树专家国泽高明先生来华指导。国泽高明先生在考察的基础上，与我们共同研究，认为其低产的原因主要是栽植过密、授粉不良和果园管理（修剪、肥水等）不当所致。据此我们提出如下对策，供生产者参考。

1 确定合理的栽植密度，对郁密园进行改造

在日本由于降水量大，阴雨天多，光照相对少的条件下，又以毛桃为砧木，采用7m×7m的株行距是科学的。在我国

‘大石早生’李设施栽培结果状

北方干旱或半干旱地区及山地，又以毛樱桃、李或榆叶梅等为砧木，株行距可采用4m×5m或5m×6m。原来栽植过密的郁密园，可采用隔株移（砍）株的办法，打开光路，提高产量。

2 选配适宜的授粉品种

根据日本的研究，‘大石早生’李自花不结实。适宜授粉品种有‘美丽李’、‘太阳’、‘三塔玫瑰’、‘苏丹’、‘好莱坞’、‘红元帅李’、‘红寿’、‘红玉山’等；有些梅和杏也可作为‘大石早生’李的授粉品种，如日本的‘童峡小梅’、‘南高梅’、‘平和杏’等。根据辽宁省果树科学研究所刘威生（2003）研究报道，‘大石早生’李用‘美丽李’、‘跃进李’、‘香蕉李’、‘玉皇李’和‘小核李’授粉，其坐果率分别为37.8%、20.5%、18.6%、16.0%和11.2%。根据河北农业大学李保国等（1998）的研究，‘大石早生’李用‘先锋’、‘澳李14’、‘美丽李’、‘蜜思李’授粉，其坐果率分别为2.4%、5.7%、3.3%和6.7%，这4个品种都可作为‘大石早生’李的授粉品种。但其中‘先锋’的花粉萌芽率最高，而花粉量最少，坐果率最低；‘蜜思李’的花粉量最大，萌发率较高，坐果率最高；‘美丽李’的花粉量较大，但萌芽率最弱，坐果率较低；‘澳李14’花粉量和萌芽率居中，坐果率较高，但花期相差3～4天。可见‘蜜思李’应是‘大石早生’李的最佳授粉品种。而用‘黑宝石李’授粉，表现不亲和，坐果率为零。

‘大石早生’李包装

‘大石早生’李和授粉品种的栽植比例为（4～5）：1.5，但栽植时不要4行或5行‘大石早生’李加1行授粉品种，而要采用混栽方式，每行间隔4株‘大石早生’李栽1株授粉树，相邻行授粉树相差两株，行间隔1株有1株授粉树，使每株‘大石早生’李与授粉树的距离不超过7m。

对建园多年的大树因授粉品种不足的低产园，可以在每株树冠的上部，选择一个背上枝，在其上高接授粉品种，让这个高接枝尽快生长，当其枝量达到全树的10%时，既可确保本树丰产，又可全园丰产。

3 工授粉、花期放蜂与喷硼

‘大石早生’李是虫媒花，在自然界是依靠昆虫授粉结果的。

在李开花前用人工或机械采集授粉品种的花药，放在20～25℃干燥的室内，经过12h阴干，花药自动开裂，散出淡黄色的花粉，将花粉装在遮光而清洁的瓶子里，待‘大石早生’李开花后1～3天内（最迟不超过7天），用棉棒蘸取花粉，直接涂或点授在花的柱头上完成授粉。

人工授粉一般选择温暖晴朗无风的天气，授粉数量要比预计留果量多20%～30%。如果开花期遇到下雨或大风，应当重复授粉和加大授粉花的数量。在相同条件下，如果用的是多种亲和性良好品种的混合花粉，其坐果率要比单一花粉高4%～5%，因此采集花药时，要多采几个品种。

在开花期每4000m²李园放置2箱蜜蜂（1500～2000头），折合每亩60～80头，但要求开花期气温必须在10℃以上。放蜂可代替人工授粉，比自然坐果提高产量38.9%～66.0%。

在盛花期和盛花后10天，喷布两次0.2%～0.3%的硼砂，每亩喷布量为200升，可比自然结果增产8%～9%。

4 适度疏花疏果，合理负载

‘大石早生’李的生理落果较多，因此要在盛花期后30天，果实如小手指大小时，才进行疏果。本品种的果实为中小型，需要有20片成熟的叶子供应1个果实。因此，在中、长果枝上，每8～10cm留1个果；在短果枝群上，每5～6个枝留1个果，果实间距不小于8cm。一般选留果型较长、色泽浓绿、无病虫害、外侧方向生长的果实。经过严格疏果后的树负担合理，果实大而整齐，商品价值高。

根据杨建民教授1998年的研究：对‘大石早生’李4年生树在冬季修剪去掉一部分花芽，花期再疏掉一些花，落花后再按枝果比和叶果比分别为（4～5）：1和（25～30）：1进行疏果，中长果枝按20～25cm留1个果。每株留果200～400个，平均单果重和果实品质最好，但单位面积产量低，每亩产量仅为869kg，经济效益低。若每株留果801～1000个，亩产量高达2189kg，但果实品质太差，出售单价也低，且树体营养消耗大，经济上不合算。如果每株留果401～800个，每亩产量为1364～1870kg，果实品质和经济效益都最好。因此，每亩的产量控制在1500～2000kg之间最合适。

5 整形修剪要得当

在日本，‘大石早生’李多采用开张的两大主枝的“Y 字”形，主干高30～50cm，每个主枝上留两个侧枝，第一侧枝距主干和第二侧枝间距1m，此间的主枝上不留大结果枝组，从第二侧枝向上50cm的主枝上，开始留第一个大的结果枝组，在侧枝和主枝上均匀地分布着许多结果枝组。这种树形4～5年可基本形成，8年可长到最大树冠。若冬剪与夏剪相结合，可以加速树冠的形成。我国现有的‘大石早生’李多采用“疏散分层形”，其枝量过多，应逐年改造成大层间距离（1m以上）的“两层形”或“开心形”。在修剪的手法上要多疏、少截、轻剪和多缓，减少生长量和枝量。对树形要抬高树干，落下中心干，多培育下垂枝，打开光路。新植的幼树，可直接采用3主枝的“开心形”或国际上通用的“Y字”形。

6 合理施肥

在日本李的施肥时期是9月中、下旬。由于土壤偏酸，pH值为5～6.5，10年生的李园施N：P：K比例为1：1：1的复合肥。纯N每亩10kg，同时施堆肥2000kg。此外，每2～3年还要施一次石灰，每亩100kg。每2～3年的冬季，还要加施2kg的硼砂。在我国多雨并酸性土壤的南方，可以效仿。但在北方根据我们的研究，应采用N：P：K比例为1：0.8：1的复合肥或国光稀施美多功能复合肥，同样每亩施入2000kg的农家肥，可以免施石灰和硼砂。

7 花期预防霜冻

李在开花期和幼果期对低温最敏感，花期遇到-2.7℃的低温和幼果期遇到-1.1℃的低温时，均会发生冻害。据日本奇玉园观察，李开花期：气温均在0℃以上，是丰年；遇到0℃以下气温1天，是平年；遇到0℃以下2天，没有产量。可见花期防止霜冻害至关重要。日本防止霜冻的措施，第一是用燃烧法：即在开花期遇到1℃的气温，则立刻将事先准备好的柴油、煤油、固体燃料（煤料）、秸秆等，在园周的上风头点燃，提高园内气温。这与我国的熏烟法相似。第二是用洒水法：即在遇到低温时，全园喷水，利用水在结冰时释放出来的热量，提高园内气温，但这只能在有喷灌设施的李园进行。我们可以采用花前全园灌水的方式，即防春旱，又可防止霜冻。

8 科学应用植物生长调节剂

‘大石早生’李低产的重要原因之一，是树体的营养生长大于生殖生长，用农民的话说就是树势生长太旺。解决的办法是正确应用植物生长调节剂。如据杨建民研究，‘大石早生’李在盛花期喷布30mg赤霉素（GA3）溶液；或氯化稀土溶液300mg/kg；或30mg/kg赤霉素溶液加300mg/kg氯化稀土溶液；或300mg/kg氯化稀土溶液加50mg/kg赤霉素溶液；或30mg/kg赤霉素酸+0.3%尿素溶液，其坐果率分别为5.3%、4.19%、5.46%、6.60%和5.05%，而喷清水的对照，坐果率仅为3.05%。另据漆信同等人在李、杏和果梅上的研究，在5～7月，可喷以下生长调节剂：喷施2次矮壮素（CCC），浓度为500～1000mg/kg；或喷施300～500mg/kg的多效唑（PP333），也可按树龄每年增加（土施）1g多效唑；或按汪景彦在多种果树上的研究，在果树旺盛生长季节，间隔15天左右，喷施2次150～200倍的PBO，都能有效的控制营养生长，促进增产。

9 人工控制旺长的技术措施

在生产中对新梢连续摘心和适当控制N肥与水分的供给措施，能够减缓树的营养生长势。或者，应用环剥、环割、扭梢、捏伤嫩梢顶端、疏枝、拉枝开张角度等夏季修剪措施，也能达到目的。如杨建民在花期对‘大石早生’李主干进行环剥，环剥的宽度为主干直径的1/10，坐果率达4.8%，但环剥两道的增产效果不明显。另外在辽宁盖州于早春利用其他低产或品质欠佳的李树，高接换头为‘大石早生’李，第二年即可有产量，第三年即能丰收。特别是在‘美丽’李树上高接，效果会更好。在土质和肥水条件较好的地区，提高定植苗的定干高度（达1m），有减缓生长势并早果早丰的作用。

注：本文2012新撰，未发表。

49 仁用杏良种与丰产栽培技术

仁用杏是以利用杏仁为主，习惯上将其划分为甜杏仁和苦杏仁两大类。甜仁的俗称大扁杏或杏扁（河北），都是园艺栽培品种。苦仁的则是以西伯利亚杏或山杏为主的野生或半野生种类。本文讲述的是以甜仁杏为主的良种和丰产栽培技术。也可供苦仁杏园艺化栽培参考。

目前我国苦杏仁的生产面积为133.3万hm^2，年产量为1.8～2.1万t，平均亩产量为1kg左右。甜杏仁全国年产量为800～1000t，一般亩产量为30kg左右。可见全国仁用杏的生产水平很低。但是也有许多管理好的园段产量很高，如河北省蔚县常宁乡安庄村农民夏正时的杏园，1991年在其承包的2000m^2坡地仁用杏密植园上，创造了11年生亩产杏仁172.5kg的全国最高纪录，亩平均年产值达4400元。各地区还出现许多4～5年生的幼树早丰型园，每亩甜杏仁产量达50～70kg。充分说明只要加强管理，其增产潜力非常大。

1 优良品种

选择优良仁用杏品种是增产增效的前提，市场上甜杏仁的收购价都是按杏仁的大

河北农业大学园林与旅游学院院长杨建民（中）带学生在‘围选1号’母树下

小分级定价的，杏仁越大价格越高，其国家林业局仁用杏行业质量标准是：单仁干重>0.8g为一级，0.7～0.8g为二级，<0.7g为三级。

1.1 一级良种

1.1.1‘龙王帽’

以前我国生产上仁用杏的主栽品种中，仅有‘龙王帽’为一级，国际上称之为“龙皇大杏仁”。其平均单果重18g，最大24g，出核率17.5%，干核重2.3g。出仁率37.6%，干仁重0.80～0.84g，仁扁平肥大，呈圆锥形，基部平整，仁皮棕黄色，仁肉乳白色，味香而脆，微苦。5～6年生平均株产杏仁3.2kg，自花不结实。

1.1.2‘超仁’

是辽宁省果树科学研究所1998年选育的仁用杏新品种。其平均单果重16.7g，核壳最薄，出核率18.5%，平均干核重2.16g，出仁率41.1%，平均单仁干重0.96g，比‘龙王帽’增大14.0%，仁肉乳白色，味甜。5～10年生平均株产杏仁4.3kg，比‘龙王帽’增产37.5%，自花结实率为4.2%。

1.1.3‘油仁’

是辽宁省果树科学研究所1998年选育的仁用杏新品种。其平均单果重15.7g，出核率16.3%，平均干核重2.13g，出仁率38.7%，干仁平均重0.90g，仁味甜香，脂肪含量高，是仁用杏中脂肪含量最高的品种。5～10年生平均株产杏仁3.3kg，比‘龙王帽’增产4.0%，自花不结实。

1.1.4‘丰仁’

是辽宁省果树科学研究所1998年选育的仁用杏新品种。其平均单果重13.2g，出核率16.4%，干核重2.17g，出仁率39.1%，平均干仁重0.89g，仁味香甜。5～10年生平均株产杏仁4.4kg，比‘龙王帽’增产38.5%，自花结实率为2.4%，极丰产。是‘超仁’的授粉品种。

1.1.5‘国仁’

是辽宁省果树科学研究所1998年选育的仁用杏新品种。其平均单果重14.1g，出核率21.3%，干核重2.37g，为出核率最高的品种。出仁率37.2%，平均干仁重0.88g，仁味甜。5～10年生平均株产杏仁4.1kg，比‘龙王帽’增产27.1%，自花不结实。

以上4个新品种抗病能力强，经多年观察没有发现流胶病、细菌性穿孔病和果实疮痂病等病害。属于此级别的还有80D05、80A03和79C13等新品系。

1.1.6‘围选1号’另文已述，从略。

1.2 二级良种

1.2.1‘白玉扁’

又名柏峪扁、大白扁等。其平均单果重18.4g，出核率17.6%，平均干核重2.10g，出仁率34.1%，平均干仁重0.77～0.80g，仁心脏形，仁皮黄白色，仁味香甜。成熟时果实自然开裂，种核脱落，树势强，丰产性一般，是其他仁用杏的优良授粉品种，坐果率可提高23.4%～45.5%。

1.2.2‘优一’

原产河北省蔚县常宁乡安庄村。果实圆球形，其平均单仁重9.6g，出核率

17.9%，平均单核重1.7g，核壳极薄。出仁率43.8%，平均单仁重0.75g，仁长圆形，味香甜。叶柄和花瓣均为紫红或粉红色。花期和果实成熟期比‘龙王帽’杏迟2～3天，花期可抗短期-6℃低温。丰产性好，有大小年结果现象。

属于此级别的还有‘新4号’、‘北山大扁’、‘黄尖嘴’、‘九道眉’等品种。

1.3 三级良种

1.3.1‘一窝蜂’

又名次扁、小龙王帽等，原产河北省蔚县和涿鹿县一带，主栽品种之一。果实卵形，比‘龙王帽’ 杏稍鼓，其单果重8.5～11.0g，最大15g，成熟时果实自然沿缝合线开裂。出核率18.5%～20.5%，单核重1.6～1.9g。出仁率38.2%，仁重0.52～0.62g。仁香甜，极丰产，但不抗晚霜。

属于此级别的还有‘三杆旗’、‘串铃扁’、‘迟梆子’、‘克拉拉’、‘干颗’、‘串角滚子’、‘阿克胡安纳’、‘阿克西米西’、‘苏卡加纳内’等品种。

2 栽培技术

2.1 育苗技术

常规育苗。在我国北方常规育杏苗需要2年出圃，砧木种子采用西伯利亚杏（每千克1300粒左右）或山杏（每千克1100粒左右），于冬季经100天在0～5℃的低温沙藏层积后（近年辽宁熊岳农民改进了传统的伴沙层积方法，于12月中旬先将干杏核浸泡湿透，装入编织袋中，袋平放层层摞叠在不取暖的房间或室外背阴处，隔一段时间喷一次水，保持种核湿润，至第二年春季种核自然开裂）。在春季清明前后播种，每亩播种25～30kg。一般采用大垅单行种植，播种后5～7天苗木出土，加强田间水肥除草等田间管理，至7月中、下旬至8月底，苗木基部5cm处粗度达0.4～0.6cm时，即可采用带木质部芽接法嫁接。第二年春分至清明期间，进行剪砧并解除塑料绑扶物，剪砧高度在接芽上方1cm处，凡是未接活的要进行补接，补接时可采用劈接或插接法进行枝接。此后要进行多次抹除砧木本身的萌芽，只保留接芽的中心芽直立生长，加强田间管理，至9月末停止生长时，苗高均可达到1.2～1.5m，基径粗度1cm以上，成为合格的一级苗。每亩产苗量为8000～12000株。

在无霜期为230天以上，年平均气温＞12℃的地区，也可以当年播种、嫁接、出圃，在一年内完成育苗工作，即“三当育苗”。但这种快速方式培育的苗木质量欠佳。

2.2 建园

杏树是喜光、耐干旱、怕涝、怕晚霜冻的果树。因此，建园时要选择向阳和高燥处，不可选择低洼、阴冷及春季冷空气沉积的山谷地带。

杏树是长寿果树，一般100～200年生大树依然丰产，规划时株行距要大些。但考虑到前期经济效益，建园时要设置临时株，随着树龄增大逐渐间伐或移出临时

2007年7月内蒙古赤峰市大旱，上万公顷耕地无法播种，但仁用杏仍然丰收，图为上店村杏农在大灾之年心中不慌，悠闲地拣拾成熟落地的杏核（于德林 提供）

株。永久株的株行距可按4m×6m设计，临时加密为2m×3m，到8～10年生要及时处理完临时株。规划时还要考虑到土壤和水肥及机械作业等情况，在土壤和肥水条件较好并采用机械作业时，要适当加大规划的株行距。

定植时要挖深、宽各1m的栽植沟或长、深、宽各1m的定植穴，先在沟（穴）底部施入有机肥（每株30～50kg），回填表土后将苗木定植在中间，苗木嫁接口要与地面持平，踏实，灌足水，扣上一块地膜保水。在苗高60cm处进行定干，再套上一个宽5～6cm、长30cm的地膜筒，防止害虫啃食苗木的幼芽，至展叶后摘除。

定植时要特别注意配置4∶1或5∶1的授粉品种，授粉品种单行栽植有利于采收和管理。

2.3 整形修剪

因杏树喜光，国外常采用“Y字形”和“篱壁形”树形，或者“杯状形”树形。我国通常采用“自然圆头形”或“疏散分层形”以及“开心形”，少数地区采用“自然纺锤形”。不论你采用何种树形，只要骨干枝少，树冠圆满，生长势均衡，小枝组尽可能多，而且小枝都能获得光照，就能丰产。树形只是为种植者提供管理（人工或机械作业）方便的选择。

2.3.1 幼树修剪

幼树要尽快扩大树冠成形，修剪时要适度短截主枝头，疏除竞争枝、密挤枝和轮生枝，让主枝头向外倾斜生长，并保持其生长势，其余枝均缓放，不短截。角度和方向不合适的主枝，可以采用拉枝的办法加以调整，不可轻易采用转头、回缩等重修剪方式，以免造成树冠以大改小。幼树修剪不宜过重，以便早日进入结果期。

2.3.2 初果期树修剪

继续采用轻短截多缓放，疏除徒长枝、背上枝和竞争枝的修剪技术，加大主枝开张角度，应用摘心、扭梢、环割、拉枝等夏季修剪技术，进一步缓和生长势，增加结果量，培育中、小型结果枝组。

2.3.3 盛果期树修剪

这时要继续短截延长枝头（短截三分之一），适当抬高延长枝头保持生长势，要特别注意内膛结果枝组的更新复壮，方法是剪除枯死小枝，短截生长枝，回缩结果多的枝和长放枝，回缩阻挡阳光进入内膛的大枝，疏除膛内徒长枝、直立枝、背上枝，控制竞争枝，新梢的年生长量在30cm左右，保持树形完整，树体健壮。

2.3.4 衰老期树修剪

此期修剪量要适当加重，对小枝要多短截少缓放，衰老的大枝要回缩更新，要抬高枝的角度，并短截带头枝。适当利用徒长枝、背上枝和竞争枝恢复树势，尽量维持结果量和树势，延长结果年限。

2.3.5 对放任生长从不修剪的树

修剪时首先要从大枝着眼，坚持随枝做形的原则，将过多的、交叉的、重叠的大枝和层间的直立枝，逐年去掉，加大层间距离，回缩外围下垂枝，让阳光进入内膛，诱发新枝，培养新的结果枝组。同时回缩衰老枝，多短截发育枝，抬高下垂枝。对高大的树要回落树头，减少层次，打开天窗，多进阳光。如此坚持2～3年，就可以改造成丰产树形。

2.3.6 野生杏树形改造

野生杏树多为丛状灌木，没有主干，大枝密集，外围结果，产量低。改造时先选定一个主干大枝，把其余大枝从根部去掉，并在2～3年内及时除去主干和根部发生的萌蘖，对留下的大枝多短截生长枝，促进生长，培养主枝，随枝做形，加强土壤和水肥管理，3年即可改造成丰产杏园。

2.4 肥水管理

杏树喜钾，对钾肥要求较高，据研究杏树适宜的N∶P∶K比例为（6.3～8.1）∶1∶10.2，我国东北、华北及山东与河南等地区土壤中都缺钾，必须增施钾肥。最好施用硫酸钾。

成龄杏园每亩于初秋施优质有机肥5000kg左右，在开花前15天追施一次氮肥，在硬核期施氮肥和磷肥，在果实成熟前15天施钾肥。夏季可根据树营养状况进行根外追肥，追肥常用喷施量为：尿素0.2%～0.4%，过磷酸钙0.5%～1.0%，磷酸二氢钾0.3%～0.5%，硼砂0.1%～0.3%等。

杏树耐旱，但能灌水会更高产。按杏树需水规律每年灌水4次即可，第一次在开花前7～10天；第二次在硬核期，即花后20天左右；第三次在果实采收后，结合秋季施肥灌一次水；第四次在土壤封冻之前。

2.5 应用植物生长调节剂

根据刘宁等人的研究，‘丰仁’杏和‘国仁’杏在盛花期分别喷施0.3%硼砂、50mg/kg赤霉素、1200倍稀土、200倍PBO、100倍细胞分裂素、0.3%磷酸二氢钾、0.3%尿素加0.3%磷酸二氢钾、0.3%尿素溶液和喷清水对照处理，‘丰仁’杏的坐果率分别为22.8%、20.1%、21.8%、19.5%、21.3%、25.2%、21.0%、20.2%和19.8%；‘国仁’的坐果率分别为18.7%、17.2%、18.2%、10.2%、17.4%、21.6%、17.4%、17.2%和16.8%。另外，根据何跃等人的研究，在4年生仁用杏树干上于春季开花前7～10天，分别涂抹3g、4g、5g多效唑（PP333）溶液与涂清水对照，新梢分别为43.0cm、30.5cm、27.0cm和78.1cm，平均株产杏仁分别为1.40kg、1.70kg、1.45kg和0.90kg，分别增产55.6%、88.9%和61.1%。以按树龄每年涂1g为好。

2.6 人工授粉

根据何跃等人的研究，在仁用杏盛花期人工授以山杏花粉，‘超仁’、‘丰仁’和‘国仁’的坐果率分别为47.7%、39.1%和32.0%，平均为39.6%。而用东北杏（‘龙垦’杏系列‘东宁2号’、‘606’）坐果率平均为25.6%；用‘白玉扁’授粉‘超仁’的坐果率为16.9%；而用‘龙王帽’授粉，‘超仁’的坐果率仅为4.8%。可见山杏是仁用杏良种的最佳授粉资源。

2.7 保花保果

2.7.1 花前灌水

在杏开花前10天左右进行一次灌水，可以有效降低土壤温度，增加空气湿度，能推迟杏树开花3～4d，有利于躲避晚霜危害。

2.7.2 花期防霜

杏树开花期要特别注意天气预报，当预报有晚霜时，要及时采用熏烟的办法防止霜冻，即在霜降前点燃事先准备好的秸秆和落叶等杂物，使烟雾笼罩整个杏园，气温可提高2℃左右。也可以使用烟雾剂，其配方是20%的硝酸铵＋15%的废柴油＋15%的煤粉面＋50%的锯末或谷糠、草末、干马粪等，搅拌均匀后装入牛皮纸袋内压实，封口。每袋1.5kg，可放烟10～15min，控制面积2000～2700m^2。

2.7.3 人工授粉和放蜂

开花期人工点授多个杏品种的混合花粉，或者释放角额壁蜂、蜜蜂、熊蜂等，均可显著的提高坐果率。

2.7.4 花期喷水或喷硼

春天大气干燥，杏花柱头的黏着性差，不利于授粉，喷水或喷硼（0.1%～0.3%的硼砂）有利于柱头粘着花粉和花粉萌发，可以提高坐果率。

2.8 病虫害防治

2.8.1 杏仁蜂

首先要及时清除树上干缩的僵果和地

下落果，集中烧毁，消灭虫源。第二要在杏花刚落完时，立刻喷布一次20%速灭杀丁3000倍液，或喷布90%敌敌畏1000倍液，或50%辛硫磷乳油1000～2000倍液。

2.8.2 小木蠹

杏园首先要及时清除死亡的树和枝干，也不可将其堆放在杏园周围，要集中烧毁，消灭虫源。其次在5月底至6月初，7月底至8月上旬，在杏园堆放些枯枝，引诱成虫在其上产卵，然后烧毁；或在主干和主枝上用1份桃康加4份水的药液涂抹树干。

2.8.3 杏象甲

在杏花刚落完时立即打药（同防治杏仁蜂），或于清晨人工振落捕杀，消除地上落果。在开花初期地面喷药，喷布50%辛硫磷乳油300倍，每亩用药量0.5kg；或喷布50%地亚农乳油450倍液，每亩0.5kg；或撒施2%杀螟硫磷粉剂或4%的敌马粉剂，每亩0.5kg。

2.8.4 红颈天牛

在主干和大枝上涂白，在枝杈处要特别加厚；向虫蛀道口内塞50倍三硫磷棉球，或塞磷化铝颗粒，然后用泥团堵住虫口；在6～7月成虫出现时，用糖、酒、醋（1：0.5：1.5）的混合液诱集成虫捕杀。

在防治虫害时应尽量选用生物农药和矿物农药，以及无公害栽培允许应用的化学农药。

2.8.5 细菌性穿孔病

清除病枝、叶、果等病源；不与桃、李等核果类混栽；春季发芽前喷布5度石硫合剂；落花后10天喷布65%代森锌300～500倍液，或喷布硫酸锌石灰液（硫酸锌0.5kg＋生石灰2kg＋水120kg），每10天左右喷布1次，连喷3次。

2.8.6 流胶病

由于在杏树主干或大枝上，因虫害或人为造成伤口容易引发流胶病，因此，要防止树体受伤；枝干涂白，预防冻害和日灼伤害；春季刮除病部，涂抹5度石硫合剂或40%福美砷50倍液杀菌，然后涂抹伤口保护（愈合）剂。

注：原文发表于《果农之友》2001年第5期，本文作了适当的补充和修改。

50 李与杏树无公害栽培技术

1 建园技术

1.1 园址选择

李和杏树适应性很强，对土壤要求不严格。但杏树以沙性土壤最为适宜，杏树喜光、怕霜、怕涝，李树比杏树抗涝抗霜冻，但抗旱性不如杏树。因此，杏园址应选择在背风、向阳、高燥、晚霜出现频率小且霜冻较轻，不积水不涝洼的地方；无公害栽培要求近10年内没有种过杏、李、桃和樱桃等核果类果树的地方，否则会感染重茬病；如果是种植鲜食李和杏，还要选择交通方便的地方。根据农业部《无公害农产品管理办法》中规定，园址选定后，还需经省以上计量认证的环境保护机构对该园的水质、土壤和大气进行监测和评价，依《农业环境监测技术规范》，对该园水源中pH、汞、砷、氟化物、6价铬、氰化物、细菌总数、大肠菌群、化学耗氧量、生化耗氧量和溶解氧等14项；土壤中的pH值、铅、铜、砷、汞、铬、六六六、滴滴涕等；大气中的氮氧化物、二氧化硫、总悬浮物及氯化物等进行监测评价，各项指标均要符合无公害标准。

2002年7月，农业部优质农产品开发服务中心高级农艺师李清泽在新疆考察杏树高接更换良种

1.2 品种选择与授粉树配置

我们种植李和杏树时首先要想到结果后如何销售，如果种植面积较小，则可选用鲜食品种，而且要早、中、晚熟品种搭配，以便于分批采收和销售，如果是大面积种植，应选用加工品种或仁用品种。

我国原产的李和杏品种几乎自花都不结实或者自花结实率很低，所以必须配置授粉品种。现在我们通过研究已知：‘大石早生’李可用‘美丽’李等为授粉品种；中国李与欧洲李不能互相授粉，欧洲李虽然大多能自花结实，但还应配置其他欧洲李为授粉树；‘骆驼黄杏’可用‘红玉杏’和‘早甜核’杏做授粉树，与‘串枝红’杏可以互相授粉；‘大接杏’可用

‘水杏’、‘青皮杏’等为授粉品种；‘仰韶黄杏’可用‘银香白’、‘张公园’和‘大接杏’为授粉品种；‘银香白杏’可用‘黄干核’、‘麦黄杏’、‘荷包杏’为授粉品种；仁用杏的‘超仁’、‘丰仁’、‘国仁’和‘龙王帽’可用‘山杏’为授粉品种。还有许多杏品种的授粉品种尚未明确，在种植时要尽可能多种几个品种相互授粉。一般主栽品种和授粉品种的配置比例为5：1为宜。‘秋香李’、‘围选1号’杏和‘凯特杏’等虽然能自花结实，但还是配置授粉品种产量更高。

1.3 栽植密度

一般情况下鲜食李和杏栽植密度应较稀，仁用杏应较密，加工品种适中。土壤肥沃的地块应稀植，土壤贫瘠地块应密植；平地应稀，山地应密；株间应密，行间应稀；应用矮化砧木的李或杏树可以密植。李树平地种植株行距一般为3m×4～5m，山地为1.5～2m×3m；杏树行间不应小于5m，株间再密不可小于2m，株行距一般多用3m×5m，每公顷667株。种植者可根据上述原则因地制宜的进行调整。

1.4 栽植技术

远距离购进的苗木，不如当地随栽随起的苗木成活率高，这是因为苗木在运输中失水所致。因此，外购的苗木首先要把根部浸泡在水中1天，然后再栽树。干旱地区的栽植坑应在前一年的夏天挖好，以便充分吸收贮存自然降水。栽植坑的长、宽、深应为0.8～1m，有条件的地方最好挖栽植沟，使地下工程一次到位。在栽植坑或栽植沟底施入秸秆杂草和粪肥，并掺和表土填入。苗木可秋栽也可春栽，栽后要踏实，浇足水，待水渗下后要盖上一块地膜，既保水又增加地温，有利根系的生长。在苗木根系修剪清理后，可蘸加入ABT生根粉（50mg/L）的泥浆，成活率会更高。干旱地区在每株苗木根系附近，还应放置8g左右吸足水的保水剂。秋栽的苗，栽后上冻前要向一侧卧倒埋土15cm厚越冬（不可压断），第二年春天扒开扶正。秋栽苗比春栽苗萌芽早，长得快。

1.5 栽后管理

苗木栽植后首先要定干，一般李的定干高度为50～60cm，杏的定干高度为80～100cm，定干后要在春季发芽前套上一个地膜做的塑料筒，下部用绳扎结实，以免被风吹掉，这样既可提高成活率又能防止金龟子和象鼻虫啃食嫩芽，待展叶后摘掉塑料筒。一般北方春季都干旱，因此，栽后第10天应补浇一次水，确保成活率。

苗木成活后会萌发许多芽，要及时抹除苗木基部50～70cm以下的芽，及时锄去树盘下的杂草，并打药预防害虫。在初夏干旱时还应再次浇水，并在水中加入少量氮肥，促进苗木生长。秋季落叶后要在主干上涂白防寒，同时也能防止鼠、兔啃食树皮。

2 整形修剪

2.1 整形

根据李和杏树不同品种的生物学特

性、栽培条件、管理方式和栽植密度等因素，选择不同的树形。

2.1.1 自然圆头形

适用于中心干长势弱的品种（如仁用杏和山杏）。特征是没有明显的中心干，主枝5～6个错落着生在主干上，每个主枝上着生2～3个侧枝，树冠呈圆头形。

2.1.2 疏散分层形

也叫主干疏层形，适用于干性强的品种（如鲜食或加工品种），特征是有一个明显的中心干，其上分层着生6～8个主枝，其第一层有3个，第二层有2个，第三、四层各有1～2个。第一至第二层之间为80～100cm，第二至第三层之间为60～70cm。每个主枝上着生2～4个侧枝。树冠呈圆锥形。

2.1.3 开心形

适用于树冠开张生长势弱，并且密植又进行机械化栽培管理的果园。特征是株行距至少是2.5m×5m以上，定干高度相对较高。第二年春季选留3个方向错落的大技为主枝，并将主枝向外拉平延伸，每个主枝着生2～4个侧枝，3～4年形成一个盘状的开心树形。

2.1.4 “Y”字形

适宜机械化大规模密植。每株树有向东和向西的两个大主枝，干高30～50cm，树高1.8～2.5m。主枝采用先开张后向斜上方的“弯弓形”，不培养侧枝，在主枝上直接着生许多结果枝或枝组。整形的方法是选择直立的大苗定植，定植后不定干，而是将苗干拉向一侧的行间，呈45°角，待主干弯曲弓背处萌发出数条徒长枝后，选留其中一个角度向反方向的旺枝作为第二主枝，并拉向另一侧的行间，其余萌条均疏除。澳大利亚在培养这种树形的前3～4年常借助于金属支架绑缚，使树形更加规范一致，成形后撤除。

2.1.5 杯状形

适宜机械化大规模种植。主干高50～60cm，环树主干有方向均等的主枝4～5个，主枝基角50°～60°，距树主干60～80cm处向上直立生长，无中心干，主枝上不培养侧枝，直接着生结果枝组，主枝呈单轴延伸，树高3～4m即封顶，树冠呈中空杯状形。美国加利福尼亚州的李园或杏园采用这种树形。

除以上5种树形外，还有“自由纺锤形”、“篱壁形”等，但生产上应用不多。

2.2 修剪

修剪的目的是为了加快形成或维持某种树形，调节树冠内部各部位的通风透光条件，调整各级枝组的从属关系、生长方向和生长势，达到树体健壮、早产、丰产及稳产的目的。

2.2.1 幼树的修剪

从定植到结果初期为幼树，修剪的目的在于促进整形，尽快长成某种树形的完整树冠。幼树对修剪反应特别敏感，稍有不堪即会冒条徒长，难以控制。修剪时首先要促进各级骨干枝（中心干、主枝、侧枝）的生长，控制竞争枝和徒长枝的生长，缓和中短枝、平斜枝、下垂枝和辅养枝的生长势。方法是短截各级骨干枝的枝头，短截程度为1/3或1/2，注意剪口下第一芽的方向应是朝着继续延伸生长的方向，如果这个骨干枝相对较弱，则剪口下第一芽要留上（里）芽，以便抬高角度增强长势，反之留下（外）芽，以便开张角度减缓生长势，如果方位不符合要求，则可选取左或右侧的芽，调整生长的方向。对竞争枝、背上枝和徒长枝要进行重短截，仅留基部2～3cm促发小枝，过于密挤时要疏除；对中短枝、平斜枝、下垂枝均要缓放，这是结果的主要部位，不短截；对辅养枝上的健旺枝要疏除，或从2～3年生部位回缩，对辅养枝上的生长枝不要短截，要全部缓放，尽快形成结果枝组。

2.2.2 盛果期树的修剪

一般李或杏树在5～6年生以后就进入盛果期，这一时期修剪的目的在于调整结果和生长的关系，保持丰产和稳产。这一时期树体骨架已经基本形成，对修剪的反应不敏感，修剪量也较小。修剪时主要是控制徒长枝、竞争枝和背上枝，更新和维护各级结果枝或枝组，保持各级骨干枝的生长量，全树外围新梢平均生长量维持在30～40cm之间，不回缩大枝组。此时要特别注意保持内膛结果枝和结果枝组的光照及一定的生长量，及时清除枯枝，回缩或更新连续结果多年的结果枝。回缩下垂枝并抬高角度，保持内膛和下部枝叶能够得到一点阳光。

山东省果树研究所王家喜研究员2010年针对‘金太阳’杏，创造了果实增大修剪技术。即在常规修剪和肥水管理的基础上，于采收后的夏季修剪和冬季修剪时，将背上大于20cm的长枝全部疏除，在产量不减的情况下，使平均单果重增大22%～26%，露地与设施栽培平均单果重分别达108.3g和126.6g，而且果实的色泽好含糖量也增加。其原因是：相当于提前疏花疏果，集中了树体营养，改善了风光条件。其他鲜食品种也可以借鉴尝试。

2.2.3 衰老树的修剪

其特征是新梢生长量明显减少，一般仅5～10cm，内膛光秃，结果部位外移，树冠呈一篷伞状，产量明显下降，枯干枝增多。此时修剪目的是恢复树势和维持产量，延长经济寿命。方法是利用杏树潜伏芽特别持久的特性，修剪时要重促轻缓，重回缩衰老的大枝，促使潜伏芽萌发新枝，添补内膛的光秃和缺少枝叶的部位。要重短截生长枝，在有背上枝的前方回缩衰老大枝，并适度短截其上背上枝的生长枝，抬高枝的角度。疏除枯枝，缓放小枝。要尽量利用背上枝、竞争枝和徒长枝重新恢复树冠的完整性。

衰老树的冬季修剪应尽量晚一些，在萌芽前修剪最有利于伤口愈合。因衰老树的修剪量较大，剪锯口伤疤也较大，将伤口削平后涂上保护剂，会愈合更快。

对衰老树的扶壮延寿修剪，要建立在加强肥水管理的基础上，否则不会达到理想的效果。

以上所述都是冬季修剪的方法，我们应以冬剪为主，再辅以夏季修剪，这样才能减少营养消耗，减少修剪量，促进早成树型、早结果、早丰产，并延长结果年限。夏季修剪的时期是在6～8月，主要方法是摘心、扭稍、拉枝和剪除主干基部的萌蘖，以及疏除或重短截膛内的徒长枝，夏季修剪一般不动大枝。

3 土肥水管理

3.1 土壤管理

对新建果园的土壤管理，如果建园时不是以挖栽植沟的方式种植，则每年要在树冠投影圈向外扩展30～40cm，深翻40～60cm，熟化土壤，保证根系向外延伸。在树冠投影下还要修筑成方形或圆形的树盘，在树盘内先施入有机肥再翻暄土壤，浇水后，在树盘上覆盖15～20cm厚的作物秸秆或杂草，其上再覆土2～3cm，待秸秆或杂草腐烂后再重新覆盖。这样可以使土壤从树根向外逐年得以肥培熟化，有效改良土壤的理化性质，使果树根系总量增加80%左右，树冠体积增大23%，杏树完全花比例增加11.4%，坐果率增加16.0%，开花期延迟2～3天，平均产量增加46%左右。覆盖秸秆或杂草的时期不限，但在雨季前完成最好。

对于土质黏重的杏园，土壤要结合深翻压草掺以河沙，对于沙化的土壤也应掺和黏土，这样可以改良土壤的结构，调整通透性和保水保肥性，更有利于树根系的生长。

在李和杏的生产园中，提倡行间实行生草制，株间进行清耕。行间自然生长或人工种植的草，可以割下后覆盖树盘或翻压在行间，有利于园土的肥培熟化。

3.2 施肥

在无公害果品生产中，应根据土壤肥力和果树的需肥规律，确定施肥的种类和数量，提倡测土配方施肥。施肥时应以腐熟的有机肥为主，化肥为辅。商品肥料必须是通过国家有关部门登记认证及生产许可，质量指标达到国家有关标准的要求。禁止使用未获准登记的化肥，提倡使用农家肥、商品有机肥料、微生物肥料。化肥必须与上述有机肥混合使用，且无机氮的施用量不宜超过有机氮用量。禁止使用含氯复合肥和硝态氮肥（如硝酸铵等）；禁止使用未经无害化处理的城市垃圾或含有重金属、橡胶等有害物质的工业和生活废物。

依施肥的时期和方法一般分为基肥和追肥两种，基肥在果实采收后至落叶前施用，追肥在生长季的前期施用。

基肥是迟效性肥料，作用时间长，有养分种类齐全和改良土壤的作用。所以，基肥要早施多施一次完成，最好在果实采收后10～15天即用，这时正是李和杏树为第二年分化花芽的时期，要求有足够的营养保证。一般成龄的李或杏园每亩施基肥3～5t。大树基本封行的李或杏园可采用全园撒施，施后结合压草翻耙一次完成。幼树和初果期树可在树冠投影外挖环状、半环状或放射状沟，沟深40cm，宽30～40cm，将肥料施入沟内，覆土后浇水。磷钾等肥料的肥效也较慢，可在施基肥时一并施入，用量多少视园土壤肥力状况而定。

追肥一般每年3～4次，第一次在开花前15天左右施入，以速效氮肥为主，成龄大树每株0.5～1.0kg尿素。第二次在果实硬核期，仍以速效氮肥为主，辅以磷、钾肥，成龄大树每株施尿素0.5～1.0kg，过磷酸钙1kg，硫酸钾1kg，也可施用磷酸二铵1～1.5kg。第三次在果实采收前半月进行，追施钾肥每株成龄大树0.5～1.0kg。第四次在采收后进行，如果采收后不施基肥，则此次应氮磷钾肥全面施用，成龄大树每株尿素1kg，磷酸二铵0.5kg，硫酸钾0.5～1kg。追肥的方法是在树盘内开浅沟后将肥料混合施入，施后即封土，过1～2天再浇水。

根外追肥，结合果园病虫害防治，在生长季（展叶期、硬核期、采摘前15天）结合打药加入叶面化肥，喷施时间应在清晨或傍晚进行，不可在中午高温时进行，否则易发生药害。注意，在采收前15天内不允许追施叶面肥。山西运城市在杏树上应用根外追肥的经验是，涂干冲施肥：分别是在硬核期和采收前10～15天，每次每亩用20kg弘蕊氨基酸配水250～500kg加高钾优聪素2.5kg，用水抢冲施。叶面喷肥：是在展叶期，用M－JFN1500倍加高钾优聪素2000倍；在硬核期，用氨基酸钙500倍加高钾优聪素2000倍；在采收前2周，用金福牛1000倍加高钾优聪素2000倍。这“二冲三喷”的效果是增大单果重和促进早上市，现已推广到陕西的渭南市、河南的三门峡市等地区。

杏树是特别喜钾的果树，在我国黄土高原以东地区土壤普遍缺钾，如河北的东部、山东和东北及内蒙古东部的杏园均应多施钾肥，以满足杏树的需求。李树栽培地域广泛，在南方酸性土壤上要多施些石灰进行酸碱调节；在山地瘠薄的土壤与沙地的李园，易缺少硼和锌，在含碳酸钙较多的土壤上易缺铁，因此，在施肥时应特别注意。

3.3 灌水

我国杏的主要产区在北方，且多为干旱或半干旱地区，杏树一年需灌水3～4次，第一次在花芽萌动期（4月上中旬），最迟不晚于开花前7～10天。这次水要灌足，不仅可以保证开花、坐果和新梢生长的需要，而且有推迟花期减少晚霜危害的作用。灌水后使土壤湿度达到70%左右。在李和杏开花期不能灌水，否则会造成落花落果。第二次灌水应在果实硬核期（落花后20天左右），这是李和杏树需水的关键时期，直接关系到当年的产量和下一年的花芽分化，但此时正是我国北方最干旱的季节（5～6月），因此要尽量保证，灌水量同前。第三次是在果实采收后（7～8月），此时北方已经进入雨季，可根据具体情况灌水。第四次是在土壤封冻前浇灌封冻水，这是为了提高树体抗寒、抗抽条的能力，保护树体安全越冬。

灌水的方法根据各地的条件而异，要尽量采取节水灌溉的方式，如滴灌、渗灌或者沟灌，不要再用大水漫灌，既节水又避免土壤板结和返碱。

3.4 排水

杏树的根系极不耐涝。杏园或杏的树盘内不能积水，土壤水分饱合并积水时间达24～36h时，杏树根系会全部窒息死亡，随后整树死亡。因此，杏园排水必须畅通、及时。短时间积水的杏园，可及时将根颈部土壤翻松，加快土壤水分散发，通透空气，恢复根系的功能。李树一般喜湿怕涝，但如果采用东北的小黄李做砧木，可以在湿度较大的地方生长。

4 花果管理

许多李或杏园花开满树但结果甚少，除晚霜、风沙、冰雹等自然灾害外，主要是授粉品种配置不当，授粉授精不良所致。李、杏园品种单一或授粉品种不当与不足时，必须依靠人工或昆虫传粉。李和杏的花是虫媒花，不是风媒花。

4.1 人工辅助授粉

试验证明采取人工辅助授粉的杏园，比自然结果的杏园年产量增加2～3倍，如‘大玉巴达’杏在自然授粉条件下坐果率仅是8.3%，而人工授粉的坐果率可高达19.3%。

人工授粉的方法是：先将适宜授粉品种的杏花在大蕾期采下，人工拨离其花药，阴干散出花粉，拌和5倍的玉米淀粉，装在干燥而洁净避光的小瓶内，再用自行车的气门芯反卷在小铁丁或小木棍的尖端，用其蘸取花粉点授在花的柱头上。也可用500g冷开水加1～2g花粉、25g白糖、46%的尿素1.5g，制成花粉混合液，用小喷雾器喷授在柱头上。还可以用鸡毛软绒绑成绒球，再将其绑在1～2m长的竹竿前端，用其蘸取花粉点授，可提高工效8～10倍，每人一天可授大树100余株。值得注意的是李和杏的花粉生活力较低，其耐贮性远不如苹果和梨的花粉，在1~2℃低温干燥避光条件下，李杏花粉仅可贮存3～4个月，最好是随采随用，配制的花粉混合液不可过夜。

4.2 放蜂传粉

在李或杏树授粉品种占20%以上，并配置均匀的果园里，于开花前2～3天，每公顷放置2.5箱蜜蜂（4000～5000头）或450～600头角额壁蜂，蜂箱间距100～150m，以蜂授粉。蜂箱应放置在向阳背风的高燥处，便于蜜蜂提高采授粉效率，角额壁蜂蜂巢前还应设置壁蜂取泥土的泥坑，以便回收壁蜂。在天气较冷的地区，每公顷杏园应更换为500头凹唇壁蜂或400头高寒熊蜂，授粉效率更高。根据中国农业科学院蜜蜂研究所的研究：蜜蜂在14℃时、凹唇壁蜂在12～13℃时、熊蜂在6.5℃时才开始工作，活动半径为50m左右，每天活动12h，凹唇壁蜂采粉繁殖的生命活动时间为45～60d。角额壁蜂比蜜蜂工作效率高，凹唇壁蜂比角额壁蜂工作效率更高，熊蜂比蜜蜂工作效率高近80倍。

4.3 花期喷水

杏和李开花期时常遇到严重的风沙干燥天气，大风携带沙尘常将柱头吹干并沾满尘土，影响授粉。因此，在盛花期喷水，使柱头洁净并保持湿润，可以提高坐果率。如果在清水中加入0.2%的尿素和0.2%的硼砂，效果会更好。喷水时水滴不可过大，水滴要呈雾状，水量也不能太多，否则会影响昆虫传粉。

4.4 高接授粉品种或花期挂花枝瓶

对授粉品种配置不足的李或杏园，可在每株树上高接1～2枝授粉品种，一般高接后第二年即能开花授粉。也可在树上挂一个瓶子，瓶内清水加5%的蔗糖，选择与主栽品种授粉亲和性好的其他品种的花枝，插于瓶内，则可任昆虫采传粉。

4.5 应用植物生长调节剂

在李和杏树盛花期喷布90mg/L的赤霉素（每1000ml水加入90mg的赤霉素），可以提高当年的坐果率和增加单果重。根据刘宁的研究，在‘骆驼黄’和‘串枝红’杏的盛花期，分别喷施0.3%的硼砂、50mg/L赤霉素、1200倍稀土、200倍PBO、1000倍细胞分裂素、0.3%磷酸二氢钾、0.3%尿素加0.3%磷酸二氢钾、0.3%尿素和喷清水对照处理，‘骆驼黄’杏的坐果率分别为15.8%、19.8%、19.5%、5.0%、11.2%、13.7%、11.6%、10.0%和10.8%；而‘串枝红’杏则分别为20.6%、25.5%、22.4%、3.8%、12.5%、22.0%、19.1%、16.1%和10.8%。另据刘威生报道，花蕾期喷布6000～10000倍的叶面宝溶液，或800倍的5406细胞分裂素液；终花期喷布0.05%～0.1%的稀土液，或30mg/L的防落素液；幼果期喷0.3～0.5mg/L三十烷醇液，或0.3%～0.5%硼砂液，或50mg/L赤霉素液，均能明显的提高李的坐果率。美国新泽西州农业大学有人在10月中、下旬落叶前半月，喷施50mg/L的赤霉素，可使第二年杏的花期明显推迟并坐果率增加60%～70%，但要注意赤霉素的用量不可过高。为减缓营养生长，促进开花、坐果、增大果个，在落花后10～15天，每株树土施15%的多效唑粉剂10g，或在6月底至8月初，喷布1～3次植物生长抑制剂PBO（用量为150～200倍），也有明显效果。

4.6 人工疏果

对于结果量较大的鲜食李或杏品种，在落花后半月至硬核期以前要进行疏果，此时因授粉受精不良的生理落果已经落完，果粒如蚕豆大小，要人工将病虫果、畸形果和小果疏除，对于密集果也要间疏，以便果实大而均匀。试验证明：‘串枝红’杏不疏果单果重只有40～50g，疏果后单果重可达70～80g。对于仁用杏和加工的李或杏品种一般不需要疏果。

5 花期霜冻害的预防

杏树在春季开花早，时常会遇到晚霜危害，研究证明杏树花蕾遇到-1.1～

−5.5℃、花遇−0.5～−2.8℃、幼果遇到0～−2.2℃的低温就会发生冻害。预防办法如下。

5.1 准确预报霜冻害

2004年山西省农业科学院园艺研究所王保明等人发明了“便携式农用霜冻自动报警仪”，可以安装在各杏园内1m高处，调好杏花或幼果不同时期霜冻报警温度值，当霜降来临前可以自动发出警报声，也可以启动杏园主人的手机铃声，提前报警，及时防霜。

5.2 熏烟法

在杏树开花期如遇霜冻，及时点燃事先准备好的柴草发热放烟，可以防止杏花受冻，这种古老的方法至今沿用。但也有许多改进：一是自己配制烟雾弹放烟，其配方是按重量比：3份硝氨加1份柴油再加6份锯末混拌均匀，每1.5kg装在一个牛皮纸袋内封严即成。点燃时每袋可发烟15min，可控制面积为0.2～0.25hm^2。二是将柴草树叶等杂物装入编织袋中，扎紧袋口，从一侧点燃发烟，比草堆发烟时间更长。三是在杏园隔株设置一个长年应用的发烟放热的蜂窝煤炉，煤炉用砖石或黏土简易砌成，炉内能放3块蜂窝煤，点燃后可持续放热8～10h，能使杏园气温提高3～5℃，有效防止霜冻。

5.3 灌水或喷水法

利用水的热容量大、温度变化缓慢的特点，在霜冻来临前采用灌溉措施能有效延缓近地面空气和土壤温度的下降。利用水汽凝结放热的物理属性，采用微喷雾化的方法也能有效防霜冻。在花芽膨大期浇水或连续喷水，可以延迟花期2～3天，躲避霜冻。

5.4 冷棚遮盖法

2009年在宁夏彭阳县和山西稷山县创造了冷棚遮盖防霜法，即在杏花蕾期用塑料薄膜将杏树（2行杏树）遮盖起来，花落后收起薄膜下年再用，可以有效地防止霜冻。支撑薄膜的支架可用钢架也可用竹皮架，长年设置季节应用。

5.5 化学调控法

根据四川国光农化有限公司的研究，在杏树落叶前15天全树喷施800～1000倍的迟花素，可使第二年杏树花期推迟6～10天；第二年杏开花前10～15天再喷布1000倍稀施美抗冻液，可有效的增强杏树抗霜冻的能力。根据河北农业大学杨建民等人的调查分析和蔚县温林柱的生产经验，在前一年或当年早春仁用杏园土壤施用150～200倍“免深耕”或“国光爱地”等土壤调理剂，杏花抗霜冻能力显著增强。

5.6 加热或搅动空气法

在国外杏园隔株都放置一个煤油炉，当霜降来临时，将其点燃，温度升高避免霜冻。或在将要降霜时启动杏园中高大的电风扇，或请来直升飞机搅动杏园上层的空气，避免降霜。近年在我国河南省洛宁县，春季樱桃园也放置电热器增温避霜，取得了成功。

6 主要病虫害防治

李和杏树与其他果树一样会有许多病虫危害，危害李和杏树的主要虫害有李实蜂、杏仁蜂、红颈天牛、小木蠹、金龟子、介壳虫等，主要病害有杏疔病、流胶病、褐腐病、细菌性穿孔病、李囊果病等。具体防治方法同仁用杏。但要禁止使用剧毒、高毒、高残留的农药和致畸，致癌、致突变的农药。严格依据2002年5月20日农业部199号公告使用农药。特别注意在李和杏硬核期和采摘前15天不再使用杀虫、杀菌剂。

7 鼠兔害的防治

7.1 防治鼠害

主要是指鼢鼠，也叫瞎狯或地猪，还有田鼠和花鼠等。

防治方法：主要用毒饵诱杀法：用磷化锌1份加面粉10份加水制成毒糊，用菜叶、薯块等蘸后投入鼠洞杀之。也可用磷化锌5份加水胶2份再加水50份制成毒糊，或用磷化锌加香油制成毒糊。也可用砷酸铜70g加水1000g，浸泡土豆块24h后投放，都能起到很好的效果。

农民也常用地箭法踏射鼢鼠，但方法较复杂，不便推广。

7.2 防治兔害

在“三北”地区野兔和兔鼠（达吾尔鼠）比较普遍，在冬春季节常啃食杏幼树距地面30cm以下的枝干，致使许多幼树死亡。

防治方法：用废机油加毒药涂抹树干，涂抹的高度应达50cm。或涂抹防啃剂、猪羊等动物的血液。也可以在大雪之后，沿兔子经常出没的地方投放毒饵，如磷化锌、亚砷酸钠浸泡过的玉米粒等。也可在杏树主干四周绑扎干树枝防兔鼠啃食。在国外常采用能开闭的铁丝围筒（网）保护树干。

采收和采后处理、无公害农产品产地认定和产品认证程序与监督管理等从略。

注：原文由我和农业部优质农产品开发服务中心李清泽高级农艺师共同撰写，发表于2004年由我和张有林主编、由中国林业出版社出版的《李杏资源研究与利用（三）》上。本文题目和内容都作了适当增补与修改。

51 杏树抗旱抗晚霜丰产栽培十项新技术

笔者近年在北方八省（自治区）杏的主产区考察中，总结出选用晚花抗霜冻品种、用土壤调理剂改良杏园土壤、选用优质功能复合肥和叶面肥、节水深层渗灌、抑制与回收蒸腾、抗御晚霜、提高坐果率、壮树壮花芽、杏仁增大、防治流胶病与裂果等杏树抗旱抗霜冻丰产栽培新技术，旨在提高我国杏树产业的经济效益。

根据联合国粮农组织2005年资料，我国杏树的平均单产只有4736.8kg/hm^2，亩产为315.8kg，不足世界杏平均单产的四分之三，不足斯洛文尼亚（单产最高）的五分之一，世界排名仅居第36位。笔者认为，我国杏单产低的主要原因，一是我国杏树主要种植在干旱而瘠薄的地区（黄土高原、沙漠边缘和戈壁滩），产区的生态环境和经济基础较差；二是春季频繁遭遇晚霜危害，抗御措施不利；三是杏树管理粗放甚至弃管。针对上述原因，我近几年在辽宁、河北、内蒙古、山西、陕西、宁夏、甘肃和新疆等省（自治区）杏主产区考察中，总结出杏树抗旱、抗霜冻等多项丰产栽培实用新技术，现概述如下，供生产者参考。

1 选择晚花抗霜冻品种

在多年大规模生产和多次晚霜危害中，各地都培育或筛选出一些在晚霜危害之年仍然丰产的品种或优株。花期晚的优良杏新品种是李梅杏种内的‘金皇后’（西北农林科技大学王长柱等选育）、‘美国李杏’（我所引进）、‘龙园黄杏’和‘龙园香杏’（黑龙江省园艺所培育）、‘郯城杏梅’、‘阜城杏梅’等品种。特点是春季开花比普通杏晚7～9天，高产稳产，果实较耐贮运，株型矮小适宜密植，抗干旱，适应性广，鲜食与加工兼用。较为抗霜冻的鲜食与加工兼用的普通杏良种有‘串枝红’、‘凯特’、‘金太阳’、‘金亚’（山西省农业科学院果树所田建宝等选育）、‘华县大接杏’、‘供佛杏’、‘张公园’、‘软条京杏’和‘曹杏’等。能自花结实且抗晚霜的仁用杏优良新品种是‘围选1号’（河北围场县林业局选育，花期遇-7℃霜冻仍能正常结果）、‘牡育84-13-87’（黑龙江省牡丹江农科所刘海荣等选育）、‘优一’、‘超仁’、‘丰仁’等，还有2008年河北农业大学杨建民初选的18个仁用杏抗霜冻丰产优株。抗霜冻的山杏资源有沈阳农业大学刘明国2007年选出的4个抗霜冻丰产优株和10个晚花（晚6～9天）并丰产稳产的山杏单株。

2 使用土壤调理剂改良土壤

传统的土壤改良技术是大量施用有

机肥、深翻和客土等，其投资大且费工费力。近年河北省蔚县分别在杏花芽膨大期、果实成熟期和采果后30天，在杏园地面上各喷施1次300倍“免深耕”或500～1000倍的“国光地爱”等土壤调理剂，可使原本板结的黏黄土变得疏松，形成有团粒结构的通透性良好的壤土。据河北农业大学测定，在10年生‘龙王帽’杏园中施用“免深耕”后，土壤容重平均降低15.8%，总孔隙度平均增加11.6%，田间持水量平均增加6.9%；碱解氮增加41.6%，有效磷增加50.9%，速效钾增加31.2%，土壤中细菌、真菌、放线菌、固氮菌等微生物都明显增加；过氧化氢酶活性增加2.6%～11.2%，土壤蔗糖酶增加32.2%～47.6%，蛋白酶增加最高达82.0%，脲酶活性降低13.0%，暄地深度可达1m，其中0～60cm土壤结构得到显著改善。挖开土层调查：杏树须根增加1.17～2.17倍。树叶变得深绿，果实明显增大。2005年5月6日河北省蔚县遇到-4℃的晚霜危害，使用土壤调理剂的杏园花芽受冻率仅为14.6%，而相邻对照杏园受冻率达98.2%。

“免深耕”土壤调理剂为成都新朝阳生物化学有限公司生产，每次每亩用药200g，加水60kg；“国光地爱”土壤调理剂为四川国光农化有限公司生产，每次每亩用药100g，兑水50～100kg。将稀释好的调节剂均匀喷洒于地面。施药后如进行灌水或遇降雨，1个月土壤即可变得松软。该项技术比传统的土壤改良措施投资少，且省工省力见效快，两种药剂相比使用“国光地爱”的成本较低。

3 选用优质功能复合肥和叶面肥

市场上肥料种类繁多，质量差异很大，建议大家选用四川国光农化有限公司生产的“稀施美·依尔·功能氨基酸螯合复合肥”，简称“稀施美功能复合肥”。其理由一是该肥料不仅通过了农业部和化工部的检测并获准生产，而且还通过了国家AA级绿色食品生产资料的检测和认证，批号为LSSZ-01-0703220039，有国家绿色食品生产资料和中国驰名商标的标志，这在我国是罕见的。二是该肥料氮磷钾有效

国光公司依尔稀施美螯合肥工艺

成分高达42%～48%，并含有铜、铁、锰、锌、钙、镁、钼和硼等微量元素，还含有17种稀有元素，是一种全新的养分齐全的复合肥。三是采用了世界最先进的熔融油冷喷浆造粒工艺和技术（国内领先），添加了GG功能剂，能增加果树植株的内源激素，使果实显著增色增糖改善品质，能提高果树的抗逆性。四是该肥料有突出某种元素的系列产品，有效成分高达98%～99%的各种高纯度晶体单质肥料，肥料的形状有颗粒状、棒状和球状等，供用户选择的余地大。五是在其各种复合肥中有三分之一为速效肥，有三分之二为缓释肥（有一层油膜包裹），速效和长效相结合，见效快，肥效期长，利用率高，用量少。六是该肥料出口美国、日本和欧盟等十多个发达国家，而且用量年年增加，说明该肥料的质量达到了国际领先水平，在国际肥料市场上享有盛誉，值得信赖。七是该企业的服务态度好，在全国各地都设有专买服务机构，能送货上门并教会您如何使用，还可以根据用户的需求调整配方定向为您生产，这在全国农化企业中是绝无仅有的。

上述肥料幼树用量为每株0.5kg；初果期树为每株2～3kg；盛果期树每株用量为3～5kg。

高效叶面肥“稀施美”：四川国光农化有限公司生产的“稀施美”是一种含有18种氨基酸螯合多种微量稀有元素的高效叶面肥，获国家AA级绿色食品生产资料认证。施用方法为用200～400倍液涂抹树干，或用500～1000倍叶面喷施。分别在落花后7～10天和硬核期各喷施1次。喷药后叶片浓绿有光泽，并明显增厚，光合作用增强，减少落果，促进花芽分化，还能兼治小叶病、畸形果、裂果、叶片黄化、白化等缺素病症，增强树体抗逆性。

4 节水深层渗灌技术

杏树是深根性抗旱果树之一，一般根系分布的深度为30～70cm，80%的根系集中在地下50～100cm处，而且越是干旱的地区根系越深。因此，在干旱地区地表与

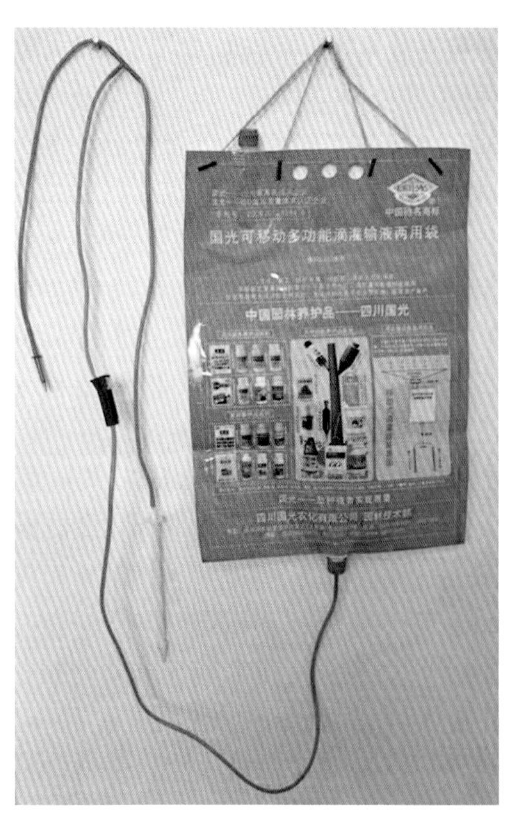

国光公司发明的可移动微型树干注水并土壤深层滴灌器

根系之间有30～50cm厚的无根土层，这层土壤中的水分果树无法利用，属于无效水分。但是无论是天上的降水还是各种灌溉措施，如漫灌、沟灌、畦灌、滴灌和喷灌等，在造成土壤板结的同时，无一不是首先满足地表层土壤吸足水分之后才渗透到根系分布层，上面无根层板结土壤中水分蒸发后还要通过毛细管作用蒸发下面根系层的水分。因此，如果我们改变一下灌溉方式，越过上面板结的无根层把水直接浇灌或浸润到下部的根系层，并翻松上层土壤切断毛细管阻止水分蒸发，岂不是实现了最大限度的节水，极大提高水的利用率。

2008年7月2日，笔者在宁夏彭阳县全国劳动模范杨万珍治理的小流域中看到了一种果树深层注水渗灌方法：他在立地黄土高原的六盘山区，于新栽果树的两侧，各倒插一个无底的酒瓶，地表仅留1cm左右，通过酒瓶直接把水注入地表30cm以下，他提着一个水壶逐一向瓶内浇水，每株树0.5～1kg，一壶水能浇好几棵树。他在每年最干旱的春夏季节给果树浇4次水，进入8月雨季后则停止浇水，一棵树连浇两年（8次）就活了。两年一株树用水量仅为8kg左右。

由此启发我进一步设想：如果在干旱的黄土高原或沙漠戈壁边缘，将树下修建成漏斗状树盘，外高内低，选用杏树大苗深栽于树盘中间最低处，并于苗的一侧或两侧倒插一个无底的塑料瓶，在瓶口拧上一个特制的四周有孔的硬塑料长尖嘴，再于树盘上覆盖一块地膜，雨水可以自然从膜上流进瓶内渗入地下。按果树的需水需肥规律将肥和水同时注入根系层，也可将

作者（中）2003年在新疆轮台县戈壁滩建滴灌杏园

农药或土壤调理剂一并施入，兼防病虫害和改良土壤。这样我们则可将许多仅能湿润地面无用的小雨也变成有效水资源（小水大用），同时地膜还兼有覆盖地面减少蒸发的作用，进一步完善这项节水深层渗灌新技术。

在实施这项技术上，四川国光农化有限公司设计了一种可移动的微型深层滴灌器专利产品，每棵树用1～2袋（5kg或10kg）对树根进行深层滴灌，也可将上面谈到的地膜收集的雨水引入该滴灌袋中，这种滴灌袋可多次使用也可移动，并可调节液体滴速和入地深度，这种滴灌装置很适合干旱少雨地区深层节水灌溉。也有一些果农用四川国光生产的大树输液袋加流速调节器对根部进行深层滴灌。

5 抗旱栽培新技术

5.1 压沙抗旱栽培技术

宁夏中部地区年降水量仅300mm左右，其中84%被蒸发掉，年蒸发量达1200～2300mm，因干旱缺水造成大片土地无法耕种。因此，如何阻止土壤水分蒸发成为当地发展农业的关键措施。在多年土壤覆盖保墒的生产实践中，他们认为各种覆盖物蓄水保墒压碱的效果由大到小的顺序是，沙石、残茬、薄膜、干土、不覆盖。因而创造了压沙西瓜、压沙红枣等特别的生产方式，我认为同样适用于杏树。

方法是在头一年的雨季前先将沙荒地整平或整成平坦的缓坡地，然后每亩施入5000kg的有机肥，深翻20～30cm，在雨季自然蓄存雨水。入冬土壤结冻后进行铺沙，厚度为15～20cm（每亩投资1000元左右），片状碎石和大粒粗沙比例为4：6或3：7，然后整平压实。第二年地下10cm温度上升并稳定在15℃时开始刨沙挖坑种瓜或栽树……基本靠天然降水生产。宁夏、甘肃这项古老的抗旱栽培技术，是近年才开始大面积应用的，我认为同样适用于杏树。

5.2 减蒸腾抗旱栽培技术

根据果树生理研究，果树吸收的水分只有不超过1%被利用到代谢作用中，绝大部分的水分是通过叶面气孔蒸腾损失了，在极度干热的夏季，当根系吸收的水量不及蒸腾量时，树体内各细胞会因失水而萎蔫，杏树表现为叶片抱合、卷曲或脱落，甚至死亡。现代研究证明，生长抑制剂脱落酸（ABA）可以促使叶面气孔缩小或关闭，延缓树体新陈代谢，抑制水分蒸腾。我国目前生产的能抑制蒸腾的生物调节剂有四川国光农化有限公司生产的“抑制蒸腾剂”，新疆哈密黄植腐厂生产的“FA-旱地龙”，兰州大地绿迪乐有限公司生产的“绿迪乐”等。

国光抑制蒸腾剂的用法是在下午6时以后全树喷施500～800倍液，间隔5～7天第2次用药。该项技术现已在生长季节移栽大树、古树的园林绿化中广泛使用，其他制剂也已经在大田作物方面应用，建议在旱区杏树生产中试用。

5.3 作物蒸腾凝结灌溉技术

此项技术在国外已经取得成果，其基本原理是：在温室或园田农业生产中，根据水的仿生学原理，以太阳能和风能发电为动力，聚集农作物（包括果树）蒸腾和地面散发的湿热水汽，借助夏季的土壤和冬季的空气与液态水等低温物资，创造一个温差大于10～30℃的水汽风洞管道流程，将水汽在管道内冷凝成液态水并高效汇集，然后将此水回灌到土壤中供根系吸收。如此循环往复，构成了水分的微循环系统，提高了作物对水的利用率和生产效率。这是在土壤极端缺水，但太阳能和风能资源又极为丰富的荒漠化边缘地区，发展高效节水农业的新创举。

此项技术据国外研究，水汽回收率大田为25%以上，温室为30%～40%以上。温室水汽昼夜反向循环，还有提高气温、土温和降低温室空气湿度减少病虫危害的作用。

5.4 使用抗旱保水剂

1995年埃及首先研制出一种与天然聚合物有相同作用的胶质聚合物RAPG，它能吸附高于自重750倍的水分，然后缓慢释放，能与NPK农肥混合使用，使土地形成团粒结构、保水、保肥、固定根系，成功地在沙漠中进行农业生产。世界粮农组织对此进行了试验，结果证明使用RAPG能够明显节水，用水量只及滴灌的三分之一。它还能吸附肥料，使作物固氮作用增强60%，可从空气中直接固定氮肥，减少

宁夏彭阳县山地88542坡地整地技术

宁夏彭阳县漏斗式整地建园

二分之一的施肥量，在沿海一些沙漠中使用，一些耐旱的作物不浇水也能正常生长，小麦增产3.8倍，西葫芦增产3.5倍。在西欧和中亚一些国家使用也获显著效果。每公顷用量为130～140kg，相当于每公顷灌溉了97.5～105t水，成本约300美元。

我国近年也研制出许多抗旱保水制剂，使用宁夏中天公司生产的“稀土旱地宝”，在千亩大田上应用，使旱地水分利用率提高50%～80%，每亩水浇地节水30～60m^3，使粮油作物平均增产15%～30%，在治沙造林中也取得了明显的效果。在甘肃省民勤县治沙综合试验站穴施10～15g农林保水剂（产地不详），或以100倍液蘸根或拌种，均能显著提高成活率、出苗率，提高土壤水分含量最高达14.8%。北京汉力淼新技术有限公司生产的L和XL型保水蓄肥改土剂，已在山东、辽宁、浙江等省的苹果、枣、柑橘等果树和水田与旱田农作物，以及蔬菜上广为应用，节水、节肥效益越来越显著，建议在我国“三北杏树带”上应用。

其他抗旱栽培技术如秸秆覆盖、地膜覆盖和穴贮肥水等众所周知，在此不赘述。

6 抗御晚霜危害技术

6.1 准确测报杏园霜冻

将山西省农业科学院园艺所王保明研究员2005年研制的“便携式农用防霜自动报警仪”安置在杏园内1m高处，将温度传感器面向西北方向，设定报警温度，接通电源即可。仁用杏园报警温度在仪器出厂时已经设定，如在鲜食与加工杏园中应用，可将花期报警温度设定在-1.5℃，幼果期调至-0.1℃。接到报警信号后要立即进行全园熏烟或点火升温措施。据河北农业大学测定，该仪器报警温度可精确至±0.01℃。

据2009年王保明研究，将常规的薰烟物资装入编织袋中点燃，其放出的烟雾比堆放的同样物资时间长2个多小时，效果更好。

6.2 点燃蜂窝煤防霜

山西省绛县科技局2006年4月12～13日组织果农为133.3hm^{2}大樱桃园防霜冻，在每株树下放置一个无铁皮的蜂窝煤炉胆，内装3块蜂窝煤（自制蜂窝煤成本每块0.15～0.20元）点燃后可使园内气温提高4～5℃，维持4～5h，而未防霜的对照园气温为-3.5～-4.0℃，当年防霜园获得丰收，而未防霜的对照园绝收。

6.3 施用防冻药剂防霜

河北省农业大学在2004年防霜冻药剂的筛选中，明确选出四川国光农化有限公司的“稀施美冻害必施”和河北农大的“2号防霜素”最有效。使用方法是在杏树花芽萌动期喷施500倍上述药剂之一，或以20倍药液注射，或以50～100倍药液涂干，10天后再第二次用药。仁用杏用药的坐果率可提高3%～7%，注射比喷施的坐果率又高1%～4%。注射方法是在树干50～70cm高处，用电钻打4个深达髓部的孔洞，然后使用达克特压力式树干注射器把药液注入。据漆信同等人研究：在落叶前和花芽膨大期各喷施1次400～600倍的“稀施美冻害必施”可提高坐果率4.3%～11.0%。

6.4 受冻后的减灾措施

春季杏花或幼果受霜冻后只要不是彻底冻得花或幼果发生深度褐变，则可及时喷施400～600倍国光“稀施美冻害必施”，或者喷施1000～1200倍国光“优丰”，又名三十烷醇，都能够迅速增加树体的内源激素，加速细胞分裂，促进愈伤组织的生成，恢复花蕾和幼果的生长，防止脱落，减轻灾害。

王保明发明的便携式农用防霜自动报警仪

宁夏彭阳塑料大棚杏树防霜

6.5 建设大棚防霜

2007年，宁夏彭阳县林业局为永久解决仁用杏春季晚霜危害，将33.3hm²进入结果期的仁用杏园扣上连栋大棚，棚高4m，钢筋骨架。2008年春因大棚过于严密，通风不良，中午气温高达40℃，结果使得待开的花全部发生畸变败育，当年没有收成。2009年采用大棚通风控温技术，效果改善。花期棚内温度白天中午不得高于25℃，夜间不低于0℃，最好调控在白天18～20℃，夜间5～7℃。如果我们在大棚内每株杏树上都高接一枝授粉品种，再应用人工或高原熊蜂或蜜蜂或角额壁蜂授粉等技术，则更有利于坐果。该县2008年大棚防霜杏面积已达200hm²，2011年该项技术获自治区科技进步二等奖，计划在2013年前建设仁用杏连栋大棚533.3hm²。

笔者认为，要从根本解决晚霜危害，应将选择抗霜冻品种、建设永久性防霜大棚和树下蜂窝煤土炉纳入杏园的基本建设中，这样不仅可以有效预防霜冻，还可兼防花期大风和沙尘。

7 提高坐果率技术

在实施前述各项技术的基础上，采用以下措施可提高杏树的坐果率。

7.1 采集山杏花粉实施人工授粉

该项技术在大宗水果上应用已很普遍，但在杏树上应用还刚刚开始。辽宁省农业科学院阜新分院在多年深入研究仁用杏授粉受精机理的基础上，2007年春率先在266.7hm²仁用杏园进行大规模人工授粉。根据他们的研究发现：同等条件下花粉萌发率山杏高达64.8%，‘垄垦1号’杏为43.5%，‘白玉扁’为35.9%，‘龙王帽’为29.1%。分别给‘超仁’杏授粉其坐果率分别为47.7%、33.1%、16.9%、4.8%。因此，可见山杏是仁用杏的最好授粉资源。为此他们购置了1台采粉机和一批授粉枪，当年采集了31.5kg的山杏花粉，在仁用杏盛花期集中人力实施人工授粉，获得了丰收。

7.2 花期蜂箱包被技术

在杏树开花前1～2天，于杏园内背风向阳处每公顷放置1～2箱蜜蜂，但蜜蜂活

‘大石早生’李设施基质台田栽培萌芽状

辽宁果农李宝田发明的移动控温设施杏栽培

动要求气温达18～20℃。为了提高蜂箱的温度，辽宁农民李宝田创造了用棉被包裹蜂箱的做法，仅露出出蜂口，箱内温度提高了蜜蜂便早早出来活动。

7.3 花期施用生长调节剂

花期喷施的保果激素首选应是四川国光的"防落素"，又称"座果灵"（4—CPA），化学名为对氯苯氧乙酸钠，商品制剂为8%的可溶性粉剂，作用是保花保果，防止脱落，兼有保鲜作用。方法为在初花期和生理落果期各喷施1次浓度为2300～3200倍的药液。使用前先用少量热水将药剂溶化搅拌均匀，然后加水至所需浓度。注意：第一，此药用量宁可少不可多。第二，当气温升至20℃时，兑水量要增加10～15kg，当气温升至30℃时，兑水量要加大1～2倍。第三，2800倍的"防落素"加上600倍的"稀施美"是目前国内外最好的保花保果措施，还兼有冻害的愈伤作用，2008年4月笔者引导在四川大邑县果梅上应用，结果增产50%以上。

8 壮树壮花芽技术

我国杏树大多偏旺，营养生长强于生殖生长。如在5月末至6月初、8月底至9月初各喷施1次150～200倍的PBO（对于过旺树可在7月中旬增加1次），这样据河北农业大学测定，仁用杏叶片中叶绿素增加了66.7%以上，光合速率增长55%以上，光合产物增加1.21～1.35倍，并能促进果实细胞分裂，诱导树体的养分向果实和花芽流动，可明显地抑制营养生长。也可在树体旺长的5～8月，每隔5～7天连续喷施3次200～500倍的国光"青鲜素"（又名抑芽丹）（MH）药液。

据漆信同等试验：在盛花末期于杏树主干距地10cm以上涂刷15～20cm一周的"国光立效"，树龄在3年以上使用浓度为每株树1～5g药加水20ml稀释，当年杏树新梢生长量仅为对照的41.1%～46.9%，增产9.6%～15.6%。各地总结施用上述生长调节剂有如下十大好处：①促进花芽形成，提高花芽质量；②提高坐果率，增产50%以上；③促进果实增大，单果重可增加28%～126%；④提高果实含糖量，可溶性固形物提高2.8～5.0个百分点；⑤果实着色好，有光泽；⑥提早7～15天成熟；⑦防止裂果，减少10%～25%的损失；⑧提高抗寒、抗旱和抗病能力；⑨果实硬度相对较大，耐运输；⑩无公害。

9 杏仁增大技术

仁用杏的市场售价与杏仁的大小成正相关，为此生产大杏仁是果农增收的有效措施。山西省农业科学院园艺研究所王保明研究员等在研究杏仁生长规律的基础上，2007年提出在仁用杏盛花期后28天（即果实开始迅速生长期），喷施0.0025%的6-BA（苄基嘌呤——细胞分裂素），单仁重比对照提高36.9%。在采收前40天（杏仁迅速肥大期），喷施400倍"绿得丰2号"药液，结果单仁重可提高41.4%。

另外，在同样管理条件下，晚采收10天，单仁重可增加8.9%～10.3%。生产经验告诉我们当树上有20%～30%果实开裂时采收，产量和效益最高。

10 流胶病与裂果的防治技术

流胶病是杏种植业仅次于晚霜危害的第二大世界性难题，国内外至今没有研制出一种有效的防治药剂。近年河北省蔚县在花芽萌动期使用3～5度波美“石硫合剂”涂干或喷施800倍“强力清园剂”防治病害的基础上，于果实采收后3天和20天各喷施1次2000倍的农（兽）用“链霉素”加500倍“琥胶肥酸铜”液或加400倍百菌通液或加300～500倍武邑菌素液防治流胶病有效。在辽宁、山东和河南等地农民也有使用农用链霉素防治流胶病的经验。流胶病是核果类果树（桃、李、杏、樱桃等）普遍发生的严重病害，建议大家尝试一下。

杏和李在果实肥大期常因降雨或灌概等水分供应不均衡，造成果皮开裂，失去商品价值。采用四川国光农化有限公司生产的“裂必治”可以取得较好的防治效果，据黑龙江省绥棱浆果研究所2006～2007年在裂果极严重的‘绥李3号’上多点试验：方法是在6月初开始每10天喷施一次500～600倍“裂必治”，共喷3次，防治效果可达88.7%，增产23.8%。而美国产的“果不裂”防治效果仅为60.0%，尿素为52.8%，钾肥为41.9%，石灰水仅为38.4%，可见用四川国光农化有限公司生产的“裂必治”效果最好。

总之，要想提高我国杏的单产和经济效益，应在首选晚花抗霜冻优良品种和常规果树栽培的基础上，正确认识和使用农化新产品，科学改土施肥，巧妙用水，多采阳光，培育壮树，增强杏树的抗逆性，再加上切实可行的防霜、护树、保果等新技术，就一定能够提升我国杏农的经济收入与平均单产的世界排位。

注：本文2008年末完成，经四川国光农化有限公司颜昌绪董事长审阅，于2009年10月在成都举办的第11次全国李杏资源研究与利用学术交流会议上做过多媒体报告。未公开发表。

第6部分

杏的营养与保健

52 库尔班·吐鲁木千里迢迢给毛主席送杏干

库尔班·吐鲁木1883年出生在新疆和田地区于田县托格日尕孜乡一个维吾尔族贫苦农民家庭，解放前，他给地主打了39年苦工又被逼逃至荒野生活了17年，过着牛马不如的日子。1950年1月新疆于田县和平解放时他已67岁，他分得了房子和土地，由于他的勤劳，农业年年获得丰收，从此过上了幸福的生活，1958年还被评选为全国劳动模范。

库尔班·吐鲁木骑毛驴进京名画

库尔班非常感谢恩人毛主席，他不顾年事已高和路途遥远，决心带着亿万翻身农民的感激之情去北京看望毛主席。他准备好了路上用的馕和水，带上自己晾晒并精心挑选的杏干、桃干和葡萄干，好几次都要骑着毛驴向数千公里之外的北京走去。后来此事被自治区主席王恩茂得知，特别请他乘飞机去北京。

1958年6月28日下午，毛主席在中南海怀仁堂亲切地接见了他，75岁的库尔班献上了杏干等，两双激动的手紧紧地握在一起，毛主席说新疆人民真好，从那么老远来看望他。库尔班满怀感激的深情仰望着恩人毛主席。就在这激动人心的时刻，记者侯波拍摄下了这幅珍贵的照片（下页图）。

现在这幅充满着人民与领袖之间深情的照片已进入千万个维吾尔族群众家中，根据库尔班千里迢迢给毛主席送杏干的真实故事，著名国画大师黄胄也画出了库尔班大叔骑驴进北京的名画，《库尔班大叔想见毛主席》一文也编入了和田地区小学生课本。

1975年5月26日库尔班因病逝世，享年92岁。于田县人民政府1995年建起了他与毛主席切亲切握手的巨型塑像，并修建了库尔班·吐鲁木墓和纪念室。2002年新疆天山电影制片厂还拍摄了《库尔班大叔上北京》的电影片。

注：本文是根据廖康教授提供的照片和资料撰写。

库尔班·吐鲁木万里进京给毛主席送杏干

53 食杏与长寿

1985年11月，新疆被国际自然医学会正式列为世界四大长寿区之一。这里的百岁老人占全国总数的22.46%，而且大部分集中在南疆的喀什、阿克苏、和田三个专区。据考察，这三个专区除有大片绿洲、空气清新、饮用水中富含对人体有益的微量元素外，最主要的原因是这里盛产瓜果，而在这里产量最高、食用量也最多，并且常年食用的瓜果是杏和杏干。

据分析，鲜杏和杏干都属于低热量、多维生素的长寿型膳食果品，每100g鲜杏中放出的热量仅有44千卡，比苹果少16千卡。每一百克鲜杏中含胡萝卜素1.79mg，是苹果的22.4倍，为各种水果之冠。据原苏联科学院研究表明，从人体营养学角度来说，胡萝卜素比维生素A更有价值，胡萝卜素在人体内，不仅可以转化成维生素A，而且有明显的延缓细胞和机体衰老的功能。每100g杏的果实中含蛋白质0.9g、粗纤维0.8g、无机盐0.7g、钙20mg、磷22mg、铁0.9mg、硫铵素0.04mg（V_B）、核黄素（V_{B2}）0.02mg、尼克酸（V_{PP}）0.5mg、抗坏血酸（V_2）10mg，这些微量元素和维生素都是对人体健康有益的。近年国际医药界发现杏和杏仁中的维生素B_{17}，能在人体内降解生成苯甲醛，进而转化成安息香酸和氰化物，能够抑制或杀死癌细胞，缓解癌痛。早在19世纪，我国就有用杏仁薏米粥或杏仁茶来

作者（左1）和于希志研究员（右1）与皮山县百岁老人们在杏树下座谈

叶城县110岁维吾尔族老汉司马义·立一明（左）

英吉沙县115岁妇女（中）

治疗肠癌、肺癌和食道癌的文献记载。

南太平洋岛国斐济和喜马拉雅山南麓的洪扎族，以及中亚的南高加索地区，都是世界公认的人类长寿区。分析其原因，都有盛产和喜食杏干的特点，吃杏可以使人长寿。因此，世界各国对发展杏生产极为重视，国际园艺学会先后召开了十次专门研究杏栽培的研讨会议，多次邀请杏的原产国——中国的专家赴会。国际市场上杏的加工制品如杏晡、杏罐头、杏干、杏仁、杏仁霜、杏仁露、杏话梅、杏仁巧克力、杏酱等均为抢手货，供不应求。我国农业部对此也非常重视，1983年组建了以辽宁省果树所为首的全国杏资源研究与利用协作组，组织了全国杏资源考察：1986年在辽宁熊岳建立了国家李杏种质资源圃，现已保存着国内外500多个杏品种；先后召开四次全国杏资源研究与利用学术交流会议；国家科委在“七五”和“八五”期间，均设立了杏资源主要性状鉴定和评价的攻关科项目；从1986年以来，在国内先后建立了10个杏的优良品种大规模生产基地，现在已开始投产。

但是，恰恰在杏的原产国，有许多人至今不敢吃杏，说什么“桃保人，杏伤人，李子树下埋死人”，这种愚昧的观念得改了。

注：本文发表于1993年6月26日辽宁日报第5版。

54 食杏是否有助于健康的考察报告

盛产杏与杏干的南太平洋岛园斐济和喜马拉雅山南麓的洪扎族居住区，以及中亚的南高加索地区，人的平均寿命近百岁，没有死于癌症者，被世界公认为三大长寿区域。众多营养学家前往调查分析的结果是：与长年习食杏和杏干有关……。1985年11月，国际自然医学学会把我国的新疆列为第四大长寿区。这是否也与吃杏与杏干有关呢？带着这个问题，我与长我一岁的、山东果树研究所的于希志研究员，于1997年6～7月，前往新疆和甘肃考察。

1 新疆长寿老人确实多

据1985年全国人口普查结果，新疆有865名百岁以上的老人，占全国百岁老人总数的22.5%。其中有635人生活在南疆的喀什、阿克苏、和田这三个地区，占全疆百岁老人总数的73.4%。在这三个地区的城市里，70～80岁的白胡子老汉，赶着飞快的平板毛驴车（驴的）拉客或运货，随处可见；在英吉沙县的艾古斯乡，我们见到78岁的白胡子老汉赶着老牛在田间耕地。在这里70～80岁的男子汉还是棒劳力。我们在皮山、叶城和英吉沙等县，拜访了许多102～120岁的老人，虽然他（她）们居住条件和衣着卫生很差，全都赤着双脚，但身体都很好，言谈举止和思维都很清楚，都已是五世同堂的长者。

叶城县乌夏巴什乡四村的司马义·立一明老人，现年110岁，他不仅是自家收割小麦、采收杏和晾晒杏干的主要劳动力，还骑着毛驴走20多里路，去参加乡里修河堤的义务劳动。他谈笑风生，嗓音洪亮，喜欢开玩笑，还打算带着87岁的夫人，到北京、上海去走走。据介绍，在英吉沙县还有130岁的高寿老人，可惜我们因时间紧，没有采访到。在这里百岁左右的老汉或老妇人，已不罕见，不愧为世界长寿区之一！

2 杏和杏干的产量与质量居全国首位

新疆杏的年产量为21.7万t（1996年），占全国鲜杏年产量的33.1%，占全国杏干产量的90%，是我国杏干生产和出口基地。其中79%的杏干产于喀什、阿克苏和和田三个地区。1996年全疆杏的栽培面积有3.93万hm^2（不包括仁用杏），其中喀什地区杏的栽培面积有0.82万hm^2，居全疆（国）第一，阿克苏与和田地区分别为0.43万和0.18万hm^2，居全疆（国）二、三位。这里的杏树不仅面积大、产量高，无大小年结果现象，而且品质好，含糖量特别高。我们在柯平县调查到，可溶性固形物高达32%的赛买提杏，比内地杏高出近20个百分点。

1997年6月，新疆柯平县襁褓中婴儿吃鲜杏特写

新疆柯平县的居民从小开始吃杏

这里因大气干燥，杏树很少有病虫危害，从不打农药，所以这里的杏和杏干都是无公害果品。1996年，美国太平洋公司因此在洛浦县的拉瓦乡，投资建立了绿色果品试验园。我国农业部早在1987年，就在喀什地区的英吉沙县建设了0.67万hm^2名特优杏干、杏脯生产和加工基地，现已进入盛果期。

在考察中还发现，这里的群众对种杏树特别积极，策勒县的领导说：种杏树从来不用政府号召动员，不论在沙漠里还是在戈壁滩上，凡是有人居住的地方都有杏树。孩子大了要分居，那就提前去村外的戈壁滩上选择房址，先在房址四周种上几百粒杏核和防风的胡杨，然后慢慢建新宅，待房屋建成时，杏树已进入结果期，然后将甜仁的杏树留下，将苦仁的砍掉，这样就可以取妻立户了，杏树则是陪伴这家新主人一生的、不可缺少的“菜园子”和“固定财产”。所有维吾尔等民族农村的民宅，都有很多杏树和胡杨树包围，既能防风沙又能年年提供食物和木材。如此世代相传的民间优良习俗，已成为当地绿洲自然扩大的动力，无意中也把南疆建成为世界最大的杏实生选种圃，极大丰富了新疆杏的品种资源。据调查，在叶城县乌夏巴什乡，不算幼树，全乡人均现有结果大杏树48株，100～200年生的杏树如今还是硕果累累。

这里晒制杏干的历史悠久，技术高超而又普及，已成为当地民族的传统技能，加工出的杏干按色泽可分为白杏干、红杏干和乌杏干；每个杏园都建有一个土制的熏硫室，用硫磺熏制的杏干不仅色泽油亮，而且可以贮放2～3年不坏。更有特殊加工的包仁杏干，吃起来既酸甜又有果仁香味，是招待贵宾用的，当地人称之为“杏包仁”。这里全年降水量只有6～60mm，由于特别干燥， 地上连蚂蚁都没有，因此不用担心杏干会被“虫吃鼠咬”；所有杏干都是整个晾晒，不用切开，所以在杏干内不会有泥沙；在晾晒时，既使遇到下雨，农民也不收不盖，任凭自然干燥，只要5～7天即可装袋收藏或外运。在杏成熟季节，不论在农家院里、公路边、树荫下或房顶上，到处都是大片晾晒着的杏干，我们仿佛来到了杏的世界。阿克苏地区的库车县，曾是古丝绸之路上的“龟兹国”的都城，久享“杏城”之美誉。

3 食杏和杏干由来已久

新疆当地人主要食物是面粉、羊肉、奶茶和杏干，由于干旱很少种植蔬菜。特别在漫长的游牧时代，更是半年桑果半年粮，常常是骑着骆驼背着馕去放牧，便于携带的食物是馕（烤制的大饼）、肉干和杏干，他们维生素的来源主要靠杏和杏干。现在政府实行定居圈牧工程，许多牧民改种农田，粮食产量大增，蔬菜也开始种植，但是由于缺少水，多数农民还是把杏和杏干作为主要副食之一。人们不仅喜食杏和杏干，而且把杏干作为馈赠亲友的最佳礼品。1958年，和田地区于田县的翻身农民库尔班·吐鲁木，千里迢迢来到北京城，他将最好的杏干亲手献给恩人毛主席，这段亲情韵事，一直是新疆人民的骄傲。

新疆人喜欢吃杏，不亚于吃哈蜜瓜和葡萄干，每年小白杏（阿克西米西杏）登市时，乌鲁木齐市民便争相购买，或相互馈赠。我们在皮山县的杏园里，拜访了102岁的西尼牙子阿洪，他在半小时的席地座谈中，竟连续吃下10粒大杏。他们除喜食鲜杏外，还把青杏下面条（当醋用）或煮粥吃，用杏干泡水或泡茶喝最普遍，他们不光吃杏肉，还把每粒杏核都砸开取仁吃。我们还好奇地拍下了不满周岁的婴儿吸食软杏的照片，也看到白胡子老汉在坎土镘（一种劳动工具）上砸杏核取仁吃。一般农民家都要把杏干贮备充足，以便吃到下一年鲜杏成熟。

4 杏仁可治疗癌症确有实例

80年代以来，国际医药界发现杏和杏仁中的维生素B_{17}，能在人体内降解生成苯甲醛，进而转化成安息香酸和氰化物，能抑制或杀死癌细胞，缓解癌痛。本次考察中发现了如下的病例：1989年夏季，甘肃省农科院园艺所贾克礼（经本人同意用真实姓名）研究员，经兰州市人民医院和西安市人民医院共同确诊为胃癌，病变处有2.4cm × 1.2cm的肿瘤，两个医院都认为必

甘肃省农业科学院园艺研究所原所长贾克礼研究员（右1）吃苦杏仁治愈胃癌

须进行胃切除五分之四的手术。但是他没有按医生的意见办，而是从此每日早饭前生吃5～7粒甜杏仁，或者吃1～1.5粒苦杏仁，半年后再去医院检查，肿物明显缩小，一年后恢复正常，十年过去了，他很健康，还陪同我们考察了甘肃省许多地方。

1999年4月30日，作者在山东泰安考察同一塑料温室中陈学森选育的‘新世纪’杏（左）和美国的‘金太阳’杏（右）

我国著名甜瓜专家、中国工程院士吴明姝研究员告诉我：在新疆农科院园艺所也有患直肠癌食杏仁治愈类似老贾的实例。其实早在19世纪，我国民间就有用杏仁薏米粥或杏仁茶治疗肠癌、肺癌和食道癌的文献记载。

据分析，鲜杏和杏干都属于低热量、多维生素的长寿型膳食果品，每100g鲜杏中放出的热量仅为44千卡，比苹果少16千卡； 每100g鲜杏中的胡萝卜素为1.79mg，是苹果的22.4倍，为各种北方水果之冠。因此，经常吃杏或杏干会使人身体健康长寿是有科学根据的。

但是苦杏仁中的苦杏仁甙确实有小毒，少吃可治病，吃多了要中毒。因此，对苦杏仁的食用量不可过多，可以将苦杏仁用冷水浸泡5～7天（每天换1～2次水），或者将苦杏仁煮熟后再用，就安全了。

注：参加此次考察的还有：新疆农业厅园艺特产处的廖新宇、马德明、毕可军等和自治区农科院园艺研究所的杨承时，从及所到各州县的有关领导和科技人员等，还有甘肃省农科院园艺研究所的贾克礼和王斌等同志，在此一并表示感谢。原文1998年收编在内部印刷的《全国李杏资源研究与利用第六次研讨会论文集》中。在2011年5月14日整理本材料时，我情不自禁地拨通了多年不见患癌症的贾克礼同志的电话，他告诉我，如今他已70多岁了，身体还很健康，还常吃杏仁。

55 杏的营养成分与医疗保健作用

杏起源于我国，在我国有着3500余年的栽培历史，是中国的传统果树之一，如今已经传播到世界各国。杏的色泽艳丽，芳香味浓，甜酸可口，营养丰富，又适宜加工成多种食品，备受人们喜爱。但在我国民间素有“桃保人，杏伤人……”之传说。使许多人不敢吃杏，或者仅尝鲜而已，不敢多吃！因此，杏在我国虽然有悠久的栽培历史和丰富的资源，但在生产上长期处于零星栽培的自食阶段，很少规模种植，商品量很少。据农业部1996年统计，杏仅占全国水果总产量的1.4%。可是在杏的栽培历史仅有几百年的许多发达国家，鲜杏及其加工制品却被推崇为保健果品（食品），在国际市场上不仅售价高，且供不应求，生产上大规模商品化种植。为什么国内外反差如此之大？吃杏对人体有害还是有利？笔者根据对有关文献的查阅和实地考察、分析结果如下。

1 杏的营养成分分析

1.1 杏肉的营养成分分析

杏的果实中除去水分，含有8%～22%的干物质，其中碳水化合物约占干物质的60%～70%。糖类物质约占果实的5.5%～17.7%，其中自由酸主要是苹果

库车县百岁老人赶车

酸和柠檬酸，还有奎宁酸、琥珀酸、酒石酸和叶绿酸等。含氮类物质约占0.60%～0.86%，其中氨基酸类主要有天门冬酸、谷氨酸、丙氨酸、缬氨酸、丝氨酸、苯丙氨酸、酪氨酸和胱氨酸等共16种。矿物质类约占0.37%～0.83%，主要有钾、钠、镁、铁和磷等盐类。此外还含有少量的纤维素和果胶、单宁等物质。

据中国医学科学卫生研究所分析：每100g杏的果肉中含糖10g、蛋白质0.9g、钙26mg、磷24mg、铁0.8mg、β-胡萝卜素1.79mg、硫胺素（V_{B1}）0.02mg、核酸素（V_{B2}）0.03mg、尼克酸（V_{PP}）0.6mg、抗坏血酸（V_C）7mg等。其中杏果肉中胡萝卜素的含量是梨的179倍，是葡萄的44.75倍，是苹果的22.38倍，是柑橘的3.25倍，居各种水果之冠。

1.2 杏仁的营养成分分析

据分析：每100g杏仁中脂肪占51～55.5g、蛋白质占24g、糖类占9～13.8g、钾169mg、钙49～111mg、铁1.2～7mg、锌4.06mg、铜4mg、硒27.06mg、维生素E 26.0mg，与其他仁果类营养成分比较，最突出的是硒的含量，是核挑仁、花生仁、葵花子仁的4.8～6.7倍，是松子仁的43.8倍。

新疆叶城县百岁老人扶犁耕地

据内蒙古农牧学院常英杰等人分析：杏仁油中含软脂肪酸3.66%、油酸70.58%、亚油酸24.75%、十六碳烯酸0.78%和亚麻酸0.12%，多为不饱和脂肪酸。在取油后的杏仁粕中还含有多种氨基酸和多种微量元素。

另据商业部资料（《中国经济植物志》1961）：苦杏仁中含苦杏仁甙（$C_{20}H_{27}NO_{11}$）3%（常英杰等分析为4%），其中氢氰酸（HCN）为0.1713%，而甜杏仁中苦杏仁甙为0.111%，其中氢氰酸为0.0067%。

综上所述：杏肉和杏仁中营养丰富，除过量的氢氰酸外，都是人体所需要的营养物质。

2 几种特殊营养成分在人体中的作用

2.1 β-胡萝卜素的医疗保健作用

杏果肉中β-胡萝卜素的含量最高，据前苏联科学院研究，它比维生素A更有价值，它能更有效地阻止肿瘤的形成，同时能使癌症患者在接受放疗和化疗时，减轻辐射和超剂量紫外线照射对人体的损伤，并且有明显延缓细胞和机体衰老的功能。

我国陕西师范大学食品工程院副院

长、博士生导师陈锦屏教授说：β-胡萝卜素是维生素A的母亲，在人体中不仅有上述作用，而且能转化成维生素A。

我国卫生部门测定杏中β-胡萝卜素含量为1.79mg/100g，而前苏联科学院分析杏β-胡萝卜素含量为1.58～3.80mg/100g，中间值为2.69mg/100g。我国江苏农科院园艺所蔺定运分析结果为3.3～4.0mg/100g，中间值为3.65mg/100g。这是因品种和产地而异，一般黄色品种比白色品种β-胡萝卜素含量高，干旱地区比多雨地区高。

2.2 硒的医疗保健作用

杏仁中硒的含量远远高于核桃仁、花生仁、葵花仁和松籽仁，为各仁果之冠。人体中的硒是1957年由法国科学家施瓦茨偶然发现的，他证实了硒有很强的护肝作用。又经过长达16年的大量实验和临床应用后，于1973年世界卫生组织才宣布：硒是人和动物生命活动中必需的微量元素。美国食品与卫生管理局当即明文规定，为保证人体能获得足够的硒，食品中必须添加一定的硒，每人每天摄取硒的定量为200μg。美国康乃尔大学终身教授柯姆斯博士（1999年8月来我国访问）通过对3000名美国人长达13年的补硒临床实验证明：定量补硒可降低癌症发病率50%以上。美国达托马斯医科大学的研究发现硒有延长人寿命的作用，他们用老鼠补硒的实验结果推算，补硒可使人类的寿命达到170岁。我国科学家发现百岁老人体内硒的水平是一般人的3～6倍。世界著名的微量元素权威专家奥德菲尔博士评价道：硒像一颗原子弹，量很小很小，作用和威慑力却很大很大。一旦被人们认识，将对人类健康产生深刻的影响。

概括地说硒在人体中能提高各器官新陈代谢的能力和活性，提高对40余种疾病的免疫能力，分解进入人体内的毒素，排除体内各部位的垃圾。

硒能分解人体内的致癌物质杀死癌细胞，抑制癌细胞的生长，阻断癌细胞的营养来源，实验证明可使肺癌、前列腺癌、结肠癌、直肠癌的发病率降低50%以上。在肝癌、乳腺癌患者上应用有明显效果。同时证明硒与β-胡萝卜素一样，具有降低放、化疗的毒副作用，提高疗效、减少癌痛。

硒能提高血液的新陈代谢能力，增加血液中氧气，降低血清黏度，加速血液流动，排出血液中的脂质过氧化物和胆固醇，保护红血球。硒对冠心病、动脉硬化、高血压、中风、心肌梗塞、克山病等心血管疾病有明显疗效。“缺硒损伤心肌，补硒保护心脏”，已得到实践科学界的一致公认。

硒对肝有很强的保护作用，肝脏是人体的硒库，硒在肝中的主要作用是清除肝脏内的垃圾，促进肝的新陈代谢。

中国预防医学科学院杨光圻教授根据我国人体特点和食物结构的研究指出：中国人每日需要摄取硒最少为50μg、最多500μg。

硒所以有上述功能，是因为硒是带负电荷的非金属离子，在生物体内可与带正电荷的有害的金属离子相结合，形成了金属—硒—蛋白质复合物，把诱发病变的金属离子排出体外，从而解除了金属离子对人体的毒害，故又称硒是天然的解毒剂。另外，硒可使人体中谷胱甘肽过氧化物酶具有活性，活跃起来的这种酶在人体中能行使清除“垃圾”的作用。

2.3 苦杏仁甙（Amygdalin）的医疗保健作用

苦杏仁甙也叫维生素B_{17}，或叫左旋基腈-β-葡萄糖醛酸，属于氰甙，是杏属植物特有的物质，它是由葡萄糖、苯甲醛和氰化物三种成分组成，在人体内首先降解生成苯甲醛，然后转化成安息香酸和氰化物，能抑制或杀死癌细胞，缓解癌痛。美国Emest Kvebs博士是第一个将苦杏仁甙用于临床治疗的，并认为它是一种必需的维生素，他迄今为止以挽救了4000名癌症患者。如今德国、意大利、比利时、墨西哥、日本和菲律宾等20余个国家认为：创造和使用苦杏仁治疗癌症是合法的，他们认为苦杏仁甙的功能在于给机体提供低计量而恒定的HCN（氢氰酸），人和其他哺乳动物体内有一种硫氰酸酶，能使氰化物转变成硫氰酸盐，从而缓解了毒性达到治疗的目的。

2.4 杏仁油的医疗保健作用

杏仁油是一种混合甘油脂，它由油酸、亚油酸、软脂酸、十六碳烯酸和亚麻酸等5种高级脂肪酸组成。其90%左右为不饱和脂肪酸，它的理化性极好，凝固点为-20℃（一般植物油为3～18.5℃），是任何食用油无法相比的。食用这种油，在人体内不仅不产生脂肪积累，而且能软化心血管，治疗心血管疾病。故杏仁油是世界著名的高级保健油，售价比橄榄油还高2倍，比豆油高14倍。1990年美国市场价为27.16美元/kg，1995年上升为57.5美元/kg。除食用外，主要供医药和化妆品工业用，美国、德国、意大利和日本等发达国家均大量求购。

3 经常食杏和杏仁能健康长寿的例证

3.1 世界四大长寿区均是杏和杏干的集中产区

1985年11月，世界卫生组织国际自然医学会把我国新疆定为世界第四大长寿区，与南太平洋岛国斐济、喜马拉雅山南麓的洪萨族居住区，以及中亚的南高加索地区齐名并列。这四个地区人的平均寿命为90～100岁，且没有癌症患者。各国众多科学家前往调查分析结果是：这些地区盛产杏，健康与常年习食杏和杏干有关。笔者有幸于1997年前往新疆考察，结果亦证实了上述结论。

1985年全国人口普查结果，新疆有865名百岁以上老人，其中635人生活在南疆的和田、喀什和阿克苏这三个地区，占全疆百岁老人的73.4%。据农业部统计，1996年新疆产鲜杏21.7万t，占全国鲜杏总产量的33.1%，占全国杏干总产量的90%，其中79%产于上述三个地区。这两组官方数据说

轮台县百岁老人卖食品

明了长寿老人是生活在杏的集中产区。

笔者通过对南疆5个地区10个县30余个乡（村）的考察发现：沿塔里木盆地四周农村种植最多的果树是杏树，农民宅旁绝大多数没有菜园，但都有100～200株杏树环抱着，人均杏树近50株。6～7月杏熟期间，家家户户不论在房顶上、树荫下、房前屋后，以至公路边都是杏干的晾晒场地，我们仿佛来到了杏的海洋。他们晒的杏干主要是自食，每户都要贮备足够吃到来年杏熟的数量，余下的才出卖。他们常年的膳食结构是面粉、羊肉和杏干，基本没有蔬菜，连喝的茶水中也漂着杏干。我们见到不满周岁的婴儿在吸食软杏，也见到白发老者在砸杏核取仁吃，他们吃杏必吃杏仁，从不浪费。我们见到七八十岁的白须男子在扶犁耕田或驾车拉脚，见到110岁老人在修渠出义务民工，见到115岁的老妇手扶拐棍自由走动，身边并无陪护者，走访过许多五世同堂的家族……南疆被称为世界长寿区之一，名不虚传。

3.2 胃癌和直肠癌患者食杏仁治愈的实例

甘肃省农业科学院园艺研究所原所长贾克礼研究员（征得本人同意，属真实姓名发表），1989年夏，经兰州市人民医院确诊，又经西安市人民医院再次确诊为胃癌，其胃中病变处有2.4cm × 1.2cm的肿物，两院大夫均劝其尽早手术，胃必须切除五分之四。但他没有遵从医嘱，而是从此每日早餐前生食5～7粒甜杏仁，或者生食1～1.5粒苦杏仁，半年后去医院检查，发现肿物明显缩小，一年后再去检查，肿物已经消失，致今近60岁的他，依然健康地从事科研工作。

另据新疆农业科学院研究员、中国工程院吴明姝院士介绍，该院园艺研究所一名职工患有直肠癌，也是吃杏仁治愈的。

3.3 古典医著中对杏疗效的评价

我国最早记载杏的著作是先秦时期的《礼记·内则》，书中称杏等12种果品是珍贵的美味佳肴。在公元6世纪前期陶弘景著的《名医别录》中记载了杏仁的药用价值，指出“其味苦，有小毒，主治惊痫，心下烦热，时行头痛，消心下急”。但书中也说道杏“不可多食，伤筋骨”（这可能是“杏伤人”传说最早的出处）。明代著名医药学家李时珍在其名著《本草纲目》中更加肯定了杏的医疗效能，说杏果“曝脯食，止渴，去冷热毒。心之果，在病宜食之”，还多方论证了杏仁的药用价值，给出了方剂，谓杏仁能治风寒肺病，惊痫头痛，止泻润燥，润肺解饥，止咳祛痰。解狗毒，解锡毒。杀虫除疥，消肿祛风。杏金丹可延年益寿，杏酥法可去百病。还指出杏的花、叶、枝和根均可入药，我国民间常用苦杏仁治疗慢性气管炎、神经衰弱、小儿佝偻病等。在19世纪我国中医就利用杏仁糯米粥或杏茶来治疗肠癌、肺癌和食道癌。在20世纪70年代还有用含苦杏仁甙的乌梅治疗多种肿瘤的记录。

综上所述，吃杏和杏的加工制品，对人体健康是有利的。

注：原文2001年，发表在《干果研究进展（2）》论文集中。本文有删节。

附注：2004年在《北方果树》第5期上，曾刊登了农业部原常务副部长、中国园艺学会名誉理事长相重扬先生撰写的，标题为《加速促进杏产业》的文章，在开头一段中他说：……杏果和杏仁营养丰富，是富含抗氧化物的天然食品，能增强人体免疫功能，有保健作用。美国营养学家研究，每周吃5次坚果就能降低心肌梗死的发病率，还可以提高视力，因此，建议每天每人吃6g左右的坚果，杏仁排在首选地位，以此推算，一人一年仅杏仁一项可消费2kg多。多伦多大学有位教授建议，将杏仁指定为降低胆固醇的食品，如果每天吃74g杏仁，低密度脂蛋白可下降9.4%。杏树浑身是宝……

2009年6月30日，《新京报》在新发现栏目中，记者巫倩姿以题为《大杏仁对控制体重有帮助》报道：在6月25日～26日国际生命学会与中国疾控中心组织的“中心型肥胖预防与控制科学大会”期间，美国加利福尼亚希望之城国家医学中心的来歇尔·温博士与中国疾控中心营养与食品安全所霍军生教授等营养专家发布了坚果与体重控制的研究成果。

最新修订的中国居民膳食指南针首次将坚果类列入膳食宝塔，建议人们每天吃30～50g大豆及坚果类。霍军生表示，不少人因体重而拒绝坚果，其实坚果并非像人们通常认为的那样易引起肥胖。

米歇尔·温也解释了其发表在《国际肥胖学杂志》中对碳水合物和大杏仁控制体重的研究成果，表明美国大杏仁（即扁桃仁，其与我国的甜杏仁营养成分基本一致。——作者注）比等量热量的复合碳水化合物能更有效控制体重，且能补充维E、优质蛋白、膳食纤维、多种矿物质等。（我特意将上述两段摘下，奉献给读者）。

56 浅谈活性炭与人类的健康

人们对活性炭的研究与利用至今已有百余年历史，活性炭自诞生以来，无时无刻不在呵护着人们的健康，甚至在人的生命垂危时，它还能挽救人的生命。然而，我们绝大多数人并不知道是它在默默地奉献，即便是一流的活性炭专家，现在也未破解它为什么能对人类如此钟爱之谜。

1 活性炭是人健康的“守护神”

1.1 净水

水是人类生存的第一要素，没有水便没有生命。但是并不是地球上所有的水都能饮用，特别是在人口密集的工农业高度发达的地区，不论是地表水还是地下水都不能直接饮用。如今城镇人们饮用的自来水，首先要经过氯化处理，对水进行消毒并分解水中的有机物质。但是，氯与水中藻类产生的污物，以及废水带入的去垢剂等杂质进行氯化时，产生的氯酚气味极难闻，水仍不能饮用。我们只有再用活性炭过滤，吸附掉水中多余的氯和氯酚，同时吸附水中的有机物质和各种重金属有毒物

图中远处是杏壳（黄色），近处是杏壳加工的活性炭（黑色）

质，还吸附水中的各种细菌、病毒等有害物质，使水达到国家饮用水的标准。此间每吨水仅消耗活性炭11～12g。

目前，除城市自来水外，家庭或医用的纯净水，野外用的净水器，食品工业用水，制酒工业用水，航海中接到的“天水”，以及生活与工业废水的净化处理等，都离不开活性炭。现在许多发达国家用于污水处理的活性炭，占其总产量的40%～50%，且每年还以15%～20%的速度增长。

1.2 净气

呼吸是人活着的标志，但是人若吸入有机蒸气、酸性气体、一氧化碳、二氧化硫、氢氰酸氨、硫化氢、砷化氢、磷化氢等毒气，则会中毒死亡。因此，全世界都禁止使用非人道的大规模化学杀伤武器，其中包括毒气。活性炭就是在第一次和第二次世界大战中，为预防毒气而快速发展起来的防毒物质。人类预防毒气的工具是防毒面具，其中最重要的滤毒物质就是浸渍过铬、铜、银等重金属盐类的活性炭。

在目前和平利用核工业中，进入核反应堆内的保护气体（氦气）要净化，核反应后铀衰变产生的氙气具有放射性，也要净化，核燃料元件的生产，用过的燃料元件也要处理，都得使用活性炭方能净化。现在所有地下设施、矿洞或潜水艇上的换气装置和压缩空气，工业用的滤毒缸、医疗用的呼吸机、汽车尾气的净化器，日常生活中应用的空调机、电冰箱、冰柜等，凡是净化气体的设备中，都得使用活性炭，才能使气体达到国家标准。

1.3 净食

在20世纪初，欧洲奥匈帝国的波希米亚糖厂，首先取得了将红糖精制成白糖的专利，其关键技术是利用活性炭把糖浆中分子量在8000～15000的高分子胶体粒子和灰分，以及其他无机混合物吸附掉，使红糖脱色并去杂。从此活性炭被广泛应用于食品加工业。

现在加工的明胶、椰子酪、果胶、果汁、饮料、所有糖类、酒类、味精等食品，及加工椰子油、棉籽油、菜籽油、猪油、芳香油、甘油、鱼油和药用油等脂肪，都采用活性炭脱色、脱臭、去杂进行精制。

1.4 净酒

在酿酒发酵过程中，由于水的质量和精馏工艺的关系，会影响到酒的风味和质量。如果用活性炭，预先吸除水中的铁等重金属，再用活性炭吸附酒中的酸、糖醛、丹宁和杂醇油等杂质，保留酒中的醚醛缩二醇和高级醇，则会极大地改善酒的风味和纯度，提高质量。我国四川宜宾产的“五粮液” 酒，在1995年以前，因风味欠佳，每瓶仅售5元钱，1995年开始使用了四川绵阳生产的活性炭后一举成名，如今每瓶售价高达380元，超过了国酒茅台的价格。每升白酒仅使用活性炭5g。类似的实例还有很多。

在葡萄酒的制造中，活性炭也能改变其色泽和芳香味。先将少量酒与活性炭混合，然后倒入酒（汁）槽内，经槽下送入的空气或机械搅拌数小时后，再用沉淀法或过滤法取酒即可。一般每100L葡萄酒使用活性炭100～1200g。在啤酒的生产中，在水源、空气和二氧化碳三个环节上都使用活性炭净化，或在啤酒装桶之前，每100L啤酒加入20～25g活性炭，则酒的颜色和风味会更好。

1.5 净药

医用的青霉素是用活性炭吸附后，再用醋酸戊脂或用80%丙酮水溶液解吸的方法，分离出来的。链霉素也是用活性炭吸附后，再用酸化甲醇作洗液提取的。所有用于皮下注射的针剂、吊瓶药液及口服药片，都必须经过活性炭过滤，使其脱色、去杂，并清除细菌和毒素热源才能使用。

1.6 净血

活性炭还能解救血液中毒的病人，方法是在一个直径6cm、高20cm的特制玻璃吸附器中，装入200g 0.5～2.0mm的果壳活性炭，将血液自人体动脉引出，通过微量泵，使其流过吸附器，再由静脉输入人体。速度为100～200ml/min至2h。通过这样的血液净化，可从血液中排出许多尿毒症的沉出物，如肌干、尿酸、靛蓝甙、酚、胍基及有机酸等有毒物质。

现在通过血液净化已经成功地治疗了巴比妥类、有机磷类、镇定催眠类、雷米封、硫氰酸盐、阿托品、吗啡、毛地黄、异丙嗪等药物中毒患者。活性炭还可以用在人工肾和人工肝上，排解毒素。还可以利用净血技术回收临床外科手术流出的血液，使之净化后再输回人体。

净血用的活性炭是经过特殊处理的。选用吸附能力最强和质地最硬的杏壳活性炭，在其外表预先盖上一层蛋白质薄膜，如羟基甲基丙烯乙脂薄膜、纤维素醋酸酯或其他与血液相溶的亲水物质。这样才能避免血液中大量蛋白质覆盖活性炭，保持其吸附性能。

1.7 解毒

人食五谷杂粮等各种食物，难免会引发肠胃疾病，如果误食毒蘑、变质食物、生物碱、升汞、有机磷、酚等还会中毒，即使在对致毒物质尚不清楚时，活性炭也是任何药品都替代不了的、普遍有效的解毒剂，及时服用可以挽救人的生命。即便不是中毒，对急性胃炎或肠炎也有效。

活性炭对高分子量的物质具有很强的吸附性能，而肠胃细菌和各种毒物恰恰就是这类物质。医用活性炭要用亚甲兰脱色法测其吸附力，并检验其内是否存在氰化物、氯化物、硫化物、重金属（Fe、Al、Cu、Zn）的盐和硝酸盐等，必须符合国家标准。

从以上活性炭的净水、净气、净食、净酒、净药、净血和解毒等作用中看出，称活性炭为人类健康的“守护神”绝不为过！但是活性炭的用途远大于此。

活性炭不仅保护了人类的健康，而且还保护了生态环境，同时又是多种工业生产中不可缺少的重要物质。

2 我国活性炭的产销现状

我国活性炭发展历史仅有50余年，2002年产量达20万t，仅次于美国，居世界第二位。出口量达15.1万t，居世界第一位。但是占我国活性炭产量80%的煤质炭和20%的木质炭，国内基本用不上，几乎全部出口，出口吨价为600美元。我国木质活性炭中的果壳活性炭年产量仅有4万t，而国内需求量为5万～6.5万t，缺口部分主要依赖进口，进口平均吨价近3000美元。

杏壳活性炭质地坚硬、孔隙密度大、吸附能力强，是质量最好的活性炭，国内的年产量仅0.3万t。产量少的主要原因是原料不足，因此，我们应当大力发展杏产业。

注：原文2005年刊在《干果研究进展（4）》上，本文有删节。

附注：2005年11月13日下午，吉林省吉林市位于松花江上游的吉林石化公司101双苯厂的化工车间发生了震惊全国的大爆炸，致使苯和硝基苯等对人体有害物质进入了松花江，形成了长达80km长的江水污染带，造成位于下游的哈尔宾市的自来水不能饮用，全市停水5天，顿时数百万市民们把商店所有的矿泉水、饮料，甚至啤酒等都抢购一空，许多单位停产停工，社会秩序混乱。最后还是国家紧急调运了2200t活性炭，调来解放军日夜不停的紧急施工，从自来水厂的源头上滤去了有害物质，经过饮用水安全检验后，由省长张左己在电视上向全市人民展示喝下第一杯自来水，才解除了水荒和恐惧，恢复了社会秩序和生产。为此，国家还赠送给更下游的俄罗斯哈巴罗夫斯克市1000t活性炭，解决了他们的饮水问题。

在2008年1月，在四川成都市《农民日报》的高级记者袁东来同志，曾经问我一个令许多随行记者都费解的问题：说为什么胡锦涛总书记在出访东南亚各国时，曾亲自提出要求进口他们的椰子壳？这点小事还要总书记谈吗？我告诉他，椰壳和杏核一样，都是制造优质活性炭的最佳原料，说明总书记已经把活性炭的生产和贮备，提高到战略性物质的高度去关注了。

2003年，我曾帮助辽宁省风沙地改良利用研究所，聘请了我国活性炭权威专家高级工程师盛隆厚同志，合作共同研制了新式的160型果壳活性炭活化炉。建炉投资比当前应用的288型炉降低了66%，产量相近，创造了蒸气回收利用的新工艺，用1t锅炉替代了4t锅炉，节电、节煤、节省杏壳原料，操作工艺简便，生产成本降低了25%，还延长了炉的使用寿命，取得了省科技进步三等奖和国家实用新型专利。160型果壳活化炉显著降低了投资和生产成本、提高了质量，且安全环保无任何污染，开工生产连噪音都没有。我们还曾在辽宁省绥中县借助民营资金，尝试将活性炭常规生产中的炭化与活化两个炉，合并改造为一个炉，探索更节能的一步连续生产法，但因资金不足而停了下来。希望能有人继续探索……

第7部分

相关重要的社会活动

57 一封致赵紫阳总理“电报”的回忆

在20世纪80年代初的一个深秋，我从《经济日报》上看到一条关于在全国建立七个杏良种生产示范基地的信息，其中有北京市的‘水晶杏’基地、山东历城县的‘红玉杏’基地、山东青岛市的‘关爷脸杏’基地、河南渑池县的‘鸡蛋杏’基地、陕西蓝田县的‘银白杏’基地、甘肃敦煌市的‘李光杏’基地和新疆英吉沙县的杏基地等，而且每个基地还计划要开发数万亩。

看到这条消息后，我既高兴又疑惑，同时更为这个决策实施的后果感到担忧！高兴的是国家终于重视“杏”这个很少有人关心和问津的“小水果”了！疑惑的是报纸上为什么没有注明是哪个部门做出的决策，事先我这个在农业部已经小有名气的杏专家（全国李杏协作组的组长），事先怎么一点信息也不知道，难道这种决策不需要进行专家论证吗？担心的是：上述基地选定的杏品种，并非都是全国最优良并且适宜大规模开发的品种，其中‘水晶杏’和‘银白杏’等果实极不耐运输，果实成熟后，果肉从里往外烂，只能在杏园里随采随吃，连果园都运不出去，如果要大规模开发，岂不会造成严重的后果吗？

到底是哪个部门的决策？我想了好几天不得其解……终于在一天的上午，我跑到熊岳镇的邮政局，要了两份电报纸，给时任国务院总理的赵紫阳同志写了一份表达上述担忧的电文，请他告诫或提醒有关部门。邮局发报员看后说从来没有发过这样的电文，请示局长后说不能发！我找到局长说：有问题我负责，我不是把工作单位和姓名都写上了吗！如果你不发，出了问题你能负责吗？局长被逼无奈只好签发，我方松了一口气。

几天后我去农业部办事，几位好友见到我说：你可把农业部坑苦了，全部整顿了两天！原来这件事正是农业部种植业司基地处决定的，他们没有征求本司经作处和科技司等有关部门的意见，也没有想到需要征求专家意见。为此，我们“不打不相识”，我结识了这位敢作敢为又虚心接受意见的女处长——俞东平。进入21世纪后，在她调任农业部优质农产品开发服务中心首届主任期间，我们曾经愉快地合作，开展了许多有益的工作。

也许这封电报的直接作用是取消了‘水晶杏’和‘银白杏’基地，增加了巨鹿‘串枝红’杏基地，更大的意义是日后国家凡有重大项目或决策都增加了先请专家论证的程序，减少了许多失误和损失。

58 全国李杏协作组的成就与经验

1 协作组的由来和发展

全国李杏协作组全称为全国李杏资源研究与利用协作组，在名称中就明示了其宗旨和协作内容。是1983年为了完成农业部科技教育司的重点科育研任务——建设国家果树种质熊岳李杏圃，经科技教育司计划处赵乃文和朱鑫泉两处长同意，由辽宁省果树科学研究所发起而组建的，组长单位由辽宁省果树科学研究所担任，办公地点挂靠在该所的李杏研究室。

当时有来自16个省（直辖市、自治区）的55个科研、教学和生产单位的70余名同行专家自愿参加。由于协作活动搞得多，搞得实，每次活动均对不同层次的人有吸引力，所以参加的人员越来越多，到1995年已经发展到包括台湾大学在内的100余个单位，协作区域达24个省（直辖市、自治区）。由于协作组的凝聚力越来越大，从1989年起，出现了争先出资为协作组承办会议和竞相邀请协作组专家去考察、论证和指导等服务的势头。

2 协作组的主要业绩

2.1 召开了五次全国学术研讨会议

从1983～1997年，本协作组分别在辽宁熊岳、山西太原、河北、陕西蓝田、福建永泰等地召开了五次全国李杏资源研究与利用研讨会议，来自全国24个省（直辖市、自治区）500余人次参会，共发表论文和资料368份。为了控制每次到会人数不超百名，我们采取以文会友的做法：科研单位和大专院校必须有未发表过的论文或报告，生产单位要有总结报告，果农要有生产经验介绍，每份材料自行打印100份，携带到会上，由会务组统一分发。每次会议均有80余篇新论文或总结发表，每次会议我们都临时组建一个优秀论文评选委员会，主任由学术水平和职称最高的教授担任，评选出三分之一左右水平较高的论文或报告，散会前由协作组颁发优秀论文证书以示鼓励，调动大家的积极性。有力地促进了科研成果、新品种、生产经验、市场信息的交流。

2.2 组织了全国李杏资源考察、摸清了我国李杏资源的底数

本协作组自20世纪80年代初以来，在组织各省（直辖市、自治区）普查的基础上，还组织了专家考察小组，行程30余万km，深入到28个省（直辖市、自治区）共240余个县（区、旗）上千个乡和村，考察收集李杏果树资源。积累了大量的资料，为编写《中国果树志·李卷》和《中国果树志·杏卷》奠定了基础。参加考察的人员在资源和资料及成果上共享，经费自理。

2.3 建立了国家李杏种质资源圃

在考察中收集了大批栽培、半栽培和野生种质资源，在辽宁熊岳培育成苗木，定植在资源圃中。其中包括各协作单位从国内外收集的资源，杏有11个种，李有8个种，共有1100余份。现已成为世界上保存李杏种质资源最全、最多的资源圃。由于资源圃的建成，巩固了协作组组长单位的地位和权威性，更具组织号召力。

2.4 建立了大规模产业化示范样板，树立了高效生产模式

在农业部科教司的支持下，从1986年至今，本协作组在河北巨鹿、广宗和山东招远3县分别建起5.5万、3.0万、1.5万亩杏良种生产示范基地，同时开展深加工研究。现在杏已成为这些地区的“县树” 和支柱产业。其中巨鹿县从1986～1995年，县工农业总产值由1.5亿元上升到10亿元，办起了40余个杏果加工企业，多次荣获国内外金奖，产品走出了国门。1989年在该县召开了第三次全国会议，把这一成功经验推广到全国，有力地促进了生产。

2.5 大协作加速了李、杏新品种的推广，大幅度提高了产量和质量

由于信息、技术、资源的交流，每次会议上都有一批新品种发表，促进了新品种的选育和推广。如1986年鉴定命名的‘棕李’，1988年公开发表，1995年已经从福建推广到浙江、江西、“两广”、“两湖”及“云贵川”等十余个省和自治区，面积从0.1万hm^2发展到6.7余万hm^2，成为南方李的主栽品种，鲜果直销香港和东南亚，总产量达15亿kg，年产值达30亿元。北方的‘串枝红’杏、‘骆驼黄’杏、‘大接杏’、‘大石早生’李等也成为生产的主栽品种。

2.6 组织编写了《中国果树志·李卷》和《中国果树志·杏卷》两部科技专著

从1983年起，本协作组组建了“两志”编写委员会各80余人，经过15年的艰苦努力，到1997年10月《中国果树志·李卷》终于出版了，《中国果树志·杏卷》也即将脱稿。这两部科技专著是在调查的基础上撰写的，是这两个树种的首部专著，研究的深度，描述资源的种类和数量在世界上也是绝无仅有的，现已引起世界同行的关注。

本协作组由于上述成绩不仅在国内有了一定的影响，而且在国际上也有了一定的知名度，国际园艺学会下设的李和杏两专业委员会，近年每次召开国际研讨会时都给我们发来邀请函，会议的论文集中也刊载我们的论文。

3 协作组的经验

3.1 同行业者愿意在宽松的组织中自觉地奉献义务，这是协作组生存和发展的基础与动力

改革开放以来，人们都希望在宽松的环境中获得更多的知识和相关信息。我们协作组不搞章程、不填报申请加入表、不交纳费用、也不摊派，来去自由。只要是从事李杏科研、教学、生产的同行，又自

愿与我们保持业务联系，自愿参加活动，就可算作成员。在宽松的联合中大家都没有压力、没有负担，一律平等相处，在协作中互通有无、互惠互利，并自觉自愿在其中奉献义务。

所谓义务就是把自己最新科研成果、工作成绩、生产经验、新技术、新品种、新信息等在会上发表，参加交流和研讨。这些闪光点一旦被全国同行认可，自己会感受到莫大的光荣和鼓励。同时也从他人的奉献中获得知识和启示，有利于改进自己的研究和生产。能收到以一换百的效果，何乐而不为呢！所以，不用督促，大家都会积极参加活动，协作组也由此发展壮大。

3.2 科研密切联系生产实际

由于协作组在河北巨鹿等地大规模良种开发示范基地作为科研成果的展示，使本协作组得到社会的认可和欢迎，从1989年起出现了争相主动出资办会的场面，而且每到一地办会都确实给当地带来较大的经济和社会效益。由于时间关系在此我就不细说了。

3.3 领导小组是协作组的核心，其权威性来自部领导的支持与自己的实干和领导艺术

我们每次活动都请农业部科教司领导参加，或者宣读领导的贺信，会后都有汇报。我们每次跨省考察，均到农业部换取介绍信。有了这些“上方宝剑”，我们跨省区工作就有了合法性。

作为协作组的领导小组，我们始终坚持主持单位的义务，并投入主要力量干实际工作，在科研方面走在各省之前，并毫不保留地将成果介绍给大家，做到有求必应，为大家提供研究或开发的资源和信息。在每次活动中，我们充分发挥领导小组的作用，尽量让外省领导主持会议，尊重年长者、提携年青人，大家平等相处、互相关心，提高协作组的凝聚力，团结更多的同志。

此外，协作组的总目标是将我国李杏资源优势转化为产业优势，但在不同的历史时期有着不同的阶段目标，比如在“六五”时期是以收集建圃为主，在“七五”时期则是以鉴定选优为主，在“八五”时期则是以推广良种良法建立示范样板为主，在“九五”时期则应以建设产业化生产基地为主等。总之，在不同时期有着不同的中心任务，不断更新阶段任务和目标，始终引领协作组向总目标前进，才能保持协作组的兴旺和活力。

4 存在问题

由于协作组经费不足，许多事想干但做不了，影响了协作组的发展，比如出版论文集、参加国际会议等等。

注：本文根据1997年11月28日农业部科技教育司杨修年副司长在中国农科院杭州茶科所召开首次小作物协作会议上我的发言稿整理而成。从此以后，农业部每年给各种小作物协作组拨一万元活动经费，支持各种小作物持续发展，可谓国家花小钱办大事之举。

1983年9月25日，全国李杏资源研究与利用协作组成立大会合影

59 第八次学术研讨会议暨环南疆果树资源与生产考察纪要

1 会议的组织与参会人员

2002年6月17日至29日，由中国园艺学会李杏分会在新疆维吾尔自治区巴音郭楞蒙古自治州的轮台县主持召开了第八次全国李杏资源研究与利用学术研讨会暨环塔里木盆地果树资源与生产现状的考察活动。承办单位为新疆园艺学会、巴州轮台县人民政府，协办单位有新疆农科院园艺所、新疆农业大学园艺系、新疆农业厅园艺特产处、巴州农业局、库车县人民政府、阿克苏地区园艺站、喀什地区园蚕中心、和田地区林业局、英吉沙县人民政府、皮山县人民政府等。农业部原常务副部长、中国园艺学会名誉理事长相重扬和农业部原正部级副部长刘培植发来贺词，新疆农业大学发来贺信。中国园艺学会常委、农业部副司长王有田，农业部优质农产品开发服务中心李清泽处长，中国农科院品种资源所方嘉禾处长，陕西省延安市委副书记孙志明，巴州地区副州长买买提·艾孜，辽宁省农科院李海涛副院长等领导莅临本会指导。

作者（前排中）在全国第八次李杏会议上发言

参加会议与考察的代表来自黑、吉、辽、京、冀、鲁、苏、闽、桂、黔、川、鄂、豫、晋、陕、甘、新等18个省（直辖市、自治区），共126人，其中有来自中国果树研究所、中国农科院郑州果树所、辽宁省果树科学研究所、辽宁省风沙地改良利用研究所、黑龙江省农科院园艺分院、吉林省农科院果树所、长春市农科院、河北省林科院、山东省果树所、江苏省农科院园艺所、山西省农科院果树所、山西省农科院园艺所、陕西省果树所、甘肃省园艺所、新疆农科院园艺所等科研单位的研究员和专家；有来自中国农业大学、河北农业大学、山东农业大学、西北农业大学、台湾明道管理学院、贵州大学农学院、新疆农业大学、石河子农业大学、新疆塔里木农垦大学等院校的教授；有来自福建省农业厅、广西壮族自治区农业厅、贵州省农业厅、陕西省延安市林业局、辽宁省阜新市农业局、河北省张家口市林业局以及有关县（区）生产第一线的领导和科技人员；还有来自四川国光农化有限公司、辽宁道德药业公司、湖北万亩布朗李新疆开发公司、新疆屯河股份有限公司、新疆香梨股份有限公司和绿洲果业公司等企业界的领导和专家。

还有中央七台，山西省电视台，新疆电视台，巴州电视台、广播电台，《落叶果树》杂志社，《新疆经济报》，《巴州日报》等新闻媒体单位的记者等。

作者（左2）与山东农业大学陈学森教授（左三）和新疆石河子大学的杏树专家们在和田考察

2 会议的特点

2.1 会议的规格高

有2位副部长发来贺信，7位地厅级干部到会指导，40位县处级干部、6位企业家老总和18个省（直辖市、自治区）的代表参加会议。

2.2 会议的学术氛围浓

有9所大学15个省级以上科研单位68名高级专家教授与会，交流论文84篇，其中大会特邀多媒体专题报告18篇，既有深度又有广度，生动感人。

2.3 会议紧紧抓住杏产业的主题

讲杏、看杏、种杏、吃杏、喝杏、选杏、加工杏、拍照杏、表演杏，陶醉在杏的海洋中。

2.4 会期长、辗转多

会期13天，一个主会场，千里之外还有三个分会场，途经4个地、州，总行程3000km，日进维村、夜宿州县、六移住宿，组织工作艰难，但周密温馨。

2.5 会议的内容丰富多彩

集科学性与趣味性为一体、集艰苦考察与观光旅游为一体，传播科技与民族歌舞交融。沿途奇景：塔河、胡杨、沙路、大漠、戈壁、高原、雪山、峡谷、石窟和古墓等美不胜收。维民情深、载歌载舞、美丽的服饰、丰盛的餐饮，令人久怀。

2.6 紧张、疲劳与兴奋、愉快同在，结论是满意

会议中晓行夜宿，长途跋涉，风餐林下，困厮车中，考验了意志，也考验了体能，在荒漠地区创建大产业，百姓、专家皆欢颜。

3 会议取得的收获与成果

3.1 收获与共识

3.1.1 在南疆年降水量仅有6～60mm的极为干旱的荒漠化地区，发展杏产业是适宜的，这样做既能改善生态环境，又能使农民增收。南疆4个地、州把发展杏产业列为农业产业结构调整中的首选项目，是上承天道下合民意的顺天应人的正确选择。

3.1.2 天山南北有大片野生杏林，有数百年生的古杏树，杏树既是这里的乡土树种，也是优势树种，其栽培历史悠久，现在是环塔里木盆地四周种植最多的果树，其栽培面积和产量居全国第一。

3.1.3 新疆的杏属于中亚生态种群，其种质资源极其丰富，约有100余个品种或类型，其中蕴藏着许多良种，其果肉的含糖量具有显著的优势，是我国杏树种质基因多样性的重要组成部分，也是新疆杏产业能够做强的丰厚物质基础。

3.1.4 南疆阳光充沛而大气干燥，这为杏树的无公害栽培和晾晒杏干创造了得天独厚的自然条件，这也是生产低成本绿色有机杏产品，增强市场竞争力的有利因素，应充分挖掘利用之。

3.1.5 南疆“屯河”、“绿洲”和“香梨”等深加工龙头企业的诞生，产生了农民昼夜向企业运销鲜杏的排长队现象。这

标志着这里的杏产业开始从原始的集市零星销售自给剩余杏干，向着为国内外大市场提供批量的中高档次的短缺的杏产商品方向进步，丰厚的加工附加值和巨大的市场拉动力，将给这里的种植业结构调整和杏产业的快速发展，带来无限的商机和推动力。一个市场连企业，企业连基地，基地连农户的杏产业链正在形成和逐步完善。在这里我们看到了新疆这一新兴产业的希望和未来。

3.1.6 南疆的农民生活比较贫困，但他们勤劳朴实，能歌善舞，身体健康，乡乡都有百岁老人，很少有癌症患者。1985年11月，联合国卫生组织的自然医学学会把南疆列为世界第四大长寿区，与其他三处一样——都是杏的主产区，这与人们长年习食杏和杏干不无关系。

3.2 五项成果

3.2.1 本次会议出版的论文集《全国李杏资源研究与利用进展（二）》，收编近年的研究论文和报告共65篇，会议发放和赠送300册；大会特约专题报告17篇，收听报告总人数达800人（次），达到了内地与新疆交流科研成果、生产经验和科技信息的预期目的。

3.2.2 本次考察中，代表们分别在轮台县、皮山县、英吉沙县和库车县对当地选送的杏品种进行了认真的品评和选优，结果认定了皮山县的‘黑叶杏’、‘白油杏’、‘白胡安纳’和‘明星杏’4个优良品种；认定了喀什地区的‘乔儿胖’、‘玛依桑’、‘色热克’、‘色热提胡安娜’、‘阿克木格牙勒克’、‘赛买提’、‘黑叶杏’等7个优良品

2002年6月，专家们在新疆考察。前排中国农业科学院方稼禾研究员（左一）、张冰冰（中）、张玉萍（右1）

种；评选出库车、轮台两县杏生产者选送的优质鲜杏一等奖3个，二等奖7个，三等奖18个。为两县杏产业的良种化明确了主栽品种并指出优质产品的生产方向。

3.2.3 通过考察活动的相互了解，英吉沙县、库车县和轮台县人民政府分别聘请了一批国内知名的专家教授，作为开发杏产业的科技顾问，他们是王有田、李清泽、张加延、杨承时、杨建民、王玉柱、孟兆清、刘国杰等。上述三县的领导在大会上分别为他们颁发了聘书，这有利于提高我国杏产业的科技水平，加强了内地与边疆的联系。

3.2.4 在本次会议中，本分会针对严重障碍我国杏树生产的花期霜冻问题，组建了中国农业大学博士师导师李绍华、河北农业大学教授杨建民博士和四川国光农化有限公司总经理颜昌绪高级工程师三人的攻关课题组，力争在2～3年内取得阶段性成果。

3.2.5 通过这次活动，使更多的人对中国园艺学会李杏分会的章程和宗旨有了认识，许多与会者当即填写申请表，要求加入李杏分会，发展了一批新会员和集体会员。

4 关于发展杏产业的七项建议

4.1 良种化是杏产业的首要基础环节

目前生产上的杏品种众多，但良莠不齐，其中有适宜鲜食的、也有适宜加工的良种。今后鲜杏销售的主渠道是为加工企业提供优质的原料，其次才是鲜食市场。因此，建议各地把适宜加工的品种列为主栽品种，鲜食品种为辅栽品种，其加工品种应占85%～90%，鲜食品种占10%～15%。如何实现良种化？建议除政府要积极宣传和引导外，企业在收购原料时，采用优质优价的政策，拉动农民发展良种。常言道，加工产品的质量，70%决定于原料，30%决定于工艺。创国际名牌产品和高附加值均离不开优质原料，因此，发展良种应是企业和农民的共同目标。

4.2 栽培技术规范化是提高杏产量、质量的重要措施

实践证明，采用良好的栽培技术每公顷可产鲜杏6万～7.5万kg，而粗放管理只有其三分之一或更少的产量。所以从壮苗培育、园址选择、建园规划、节水灌溉、科学种植、品种配比、矮化密植、整形修剪、测土施肥、防治病虫害、合理间作、花期防霜、放蜂授粉、疏花疏果、适时采收、包装运输等一系列的先进栽培技术的应用可显著提高经济效益。

4.3 集约化、规模化、机械化、商品性生产，是把杏产业做大做强的重要标志

目前企业收购的杏主要来自农民的庭院经济，是农民的自给剩余部分，产量有限。要建成现代化的杏产业，则必须有集中连片的、大规模的商品性原料生产基地，在基地内各生产环节尽可能采用机械化管理，才能生产出低成本的、质量稳定的加工原料，满足加工企业的需求。

4.4 龙头企业是杏产业链中最关键的环节

扶持龙头企业就是扶持农民和农村经济，因此，建议各级政府对近年应运而生的新兴加工企业（如新疆的屯河、绿洲、香梨等）给予政策和资金等方面的支持。同时也建议有远见卓识的企业家与农民建立长期的购销关系，并对农民进行技术培训，把杏农看成是本企业的重要组成部分之一。

4.5 仁用杏新品种已在新疆的叶城县和奇台县试栽成功

美国‘黑宝石’李和适宜加工的欧洲李已在巴州和喀什试栽成功，并表现出比内地显著的优势，建议自治区和上述州县扩大栽培，尽快形成生产力，成为新的经济增长点。

4.6 建议国家和各省（市、自治区）加大杏树科研的投入

对于杏树良种的选育、矮化砧木的引进、晚花资源及晚花基因的鉴定、花期抗霜冻技术与机理的研究，晚熟良种的选育、杏树需水规律与抗旱机理的研究，杏树流胶病的成因与防治技术，低需冷量良种的鉴定与反季节栽培，以及杏果实周年供应等科研项目给予立项支持，以便尽快解决生产中的实际问题并提高我国杏产业的科技含量。

4.7 建议我国北方干旱和半干旱地区要向新疆学习

新疆人民在不毛之地用杏树扩展绿洲，实现人进沙退，用杏产业使农民增收并永久摆脱贫困的经验和做法，把我国荒漠化的“三北”地区建设成为具有中国特色和区位优势的杏树经济产业带。

5 李杏分会近期活动计划

2003年，李杏分会的一届三次常务理事扩大会议，将在河北省高邑县召开，由河北农业大学园林与旅游学院筹备。2004年第九次全国李杏资源研究与利用学术研讨会议，将在辽宁省阜新市召开。

注：本文2002年7月23日撰写后，上报中国园艺学会和分会挂靠单位辽宁省果树科学研究所，以及农业部科教司和农业部优质农产品开发服务中心，并分发至新疆有关市县政府的办公室，同时发至全体会员。时任中国园艺学会理事长的朱德蔚研究员和名誉理事长相重扬对本纪要很赞赏。

60 全国首次优质李杏加工品评选暨食品安全学术研讨会会议纪要

由农业部优质农产品开发服务中心和中国园艺学会李杏分会共同主办，陕西省农业工程学会和陕西师范大学食品工程系承办的“全国首次优质李杏加工品评选暨食品安全学术研讨会议”，于2003年12月5～8日在西安市陕西师范大学学术活动中心举行。

1 会议概况

参加本次会议共计254人，其中来自北京、安徽、河北、内蒙古、陕西、辽宁、河南、山西、新疆、甘肃、宁夏、吉林、江西、上海、青海、湖北等16个省（市、自治区）的正式代表74人，特邀代表15人，陕西师范大学165名食品加工系的师生参加了会议。陕西省科学技术协会党组书记牟怀奇同志、陕西师范大学赵世超校长、房喻副校长看望了与会代表和专家、教授。

12月6日上午，举行了隆重的开幕式，陈锦屏教授代表承办单位致开幕词，农业部原常务副部长相重扬先生作了重要讲话，农业部优质农产品开发服务中心主任

农业部优质农产品开发服务中心愈东平主任（正中）在主持全国优质李杏加工品评会，专家们正在品评鉴定

展品评选结果

俞东平研究员、国务院学位委员会食品科学组评议员李里特教授、中国园艺学会李杏分会理事长张加延研究员、陕西师大学校长赵世超教授、陕西省农业厅胡小平副厅长、陕西省食品工业协会赵志杰会长、陕西省科协学会工作部陈建国部长、新疆屯河果业有限公司严丹华总经理、陕西师范大学食品系主任田呈瑞教授等出席了开幕式，并作了讲话。

大会期间收到了农业部原正部级副部长刘培植先生和陕西省科协、陕西省食品工业协会等23个单位发来的贺函。本次会议完成了优质李杏加工品评选和食品安全学术交流两项任务。电台、电视台对会议情况进行了新闻报道。

2 样品评优

本次大会收到来自全国的李杏加工样品35个，全部进行了展示，参加评优样品21个，参照国家相关标准6个，制定打分标准8个。

由上官新晨教授、张任远高级工程师、郑健钧研究员、田呈瑞教授、俞东平研究员、李松涛高级工程师、张加延研究员、王银瑞教授、陈锦屏教授等9位专家，组成评选专家组，对参评样品进行评选。

有11个产品获优质李杏加工品奖，获奖产品是：果脯类：新疆屯河果业有限公司的“杏脯”、甘肃镇原县新一代食品有限公司的“桂花杏脯”、甘肃镇原县新千年食品有限责任公司的“野果肉”；果汁类：新疆屯河喀什果业有限责任公司的“浓缩杏浆”、新疆绿洲果业有限公司的“小白杏汁”；凉果类：甘肃镇原县新星果品有限公司的“甘草杏”、甘肃镇原县香园食品有限公司的“活力钙甘草杏”；杏干类：新疆库车县双英土特产品厂的“杏脯”；酒类：新疆库车龟兹酒业有限公司的“小白杏酒”；小食品类：陕西省吴旗县绿源杏业开发有限责任公司的“吴旗开口杏核”、新疆轮台华隆农业开发有限公司的“手剥轮南白杏核”。

上述优质加工品将由农业部优质农产品开发服务中心颁发优质产品证书。山西农科院园艺所的“杏仁油”获鼓励奖。

本次获奖的加工品中，最耀眼的是新疆屯河喀什果业有限责任公司的“杏脯”，已达到低糖的国际标准，他们生产的“浓缩杏桨”已占据国际市场40%的份额，生产能力还在不断扩大。

3 学术交流

大会共收到学术论文103篇，汇编论文集一本。李里特教授、俞东平研员、孔祥虹教授、邓义娟教授、张加延研究员、杨途熙副教授等6位专家作了专题报告，严丹华、贺伟英、张大海、王绍林、李建科、陈德经、张存劳等8位专家和企业家进行了大会学术交流。所做的报告和交流的内容，涵盖了李杏加工和食品安全两个方面，先进、实用，很受代表们的欢迎。

4 大会特色

本次大会有两个特色。

4.1 李杏是原产于中国的两大古老果树，进行其果品加工品的评优，在我国系首次。本次评优活动参照国家相关标准，第一次制定了我国李杏加工品评优方法和评分标准，为今后开展此项工作奠定了基础。这对促进李杏产业化发展，提高李杏加工品品质具有重要意义。

4.2 本次会议邀请陕西省卫生监督所邓义娟研究员、陕西省出入境检验检疫中心孔祥虹副研究员等专家，做了有关食品卫生监督及检验检疫方面的报告，体现出本次会议跨部门、跨行业的特色。党和国家高度重视食品安全问题，它关系到广大人民的健康和生命，是出口创汇的绿色壁垒，又是我国食品生产中的薄弱环节，本次会议开展的食品安全学术研讨具有重要意义。

5 代表们的建议

由于本次会议时间急促，办会时间临近年终，加上雾雪等天气影响，许多准备赴会的代表未能成行。此外，我国东部和南方的许多企业家还没有认识到获奖产品的重要性，参评样品还不多。因此，代表们建议，今后每隔两年举行一次全国性的、大规模的此类评优会议，以提高李杏加工品的品质和李杏生产管理水平，进一步促进我国李杏产业化发展。

注：本文2003年12月28日由陈锦屏教授代表我分会执笔撰稿，上报农业部有关部门，发表于2004年1月的《果农报》上。本项工作意义重大，企业界积极性又高，能够有力地拉动全国李杏产业的发展；所有会务工作均由我分会承担，经费由参展单位出，完全做到了以会养会。但可惜的是，两年后，农业部优质农产品开发服务中心新上任的第三任领导，在发颁奖证书盖章问题上有所顾虑，不再继续合作，因而中断，非常遗憾。

61 首次全国鲜食李、杏良种评选活动述评

开展全国李、杏良种评选的提议，是农业部优质农产品开发服务中心于1997年在第七次全国李、杏会议上提出来的，目的是促进我国李、杏生产的良种化进程。但是，由于李和杏与其他大宗水果不同，其果实不耐贮运，又难以集中评选，同时还缺少具有权威性的评选标准，故一直未能进行。近年来随着《李》、《杏》和《李新品种DUS测试指南》等农业部行业标准的相继出台，我们再参照日本、澳大利亚和美国等发达国家市场李与杏良种上市的排序，终于在2003年1月提出了具体评选办法和计分标准，经农业部种植业司经作处批准，于2003年开展了这项活动。我们对这次活动与结果进行述评，其目的一是总结经验找出不足，对其方法和标准进行修正补充和完善；二是为今后的参评者提供信息和依据，积极参与评选活动。

农业部原常务副部长、中国园艺学会理事长相重扬先生（右）多次莅临李杏会议

1 评选的方法与标准

我们将本次的评选方法概括为“样品随到随测、全面彩照备评、冷藏冷冻备尝、两级密码编号、按旬归并熟期、专家品评择优、惠顾早晚（熟）两头”，共42个字。即由地理位于全国较为中心的、具备资质的、农业部果品苗木质量监督检验测试中心（郑州）负责检测，收到样品后，立刻按标准逐项对样品的外观、内质及相关重要性状进行登记、检测与计分，以便为专家评审时提供鲜样分析依据；还要立即对样品果进行正、侧、剖面及群体拍照，同时还要将样品进行冷藏和冻藏保存，以便在评审时为专家提供彩照和品尝的果实；对所有样品进行双密码编号，确保评选结果公平和公正；对所有样品均依采收的日期，分别归并到月和旬，并列表注名每个编号的所有测试结果。

在10月上旬，全国李和杏采收刚结束时，立刻组织权威专家们逐旬在小范围内对样品进行评审，按标准逐项进行打分和比较，从中择优。在择优时，对极早熟和极晚熟以及新选育的品种给予适当照顾，

这样做有利于延长鲜果的供应时期和促进新品种的选育与推广，并且符合市场价格规律。

评审时，召集经农业部审批、具有资质的9名专家组成评审组，对检测中心提供的检测结果、冷冻藏果实、彩照等进行逐一审查、品评、打分。统计时，将每个样品的一个最高分和一个最低分去掉，将其余分的平均值定为该编号的最后得分，在每旬参评样品中取1或2个最高分为本旬的良种（超过10个样品取2个品种）。统计后解除密码编号，审查品种名称是否真实，发现名物不符者或编造的名称，则取消资格，另取本旬次高分品种。专家组将评选结果上报农业部审批，并颁发良种证书。

2 参评样品的来源与评选结果

首次全国鲜食李与杏良种评选共收到样品70份，其中李37份，杏33份，来自17个省（自治区）。其中李是：河北9份，浙江8份，广西4份，福建3份，吉林3份，湖北2份，河南2份，黑龙江、辽宁、甘肃、安徽、云南、贵州各1份；杏是新疆9份，河南9份，河北5份，山东3份，江苏2份，浙江、湖北、陕西、山西、甘肃各1份。李收样日期从4月22日至9月29日，其中5月1日至20日没有参评样品，所有样品按采收期归并为14个旬；杏收样日期从5月20日至7月29日，共8个旬。

评选结果：‘金太阳’、‘水结贡杏’、‘轮南白杏’、‘轮南大白杏’、‘石片黄杏’、‘明星杏’和‘黄金杏梅’7个杏，‘早熟李’、‘玫瑰李’、‘武宣胭脂李’、‘黑琥珀李’（浙江）、‘盖县大李’、‘黑琥珀李’（河南）、‘嵊县桃形李’、‘长李84号’、‘锡姆卡李’、‘黑宝石李’、‘龙园桃李’、‘安哥诺李’和‘迎国庆李’等14个李分别获得优良品种证书。

3 对评选结果的点评

3.1 方法新颖，科学性强

将若干个同旬上市的品种在小范围内进行比较和择优，具有可比性，并可保证择优的准确性，达到一目了然；划小了评优的连续时段（逐旬），符合李、杏果实不耐贮运、货架期短的特性，也符合市场需求品种多样化的要求。

3.2 评选的检测标准基本可行，但少数项目指标需要调整

农业部行业标准制定的《全国优质鲜食李、杏评选标准》，经过本次实际应用，从评选结果上看，该标准基本可行。其外观检测5项指标35分，内质检测4项指标40分，其他重要性状为杏3项，李2项，小计25分，总计100分，分数分配比较合理。但有如下几个小项的指标需适当调整。(1)为鼓励大型果入选，杏果实大小的满分底线应从50g调至60g，每增减10g相应增减0.5分，改为1.0分；(2)将果汁10分改为5分，仍分3级，多、中、少分别为5、3、1分；(3)香气单列项为5分，浓香、微香、无香气3级，分别为5、3、1分；(4)风味仍保

持10分，5级分别为浓酸甜、酸甜、甜酸、酸、酸涩，各级分值分别为10、8、6、4、2分；(5)将李的黏离核10分改为5分，与杏一样；(6)将可食率纳入其他重要性状中，李≥98.0%和杏≥96.0%为5分，每下降1%，减少0.5分；(7)将杏的货架期由15分改为10分，仍维持总分数为100。这样调整后可能更符合市场要求。

3.3 参评的样品不够多

据调查我国李有800余个品种或类型，杏有2000余个品种或类型，其中若取10%的良种评选也有280余个，而我们只收到70个，样品过少。分析其原因有三：其一是杏和李的早中熟品种上市时，正值我国“非典”时期，不便送样；其二是通知下发得晚，许多持有良种者不知道此事；其三是对参评的认识不足，不知道获得优良品种证书后将会给自己带来很大的社会和经济效益，参与性不强。尽管如此尚有许多边远省（自治区）如广西、云南、新疆和黑龙江等地，通过邮寄、火车或汽车捎带，或派专人等办法送样，甚至用飞机送样，说明本项活动还是有一定的群众基础的。遗憾的是李生产大省广东、湖南、四川、江西、福建、辽宁等地，杏资源大省（直辖市）陕西、甘肃、山东、山西、河北、北京、天津、辽宁、吉林、黑龙江等地，没有积极送样参评。

3.4 显现出地域差异的优势

我国地域辽阔，纵贯热带、亚热带、暖温带、中温带和寒温带。而李与杏又是我国分布最广的果树之一，不仅不同的地区有着不同的品种，而且同一品种在不同地区栽培，其品质与熟期也不相同。如‘黑宝石’李在浙江永康县6月19日上市，在河南周口县7月19日上市，在辽宁盖州则8月末至9月初上市，南北相差70～80d。这告诉我们可以根据这一现象恰当地择地栽培，为满足市场的需求而获利。评选结果还告诉我们，广西百色的‘早熟李’在4月22日即上市，比华北和东北设施促早栽培的李上市还要早得多，如能组织北上远销，不仅填补了此时北方市场的空白，而且获利极大。反之如果组织北方的晚熟李适时南下，也可填补南方市场的空白而获利。

3.5 不同熟期的优良品种均显不足或空缺

从本次收到的样品看，杏在5月20日前没有样品，在7月20日以后只有1个样品；李在4月下旬至6月上旬的5个旬中只有3个样品，其中5月上旬和6月中旬空缺，10月1日以后没有样品。在有样品的6月下旬和9月中旬没有评选出比较优良的品种。上述时间段就是我们选送样品获奖的好时机，当然也是市场空缺和获利较高的好时期。即使在李和杏集中成熟的评选时段，有的旬只有二三个样品，最多的旬有七八个样品，这与我们开展全国红富士苹果、早熟梨、柑橘、猕猴桃等选优活动的几百个样品相比，中奖的几率大得多。本次评选中的亮点是广西的‘早熟李’ 和辽宁的‘迎国庆李’（暂定名），分别是我国最早和最迟上市的中国李良种，新疆皮山县选送的‘明星杏’是本次评选中唯一获得满分的杏良种，均有着广阔的发展前景和市场空间。

3.6 评选结果的代表性是相对的

本次评选的结果由于许多良种没有参评，选中的良种代表性不足是客观的。但是这一结果将载入史册，是公正的也是合法的，获奖者当之无愧（贵在参与），农业部优质农产品开发服务中心颁发的优良品利证书也是无可非议的，因为这毕竟是我国首次鲜食李与杏的选优结果。如同首次奥林匹克运动会虽然只有四个国家参加，其各项运动的第一名也都是世界冠军一样。我国是李和杏的原产地和资源大国，品种有着丰富的多样性，我们按不同上市时期，评选出综合性状优良的系列品种，是实现我国李杏生产良种化进而实现李杏生产产业化的具体行动。

4 展望与建议

4.1 展望

如果本项活动能够持续开展3～5年，动员更多的生产者和引育种者参与，则一定能够筛选出一个从极早熟至极晚熟的良种系列，这个系列不是某一个地区或某一个科研单位的良种系列，而是一个全国性的市场优良果品系列，既包括了品种种质的因素，也包括了生态环境的因素，是符合大农业生产和大市场规律的，可以给生产者提供各上市时段的良种、生产规模和上市批量的依据。也为消费者和商家提供时令性选购水果的依据，知道什么季节该到什么产地选购什么品种最佳。同时还为育种者提供了改良某个时间段品种（即不够理想的品种）品质的具体目标，使这一良种系列逐步完善和提高。

4.2 建议

①将本项工作纳入我国水果品种改良行动计划中，给予一定的经费支持，减少农民送样和检测单位的经济负担。② 将保护地栽培的李、杏果品也纳入评选范围，因为鲜销市场选择优良果品不仅包括品种因素和产地因素，也包括栽培技术因素。③从发展和产业化的角度看，李和杏的果实应主要用于加工，鲜食只能为辅。 因此，应该开展加工良种的评选，如制汁、制脯、制罐、制酱、制酒以及仁用等专用良种等的评选，其意义更大。

注：原文发表在《北方果树》2004年第2期上，本文有删节。参加本评选办法与记分标准研究制定的人，还有农业部优质农产品开发服务中心的李清泽、杜维春和中国农业科学院郑州果树研究所的方金豹等同志。

首次评选结果：全国不同上市时期的李良种14个（均为方金豹提供）

早熟李
（4月下旬）
广西省优质农产品中心

玫瑰李
（5月下旬）
湖北松滋市道观镇

武宣胭脂李
（6月上旬）
广 西 省 武 宣 县 农 业 局

黑琥珀李
（6月中旬）
浙江永康市名茶果品开发公司

皇后黑李
（7月上旬）
福 建 福 安 市 隆 丰 水 果 场

黑琥珀李
（7月中旬）
河南周口市绿源精品果业有限公司

盖县大李
（7月下旬）
甘肃天水市果树所

嵊县桃形李
（8月上旬）
浙江嵊州市林业局

长李84号
（8月上旬）
吉林长春市农科院园艺所

锡姆卡李
（8月中旬）
河北省保定绿龙园林有限公司

黑宝石李
（8月下旬）
河北省保定绿龙园林有限公司

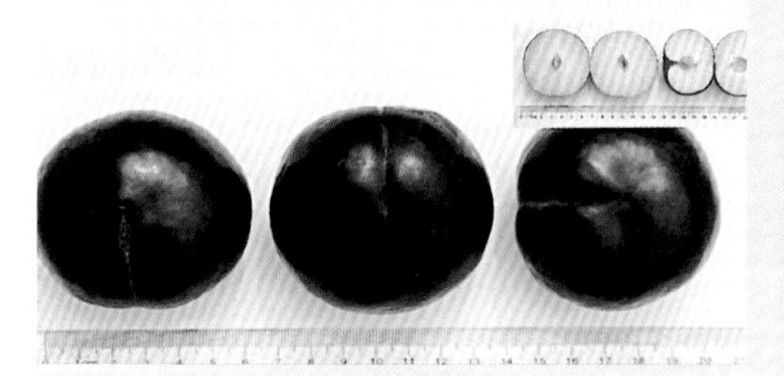

龙园桃李
（9月上旬）
黑龙江省农科院园艺分院

迎国庆（暂定）
（9月下旬）
辽宁省营口市

安格里那李
（9月下旬）
河北省保定绿龙园林有限公司

首次评选结果：全国不同上市时期的杏良种7个（均为方金豹提供）

金太阳杏
（5月下旬）
河南原阳县齐街乡

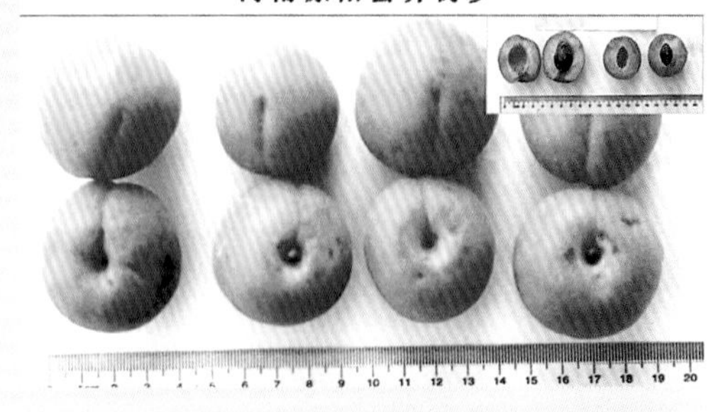

水结贡杏
（6月上旬）
河南安阳杏林坡现代农业示范基地

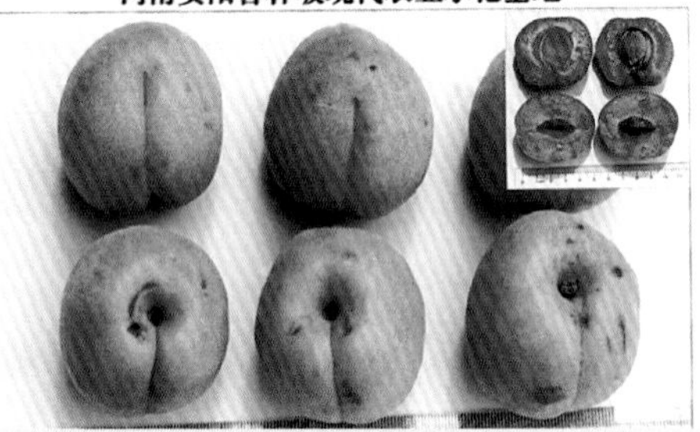

轮南白杏
（6月中旬）
新疆轮台杏子研究所开发中心

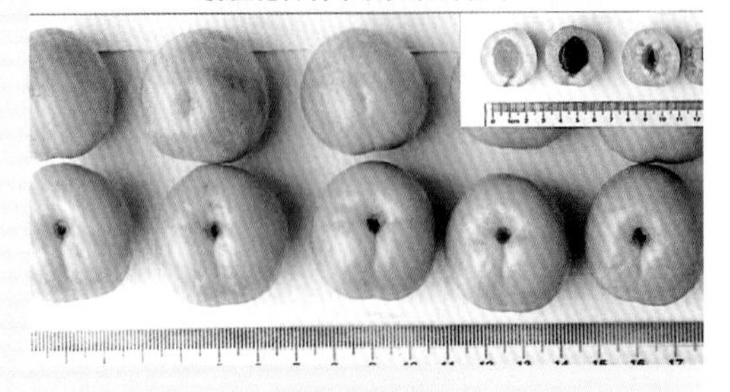

轮南大白杏
（6月下旬）
新疆轮台杏子研究所开发中心

石片黄杏
（7月上旬）
河北怀来县林业局

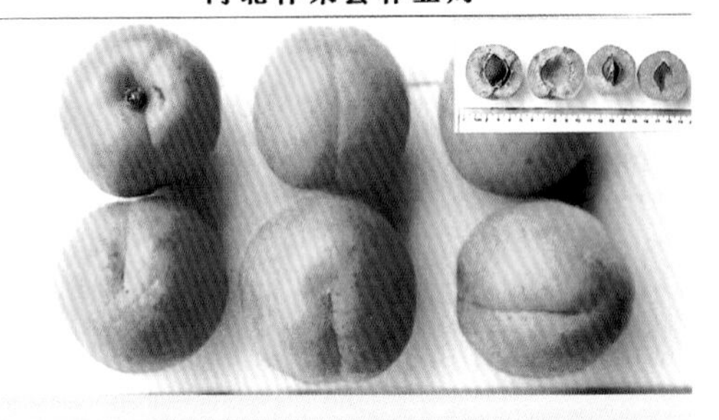

明星杏
（7月中旬）
新疆皮山县阔什塔克乡

黄金杏梅
（7月下旬）
甘肃天水市果树所

62 第二届全国优质李杏评选结果与述评

由农业部优质农产品开发服务中心主办，中国园艺学会李杏分会协办，中国农科院郑州果树所和农业部果品及苗木质量监督检验测试中心（郑州）承办的全国优质李杏评选活动今年进入第二年，10月17日评选结束，现将评选结果公布如下。

1 收到参评样品的数量与送样地区

今年收到最早的样品是4月9日，最迟的样品在9月7日，共收到参评样品38个，其中李8个，杏28个，仁用杏2个，共有9个省（自治区）送样参评。其中新疆选送的样品有21份，占全部样品的55.3%，占杏样品的75%，是送样品最多的地区。

2 评选的标准

本次评选的标准是在首次评选标准的基础上，对部分小项的计分标准进行了调整，使之更加合理。

3 评选结果

本届李的参评样品有8个，分别在7个评选时段，除极早熟设施栽培品种外，都得高分，因此，评选出7个李良种，即‘大石早生’（设施栽培）、‘大石早生’（露地栽培）、‘玫瑰皇后’、‘红沸腾’、‘幸运李’、‘苏格’和‘安哥诺’；本届杏的参评样品有28个，分别在6个评选时段，考虑到内地杏与新疆杏品质差别较大，在同一时段内对内地资源适当倾斜。因此，评选出7个优质杏品种，即‘金太阳杏’（设施栽培）、‘内选1号杏’、‘神农大接杏2号’、‘库车白杏’、‘克孜朗杏’、‘克孜列卡恰杏’和‘黄色买提杏’。

本届仁用杏有两加工样品参评，均为脱衣的白杏仁，一个是苦的西伯利亚杏仁，一个是甜的龙王帽杏仁，均被评为优质加工品种，是个广东省深圳市丰达进出口公司选送的。

4 述评

4.1 良种化是实现李、杏产业强国的基础

据调查我国现有李品种800余个，杏品种2000余个，是世界上李、杏资源最丰富的国家。据联合国统计，2000年我国李的产量居世界第一位，杏的产量居世界第6位。但是在世界果品市场上却没有来自中国的鲜李和鲜杏，加工制品出口的份额也不大，以至大量的布朗李和洋杏却涌进我国市场。可见我国虽然是李、杏资源和生产的大国，但不是李、杏产业的强国。

分析其原因，没有实现生产品种的良种化是重要的原因之一。我们对李、杏果树生产良种化的认识远不如苹果、梨、柑橘、葡萄等大宗水果的认识高。据2003年

对全国李、杏生产现状调查统计，在我国“两广”、“两湖”以及“云贵川”等南方李生产大省，目前李的主栽品种仍然是上个世纪50～60年代的老品种，有的地方甚至还是2500年前的古老品种。据美国核果类专家奥凯教授介绍，全世界平均每天有3.5个李新品种问世，美国李的生产果园最长寿命为12～15年，有的8年即更换新品种。由此可见我们与发达国家的差距。现在我们开展全国优质李、杏评选活动的目的就在于尽快筛选出优良品种，并找出这些良种适宜栽植的地域范围，为商品性规模开发提供可靠的科学依据，奠定实现李、杏产业强国的基础。希望各地能积极参评。

4.2 引进的优质李品种已经显现出优势

在去年首次评选入选的13个李良种中，我国品种有8个，占61.5%，引进品种有5个，占38.5%。今年各地选送参评的李品种100%为引进品种，自然评选的结果也都是引进品种。这说明近年我国引进良种的计划已经产生经济效益，并被各地认可。这些良种的最大特点是果型大、耐贮运、货架期长、适宜商品性营销，弥补了我国李品种的不足，但是从风味和口感方面明显不如我国品种。因此，我们既要重视引进优良品种，也要注重挖掘具有我国特色的耐贮运的优良李品种。

4.3 国产杏品种优势显著，新疆是杏的优生区

在这两届优质杏品种评选中，引进品种参评的也不少，但是入选的只有一个‘金太阳’，而且是在极早熟时间段和设施栽培条件下入选的，其余入选品种均为我国自己的品种，可见我国杏的良种优势明显。

在2003年入选的7个杏品种中，新疆品种有3个，占42.8%；今年入选的7个杏品种中，新疆品种有4个，占57.1%，且几乎都获得满分。从此看出新疆的杏具有明显的优势，新疆的杏虽然果型较小，但其可溶性固型物极高，内地杏的可溶性固型物在12%～13%之间，而新疆杏则为19%～21%，相差7～8个百分点，风味和口感明显不同，说明我国新疆（南疆）是杏的优生区。

注：原文发表在《西南园艺》2004年第6期上，本文有删节。全国李杏评优活动只进行了两届，得到农业部种植业司经济作物处王小兵处长的审批与支持，纳入了农业部优质农产品开发服务中心首任主任俞东平和第二任主任雷茂良的工作计划中，并与我们（中国园艺学会李杏分会）共同主办，农业部原常务副部长、中国园艺学会名誉理事长相重扬先生也曾亲临大会致词，并称这是“朝阳产业”，同时得到了全国李杏专家和生产单位的积极响应，农业部原科技司司长费开伟研究员还专为此发来信函（见附信），高度赞扬评价此项活动。所有会务工作（包括评选标准和办法的研制与修正、开展本项活动的通知、评审专家的推荐、测评与承办单位的选定、活动的议程及总结等等）都由我分会策划和组织，取得了良好的开端。正欲继续进行下去，但是第三任优农中心主任上任后，对此活动表示质疑，我未能说服他，因而停止，实在遗憾！现在看来，当时我没有再努力去“搬”他的上级直至部长，把此项有益的工作坚持下去，拉动全国李杏产业的发展，是我没有尽到理事长的职责，在此应向全体会员和同仁们检讨。

第2次评选结果：全国不同上市时期的李良种7个（方金豹提供）

大石早生
（设施栽培5月上旬）
河北农业大学三结合基地，易县独乐乡中独乐村

大石早生
（露地栽培6月中旬）
河北农业大学三结合基地，易县独乐乡中独乐村

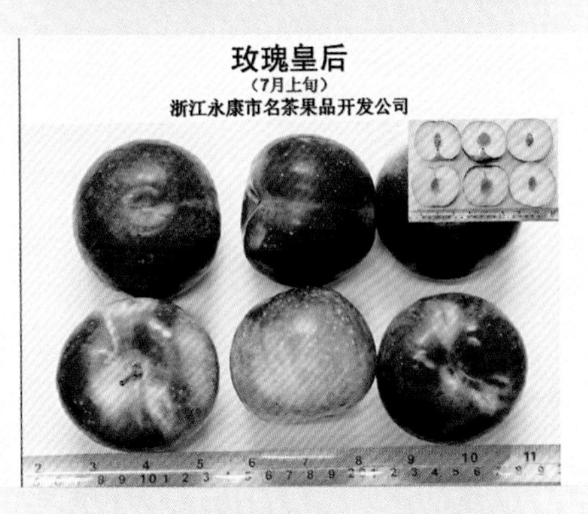

玫瑰皇后
（7月上旬）
浙江永康市名茶果品开发公司

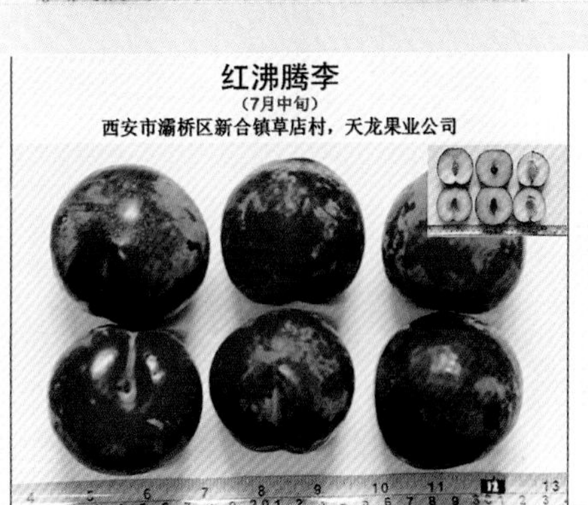

红沸腾李
（7月中旬）
西安市灞桥区新合镇草店村，天龙果业公司

幸运李
（设施栽培8月上旬）
西安市灞桥区新合镇草店村，天龙果业公司

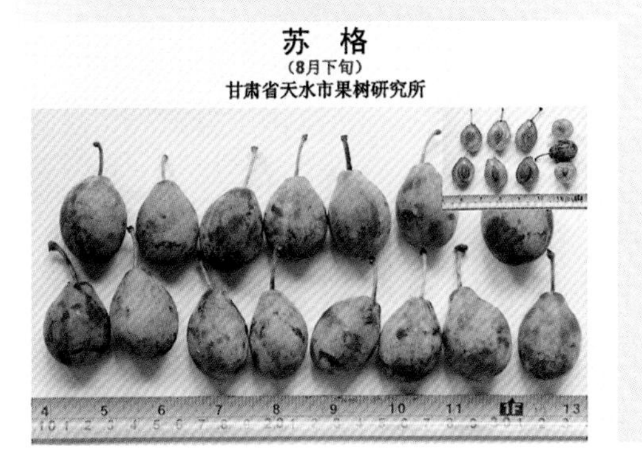

苏　格
（8月下旬）
甘肃省天水市果树研究所

安哥诺李
（9月上旬）
四川省成都市龙泉驿区柏合镇

第2次评选结果：全国不同上市时期的杏良种7个（方金豹提供）

内选1号杏
（6月上旬）
河南省内黄县园艺站

金太阳杏
（4月上旬）
山西农业大学开源种苗公司，太谷县

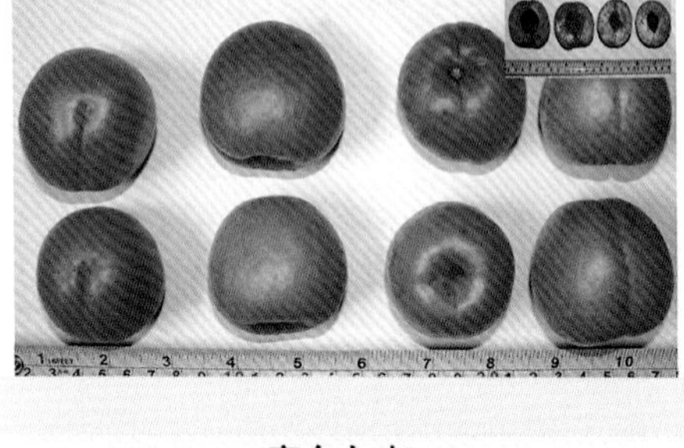

神农大接杏2号
（6月中旬）
陕西省宝鸡市渭滨区神农镇科委

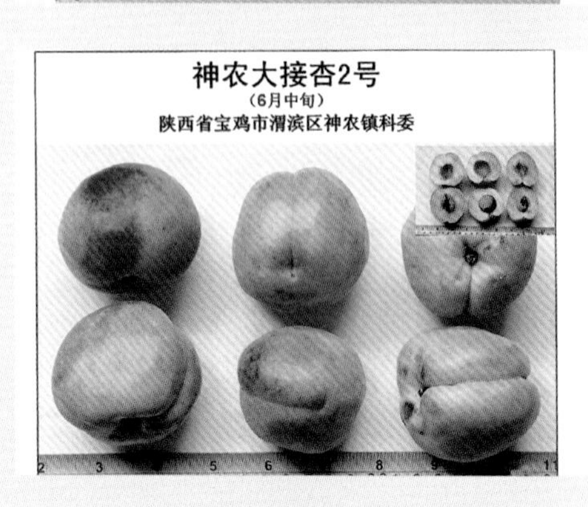

库车白杏
（6月中旬）
新疆库车县林业局园艺办

克孜朗杏
（7月上旬）
新疆和田地区皮山县桑株乡政府

克孜列卡恰杏
（6月下旬）
新疆库车县林业局园艺办

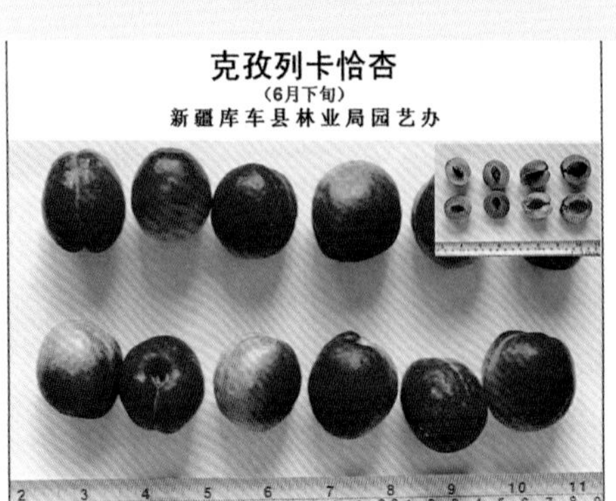

黄色买提杏
（7月中旬）
新疆英吉沙县艾古斯乡政府

63 摘录农业部科技司前司长费开伟同志的一封来信

老张及李杏分会的同仁们，你们好！

一年来不断收到你们工作的情况、报告、成果和综述，看到你们如此活跃的工作状态，真为你们感到高兴。祝你们在2005年能够取得更加美好的成绩和更加出色的成就。看到《2004年全国优质李杏评选结果与述评》所述内容，感到这项工作真是意义深远。苹果等等，毕竟是“舶来品”，李杏是我国原产的果树，今后会在对外贸易上起到很大的作用，即使现在引进的外国品种，也能成为“中国制造”而大放异彩。我国肥沃的土地资源不多，大量搞苹果等肥水要求高的果树去出口是不合算也是不太可能持久的。李杏能在比较瘠薄的土地上发展，经济效果也不错，何乐而不为呢？应该多宣传这一点，让决策者能够加以思考，不要老是考虑苹果和柑橘。说实话，二十多年来我们果树上的钱基本都投在这两种果树上，现在的效益都不如所谓的“小水果”。老张认得上面的人多，应该积极反映。当前，中国管理科学研究院农业经济技术研究所（中央党校所属）出版的《通讯》，专门谈这些方向性的问题供领导参考。你们如果能够组织一篇这方面的简要精辟的文章，我可以向他们推荐。如果能够刊出，那么所有“出钱”单位的领导都能看到，对今后争取支持和经费有好处。仅供参考。

……

费开伟

二〇〇四年十二月二十日(网上来信)

64 在第十次全国李杏学术交流会议上的开幕词

各位领导，同志们，上午好！

我认为：首先，要以人为本，我们要团结从资源研究到产品营销整个产业链条上的所有同志，大家都是为了一个共同的目标才走到一起的。要相互尊重、平等友爱，要努力营造人才汇集、人尽其才、才尽其用的团体风尚，鼓励探索、创新和超越，培创新意识、营造创新环境，倡导追求真理、宽容失败的科学精神。

第二，要敢于正视我们的差距。我们对阳光、水和土地这三大生命要素的研究和利用率远不如以色列，要走多采光、少用水、新技术、高效益的技术路线；我们李杏单产很低，果品质量差距很大，至今还没有培育出达到世界水平的加工专用品种；我们的杏浆还存在着含酸量偏低和色泽不稳定的差距；我们的无糖或低糖杏脯还不如土耳其的杏脯丰厚饱满；我们的杏仁加工制品和产量也不如美国蓝宝石杏仁公司；我们果壳活性炭的质量和吸附能力远不如美国、荷兰和日本等发达国家；我们杏仁油的提取工艺和设备还有待改进；我们李和杏的鲜果虽然品质和风味好，但耐贮性差和货架期短，走不出国门；我们园艺化栽培管理仍主要依靠人工，尚未进入到机械化和自动化阶段，抵御沙尘、干旱和晚霜等自然灾害的能力很差，经济效益在很大程度上要依靠老天的“恩赐”……。因此，我们现在的李杏产业还只是一个初级的、科技含量有限的、抗御自然灾害能力相当脆弱的产业，是尚未综合应用多学科、多种前沿高新技术、知识尚不密集的产业，距离我们理想的李杏产业化还任重而道远！为此我们还要付出很大的艰辛和智慧。

第三，要有勇气和创新精神。11年前我国“两弹一星”之父、两院院士钱学森指出：什么是沙产业？沙产业就是在“不毛之地”搞农业生产，而且是大农业生产。这可以说是又一项“尖端技术”！发展尖端技术的沙产业，也就是用现代生物科学的成就，再加上水利工程、材料技术、计算机自动控制等前沿高新技术，一定能够在沙漠、戈壁开发出新的、历史上从未有过的大农业，即农工贸一体化的生产基地。在国外，以色列已经走在了前面，我们要用当年搞“两弹一星”的精神赶上去，超过他们！再次用行动证明我们中国人是了不起的！

同志们、朋友们、全国李杏产业的精英们：既然我们选择了这一伟大的事业，就让我们以钱老这段挺直我中国民族脊梁向荒漠要食物、要效益的理论思想为动力，勇敢的肩负起历史所赋予我们的神圣使命，在党中央、国务院新世纪首届全国科学技术大会精神的指引下，用我们的勇气和智慧为建设环保、节能、高效的创新型国家再浓重的绘上一笔李杏高科技产业吧！

最后，让我们以最新的优质产品和最精彩的学术报告，向本次会议的承办单位和河北省的人民表示感谢！

谢谢！

二OO六年九月十六日

2007年7月，作者在内蒙古赤峰市巴彦查干苏木林区考察

2001年11月，作者在河北蔚县考察万亩仁用杏

2005年11月在湖南（韶山）考察（左起伊凯、作者、张冰冰、张景娥）

65 中国园艺学会李杏分会及其前身活动历程

为了挖掘和开发利用沉睡数千年的李、杏果树资源，为我国乃至人类造福，1983年1月，时任国家科技攻关项目李杏课题主持人的张加延同志向农牧渔业部科教司计划处请示同意后，由辽宁省果树科学研究所主持，成立了“全国李杏资源研究与利用协作组”，2001年经中国园艺学会批准，更名为“中国园艺学会李杏分会”，挂靠在辽宁省果树科学研究所。自该组织成立以来，逐渐团结了全国从事李、杏果树科研、教学、生产、加工与营销等方面的专家、教授、种植者、企业家及营销实业家等人士，开展多方活动，推动了我国李、杏果树科学研究和生产的发展，取得了显著的科研成果和经济效益。其发展历程追忆如下。

1 首次全国李杏会议

1983年2月25～28日，由辽宁省果树科学研究所主持，在辽宁省熊岳召开了“全国首次李、杏资源调查、收集、保存、利用座谈会”，参会代表来自16个省（自治区、直辖市）55个单位，从事李、杏果树科研、教学、生产（加工）的专家和专业工作者共70余人。会议交流论文或报告42份，展出图片28套，照片200余张，展出品评加工制品6大类14个品种；有11个单位选送了21个优良品种的接穗，供与会者相互

2001年7月，中国园艺学会李杏分会成立会场

交换。会议主要议程：（1）、讨论通过了“全国李、杏果树资源研究与利用协作方案”，代表们填报协作的内容和项目。（2）、组建了协作组织，选出首届领导小组，即组长：邱毓斌。副组长：张育民（沈农）、褚孟嫄（南农）、陈沛仁（新疆园艺所）、普崇连（北京林果所）。成员：关述杰（黑）、郭永臣（吉）、杜恒姝（冀）、郭新清（内）、于希志（鲁）、潘仪久（甘）、张加延（辽）。任期3～4年。（3）讨论了“李、杏品种调查记载项目与标准”。（4）初步统计了我国在17个省（直辖市、自治区）收集保存的李、杏品种共有750份，其中李200份，杏550份，优良品种70个。（5）决定明年召开《中国果树志》李卷和杏卷两个编委会成立会议。

本次会议的通知、协作方案、调查标准等文件均由张加延和李体智起草，会议纪要由李喜森执笔。

2 《中国果树志》李、杏两卷编委会成立会议

1984年3月，在辽宁熊岳召开《中国果树志》李卷和杏卷两个编委会成立大会，应主编单位辽宁省果树科学研究所的邀请，《中国果树志》总编委会蒲富慎研究员和中国林业出版社责任编辑陈利出席了会议，来自全国从事李、杏果树科研与教学的代表共70余人。会议由全国李杏协作组主持召开。

会议上分别成立了《中国果树志》李卷和杏卷两个编委会，通过了分别由李卷主编周恩教授（东农）和杏卷主编张钊教授（八一农学院）提出的编写提纲和编委分工及编写计划。

3 第二次全国学术交流和两志审稿会议

1985年10月10～21日，在山西太原召开了第二次全国李、杏资源研究与利用学术交流和首次“两志”审稿会议，来自全国24个省（直辖市、自治区）的68个单位88名代表出席了会议，会议共交流论文和报告82份，资源照片、幻灯片共1445张，蜡叶标本290份，果实加工制品8份。

会议上协作组组长邱毓斌做了工作报告，有33名代表做了学术报告；选举了第二届领导小组；新增顾问小组8人；调整了“两志”的编委与分工，审议了杏卷总论初稿，讨论了李卷编写提纲，核对了各省（直辖市、自治区）主栽品种的名称和数量。还品评了山东、河北、山西等省的李杏加工制品。

本次会议的文件由张加延、李体智起草，纪要由李体智执笔。

第二届全国李杏协作组领导小组名单：

组长：萧韵琴；副组长：周恩、张钊、褚孟嫄、林培钧、张加延、普崇连、吕增仁、郭新清。

4 第三次《中国果树志》两卷编委会议

1985年7月，在辽宁熊岳召开了“两志”编委会议，出席编委约40余人，在调

中国园艺学会领导在国家李杏种质资源圃参观（从左向右依次为李绍华、作者、相重扬、张彦、李树德）

整编委的基础上明确了分工，并提出了各论的描述体例等。

5 第四次《中国果树志》两卷编委会议

1987年12月，在辽宁熊岳召开了两志编委会议，出席编委约50人，《中国果树志》总编委董启凤和中国林业出版社责任编辑陈利出席了会议。由于“两志”许多编委和正副主编等的退休，总编委会责成张加延任主编，主持“两志”的编写工作，会议重新调整了总论的编写分工，通过了李体智起草的品种描述体例（‘仰韶黄杏’和‘槜李’），强调了志书的撰写原则和照片的出版要求，编委们再一次对同名异物资源和同物异名资源进行了核对，并对同名异物资源的命名进行了统一规范。

6 北方梅园建设规划研讨会

1989年4月20～21日，在辽宁熊岳召开北方梅园建设与规划研讨会议，来自北京、上海、江苏、武汉、黑龙江、甘肃、辽宁6省（直辖市）的花卉届代表40余人到会，中国花卉协会秘书长刘近民，中国花卉协会梅花蜡梅分会副理事长赵守边与秘书长张启翔，辽宁省花协会长、省农业厅李信副厅长和省农科院邓纯宝副院长出席了会议。

会议对辽梅和陕梅两个新变种进行了成果鉴定；考察了现场；进行了开发利用方面的研讨。

7 第三次全国学术交流会议

1989年8月22～25日，在河北省邢台地区巨鹿县召开了第三次全国李杏资源研究与利用学术交流会议，来自21个省（直辖市、自治区）67个单位的114名代表到会，农业部科技司综合推广处薛润英副处长、农业部农业司经作二处王小兵同志等出席了会议。邢台地区专员以及巨鹿县、广宗县、阜城县、阳高县（山西）、蓝田县（陕西）的五位县长出席了会议。

会议组建了优秀论文评选专家组，褚孟嫄教授为主任，交流论文或报告90份，评选出优秀论文26篇，并颁发了证书；审查了河北电影制片厂拍制的《杏树栽培技术》科教片一部；放映了阜城县杏梅和蓝田县杏资源录像片两部；现场参观一天；鉴定了《新疆伊犁野生欧洲李资源发现与分布》重大成果；会议改选并通过了第四届领导小组成员，名单如下。

组长：萧韵琴；副组长：褚孟嫄、林培钧、吕增仁、张加延、普崇连、于希志、冯有才、李定中

8 首届中国北方露地梅花展

1991年4月，在熊岳组织召开了中国首届“北方露地梅花展”，省委省政府老领导谈立人、罗定枫、刘异云、金硬等，中国花卉协会秘书长刘近民，中国花卉协会梅花蜡梅分会秘书长张启翔博士，省花卉协会主席、农业厅厅长滕元春等到会指导；来自各地的各界人士500余人出席开幕式； 主持人张加延；《人民日报》、《辽宁日报》、《中国花卉报》、辽宁省电视台等新闻媒体对此做了报道。

9 第二届中国北方露地梅花展

1992年4月在熊岳举办“第二届中国北方露地梅花展”，中国花卉协会秘书长刘近民，中国花卉协会梅花蜡梅分会副秘书长包满珠博士，国家计委原司长高寒松、营口市市长李洪彦等到会指导，主持人张加延，省内外梅花爱好者、美术家、摄影家等及新闻媒体共400余人出席。

10 第四次全国学术交流会议

1992年5月21日，在陕西省西安市蓝田县，召开了第四次全国李杏资源研究与利用学术交流会议。来自18个省（直辖市、自治区）的科研、生产、教学及新闻单位，115名代表到会，农业部科技司费开伟司长，农业部农业司经作二处、西北农业大学孙华教授、山西省园艺所童德忠研究员、河南省农牧厅冯友才处长、安徽农学院张良富教授等发来贺电、贺信，辽宁省果树科学研究所所长刘成先出席了会议，蓝田县领导自始至终参加了会议。本次会议由蓝田县人民政府承办。

会议交流论文或报告及资料共94篇，在大会上作报告的有56人，褚孟嫄为优秀论文评选委员会主任，评选出优秀论文35篇，在交流的论文中，种质资源方面有18

篇，遗传育种方面9篇，生物学特征特性方面22篇，栽培技术方面29篇，植保方面4篇，其他方面12篇。会议放映了招远、巨鹿、蓝田县三部杏基地建设录像及各地资源幻灯片100余幅。会议中召开了“两志”编委会、基地建设研讨会及蓝田大杏基地建设座谈会等，参观了蓝田县大杏生产基地。选举产生了第五届全国李杏协作领导小组，名单如下。

组长：张加延；副组长：褚孟媛、林培钧、吕增仁、普崇连、于希志、冯有才、李定中、赖澄清。

11 第五次全国李杏资源研究与利用学术交流会议

1995年6月13日至16日，在福建省永泰县召开了第五次全国李杏资源研究与利用学术交流会，来自全国21个省（直辖市、自治区）105名代表到会。农业部农业司和科技司及福州市人民政府常务副市长翁福琳等发来了贺信、贺电，福建省农业厅郑美腾副厅长，辽宁省农科院邓纯宝副院长，福州市农业局陈文彦局长，福州市政府办公厅张天金副主任，福建省农业厅经作处林敏和处长，中共永泰县委陈乙熙书记、永泰县政府周宏县长等领导莅临指导，国际著名的果树生理学专家、台湾大学园艺系郑正勇教授也参加了会议，会议由福建省农业厅和永泰县人民政府共同承办。

会议交流资料或报告共80篇，邓纯宝副院长为优秀论文评选委员会主任，评选出优秀论文39篇，放映了专题录像片3部，幻灯片200余幅，代表们参观了永泰县李果生产基地，加工企业和李果研究所，还产生了第六届协作领导小组。

全国李杏资源研究与利用第六届领导小组名单：

顾问：褚孟媛、吕增仁、林培钧、王树杞、童德中；组长：张加延；副组长：于希志、赖澄清、孙升、郭忠仁、王玉柱、李锋、王斌、李文斌、任昌华、郑正勇。

12 第六次全国李杏资源研究与利用学术交流会议

1998年6月21日至23日，在河北省涿鹿县召开了第六次全国李杏资源研究与利用学术交流会议。来自全国24个省（直辖市、自治区），150名代表出席了会议。农业部原副部长刘培植、农业部优质农产品开发服务中心主任俞东平、科教处李连海处长、农业部科技与专利开发服务中心项目处林友华处长、农业部农业司经作二处蔡派、国家科技部扶贫办孙晓明处长、张家口市陈贵副市长、河北省林业厅果桑处孙增贤处长、辽宁省农科院科研处隋国民处长、辽宁省树科学研究所伊凯所长、中共涿鹿县委书记武尚成、副书记任昌华、常务副县长刘秉生、副县长任元等领导，及北京宝贝科技开发有限责任公司卞洪登董事长等到会指导。会议由河北省林业厅和涿鹿县人民政府承办。

本次会议共收到论文、报告104篇，评选出优秀论文54篇，会议讨论通过了建设

“三北”杏树产业带的“倡议书”，得到了与会代表70人签名响应。大会播放了录像和幻灯片，还参观涿鹿县辉跃乡、黑山寺、矾山镇等万亩仁用杏生产基地和中华民族发祥地的三祖堂。《中国果树志·李卷》正式出版，首次公开发行。会议还内部印刷出版了《全国李杏资源研究与利用第六次研讨会论文集》。本次参加会议的特点是：行政领导干部多；论文多、水平高、务实性强等。同时选举产生了第七届协作组领导小组，名单如下。

顾问：吕增仁、王树杞、于希志、赖澄清、张文炳、张一鸣；组长：张加延；副组长：孙升、王玉柱、李锋、任昌华、杨承时、孙增贤、郑正勇、袁生禄、赵密珍；秘书长：刘威生；副秘书长：唐士勇、赵国太、李疆、王善广。

13 第七次全国李杏资源研究与利用学术交流会议

2000年6月20日至23日，在延安市召开了第七次全国李杏资源研究与利用学术交流会，来自全国23个省（直辖市、自治区），160名代表与会。会议共收到论文142篇，筛选出92篇编入论文集。农业部科教司王有田副司长、农业部优质农产品开发服务中心李连海处长、陕西省科委郑胜金处长、陕西省陕北建委刘淑英处长、延安市人民政府孙志民副书记和李瑞支副市长、辽宁省农科院贾延光副院长等领导莅临会议并做了重要讲话。大会就我国杏产业的发展前景与基地建设、调查与考察报告、试验研究、品种选育及引进、栽培技术与生产试验、新品种介绍、生理生化组织培养、贮藏与加工、市场信息等9个方面进行了研讨和交流，还组织参观了延安市白于山区百万亩仁用杏基地志丹县现场。在中国林业出版社出版了由张加延、孙升主编的《李杏资源研究与利用进展》论文集，从此不再评选优秀论文。

大会通过了“西部大开发应首选既治荒又治穷的杏产业”的建议书和开发李杏资源支持西部大开发的“倡议书”并签名，名单如下：张加延、于希志、张文炳、张一鸣、孙升、王玉柱、孙增贤、李锋、何跃、杨承时、赵密珍、高鹏、刘威生、王善广、杨建民等共70人。

大会还调整了协作领导小组，全国李杏资源研究与利用第八届领导小组名单：

顾问：吕增仁、王树杞、于希志、赖澄清、张文炳、张一鸣；组长：张加延；常务副组长：孙升；副组长：王玉柱、孙增贤、李锋、何跃、杨承时、赵密珍、高鹏；秘书长：刘威生；副秘书长：李疆、王善广、杨建民

14 中国园艺学会李杏分会成立大会

2001年3月19日，中国园艺学会第八届第十次常务理事扩大会议批准接纳了由辽宁省果树科学研究所、河北农业大学、吉林省果树所和北京农学院共同申报的、具有18年独立活动历史的《全国李杏资源研

究与利用协作组加入中国园艺学会的申请报告》，同年7月17日在辽宁省熊岳举行了中国园艺学会李杏分会成立大会，从此纳入国家正规学术团体的行列。会议讨论通过了中国园艺学会李杏分会章程和中国园艺学会李杏分会理事会成员资格，选举产生了中国园艺学会李杏分会首届理事会成员。参观了国家果树种质熊岳李杏圃和仁用杏良种比较试验区、熊岳植物园。农业部相重扬副部长与中国园艺学会李树德副理事长为中国园艺学会李杏分会剪彩揭牌。 中国农业科学院王汝谦副院长、辽宁省农科院贾延光副院长、辽宁省果树所伊凯所长等领导及来自全国的代表共80余人出席了会议。

中国园艺学会李杏分会首届理事会名单：

顾问：相重扬、费开伟、王汝谦、俞东平、王小兵、董启凤、赵田泽；理事长：张加延；常务副理事长：孙升；副理事长：王有年、王善广、何跃、张冰冰、李绍华、李清泽、杨承时、陈锦屏、周怀军、魏安智；秘书长：刘威生；副秘书长：杨建民、许英武、李疆。

15 中国园艺学会李杏分会第八次全国李杏会议

中国园艺学会李杏分会于2002年6月17日至29日，在新疆召开了全国第八次李杏会议。本次会议来自全国18个省（直辖市、自治区），与会人员116人，会议主要以三种形式进行：一是由全国李杏专家分别在轮台县、和田市、喀什市、库车县等地做学术报告（共计11人），并参加新疆阿克苏第二届白杏节。二是环塔里木盆地进行实地考察，品评各地的优良杏品种。三是专家座谈杏产业发展前景与措施。会议期间参观南疆4个地（州）20个县（市），行程约3000余km，与会代表所见所闻甚多，更加坚定了开发杏产业的信心。本次会议由中国林业出版社出版了《李杏资源研究与利用进展（二）》论文集。会议由新疆巴音郭楞蒙古自治州轮台县人民政府和新疆园艺学会承办。会议纪要由张加延理事长撰写。

16 《中国果树志·杏卷》定稿会议

2002年12月15～24日，在辽宁省风沙地改良利用研究所何跃所长的支持下，本书主编张加延邀请何跃、于希志、陈学森、张冰冰、李锋、阎淑芝、王玉柱、刘宁等编委，在中国林业出版社责任编辑何增明等同志的具体指导下，在阜新市对1463个杏品种（系）资源描述再次进行了统一的严格规范，在总论部分又增补了近年的研究成果、新技术、新品种和新工艺。对于提高“杏卷”的质量这次会议尤为重要。风沙所的于涛、荣传胜、孟林和李载元等同志参加了部分编辑和制图工作。

17 首次全国李杏良种评选与一届三次常务理事扩大会议

2003年10月12～13日，在郑州市召开了首次全国李杏良种评选与一届三次常务理事扩大会议，来自全国17个省（直辖市、自治区）的理事共63人。会议中以9名专家组成的评选专家组，在农业部果品及苗木质量监督检验测试中心（郑州），对全国选出的70份李杏良种的果实按着张加延提出并经农业部审查批准的“42字”李杏良种评选办法和检测项目与计分标准进行了评选，结果评选出不同上市时间段的李良种14个，杏良种7个，农业部优质农产品开发服务中心为获优者颁发了证书，评选结果在《北方果树》等刊物上公开发表。同时在常务理事会议上，就本分会的组织建设和今后的活动计划等进行了研究；根据挂靠单位辽宁省果树科学研究所的意见，将分会的秘书处从该所的李杏研究室调至该所的行政办公室，由办公室主任于德林副研究员出任秘书长，主持秘书处的日常工作；增补刘威生为副理事长；增补孙志明、严丹华、颜昌绪、章镇、田建保、李疆、赵世华、刘星辉、方嘉禾、于德林和杨志泉等12人为常务理事；还增补了9名理事。会议还通过了积极发展会员和组建各省（市、自治区）会员网络的建议；还通过了开展全国李杏生产现状调查年报和加强培训农民的建议；以及继续开展全国李杏良种评优活动的决定。

18 全国首次优质李杏加工品评选暨食品安全学术研讨会

2003年12月5日，我分会与农业部优质农产品开发服务中心共同主办，在西安市陕西师范大学学术活动中心举办了“全国首次优质李杏加工品评选暨食品安全学术研讨会”，来自全国16个省（直辖市、自治区），与会代表共254人。农业部原常务副部长相重扬先生做了重要讲话，农业部优质农产品开发服务中心主任俞东平研究员、国务院学位委员会食品科学组评议员李里特教授、我分会理事长张加延研究员等出席了开幕式，并做了讲话。本次会议完成了优质李杏加工品评选和食品安全学术交流两项任务。收到来自全国的李杏加工样品35个，全部进行了展示，参加评优样品21个，参考国家相关食品标准6个，制定出评优打分标准8个，对果脯、凉果、杏干、杏酒、果汁、小食品等六类加工品进行了品评，评选出11个产品获优质奖，山西农科院园艺所“杏仁油”获鼓励奖。农业部优质农产品开发服务中心为获优者颁发了证书。本次大会由陕西省农业工程学院和陕西师范大学食品工程系承办。大会共收到学术论文103篇，汇编论文集一本。会议纪要由张有林博士完成。

19 中国园艺学会李杏分会第九次研讨会

2004年7月4日至7日，在辽宁省阜新市由我分会主持召开了第九次全国李杏资源研究与利用学术交流会议。会议的中心议题是交流全国李杏资源研究与利用成果，探讨李杏产业的未来发展方向，促进“三北”杏树经济产业带的建设与发展。

参加会议的代表来自全国17个省（直辖市、自治区），共170余人。分会理事长张加延致开幕词，农业部原常务副部长、中国园艺学会名誉理事长相重扬，中国科协副主席、中国沙产业基金会主任刘恕，中国工程院院士束怀瑞教授等莅临本会并作重要报告。

本次会议共收到教学、科研、生产单位提交的论文100余篇，其中86篇论文近60余万字汇编成《李杏资源研究与利用进展（三）》由中国林业出版社出版。本次会议宣传了2003年12月由中国林业出版社出版的《中国果树志·杏卷》。同时参观考察了阜新市“三杏”的大面积样板园、典型园以及千亩苗园。本次会议由辽宁省阜新市人民政府和辽宁工程技术大学承办。会议纪要由于德林秘书长完成。

20 第二次全国优质李杏评选活动

由农业部优质农产品开发服务中心主办，中国园艺学会李杏分会协办，中国农科院郑州果树所和农业部果品及苗木质量监督检验测试中心承办的第二次全国优质李杏评选活动，于2004年10月17日在郑州评选结束。全年收到最早的样品是4月9日，最迟的样品是9月7日，共收到参评样品38个，其中李8个、杏28个、仁用杏2个，共有9个省（自治区）送样参评，对部分测评项目的计分标准进行了调整，李的参评样品有8个，分别在7个评选时段，除极早熟设施栽培品种外，都得高分，因此，评选出7个李良种；杏参评样品28个，分别在6个评选段，评选出7个优质杏品种；本届仁用杏有两个加工样品参评，均被评为优质加工品种。农业部优质农产品开发服务中心为获优者颁发了证书。

21 中国园艺学会李杏分会第一届第五次理事扩大会议

于2005年8月13～16日，在安徽省黄山市圆满召开了中国园艺学会李杏分会第一届第五次理事扩大会议。来自全国15个省（直辖市、自治区）的理事及致力于发展我国李杏果树事业的大（专）院校、科研院（所）、企事业单位的领导、专家和企业家，80余名代表参加了会议。会议由黄山学院承办。

大会得到挂靠单位辽宁省果树科学研究所的高度重视，张秉宇所长代表辽宁省农科院到会致辞，黄山学院汪大白副校长致欢迎辞，并邀请与会代表参观了黄山学院。农业部原常务副部长相重扬、中国园艺学会副理事长韩振海发来贺信。

会议宣读了11位优秀会员的评选结果及先进事迹，颁发了优秀会员证书及纪念品。张加延理事长做了首届理事会工作报告，常务理事辽宁省果树所计财科科长杨志权同志做了首届理事会财务工作报告，选举产生了第二届理事会的理事与领导，落实了第二届理事会的重大活动计划，副秘书长李锋、副理事长杨承时做了关于继续开展优良品种的评选活动和继续开展全国生产现状统计年报工作的讲话，副理事长张冰冰做了全国李杏育种协作攻关计划的报告。会议进行了学术交流，8位专家做了重要学术报告，会议达到了预期目的。

第二届中国园艺学会李杏分会理事会领导人员名单：

顾问：相重扬、费开伟、王汝谦、束怀瑞、赵田泽、王有年、方嘉禾。理事长：张加延；副理事长王玉柱、刘威生、何跃、张冰冰、李绍华、李清泽、严丹华、杨承时、杨建民、陈锦屏、黄宝萱；秘书长：于德林；副秘书长：李锋、李疆、赵世华、郭忠仁。会议纪要由于德林秘书长完成。

22 首次欧洲李生产基地建设研讨会议

2005年8月20至21日，中国园艺学会李杏分会在和硕县举办了“我国首次欧洲制干李生产基地建设研讨会”，来自新疆各地代表120人与会。通过专家报告、生产经验介绍、现场参观、品评果实，大家一致认为这个项目好，见效快；企业家和地方政府、国营农场及建设兵团计划至2008年将基地发展到5万亩，建成亚洲最大的欧洲制干李生产基地。

23 第十次全国李杏学术交流会议

2006年9月16日至20日，在河北、保定两市举办了第十次全国李杏资源与利用学术交流会议，会议的主题是：科技进步与李杏产业。参会代表分别来自全国20个省（直辖市、自治区），共150余名代表。张加延理事长致开幕词，承办单位领导致欢迎辞，农业部原常务副部长、中国园艺学会名誉理事长相重扬代表方智远理事长发表重要讲话，对李杏分会多年来工作给予充分肯定和高度评价，称李杏分会是中国园艺学会中活动最好的分会；中国科协原副主席、中国促进沙产业发展基金管委会主任刘恕教授做了精彩的学术报告。中国园艺学会苹果分会束怀瑞院士和果树专业委员会刘凤芝主任发来贺信。会议由石家庄市政府、河北农业大学、河北林业局、河北高邑县金色世纪农业工程有限公司共同承办。

会上有19名专家、学者和企业家做了精彩的学术报告，交流了国内外果树发展现状、果树种质资源保护、北方旱区生态农业等方面的新进展。还出版了《李杏资源研究与利用进展（四）》论文集。代表们参观了高邑县金色世纪农业工程有限公司李子科技园、河北农大绿美公司果树花卉盆景园、保定市满城县绿龙林果良种繁育基地和易县独乐乡李生产基地。展示了新产品李酒（获国际银奖）、杏酒、杏仁油、杏仁油化妆品、欧洲李干、杏仁粉、杏仁丁、脱皮杏仁等系列产品以及国际杏脯之最——土耳其杏脯等。还品评了高邑金色世纪农业工程公司提供的已被国家选定为2008年奥运会指定产品的‘安哥诺李'等，会议还确定了十一个重点攻关领域。

会议新纳会员22人，增补副理事长3人，常务理事4人，理事12人，发展并加强了组织建设。

24 “三北”杏树产业带建设成就座谈会

2007年7月4～7日，在内蒙古自治区赤峰市召开了“三北”杏树产业带建设成就座谈会议，来自15个省（直辖市、自治区）的50余名代表参加了会议。代表们参观了4个杏生产基地，看到在特别干旱的年份，农作物无法耕种，但仁用杏和山杏依然丰收，可见在“三北”地区建设杏树产业带是正确的，代表们围绕张加延理事长做的“科技创新是我国李杏产业发展的原动力”的中心发言，展开了热烈的讨论，并对今后的工作提出了许多良好的建议。

中国园艺学会李杏分会及其前身成立以来，共举办学术交流、专题研讨、资源考察收集等各种大型活动20余次，参加人员达5000余人次，编辑出版了《中国果树志·李卷》和《中国果树志·杏卷》各1部，正式出版《李杏资源研究与利用进展》论文集5部。这些工作，加速了我国李杏科技成果的转化和先进实用栽培技术的推广应用，为深入挖掘和系统鉴定评价我国李杏资源并初步形成产业化做出了一定的贡献。

2001年7月，中国园艺学会李杏分会成立首届会员代表合影

附 中国园艺学会李杏分会活动简明表

序号	时间	地点	内容	参加人数
1	1983-9-25～28	辽宁熊岳	首次全国李杏会议、成立协作组织	70
2	1984-3	辽宁熊岳	《中国果树志·李卷》、《中国果树志·杏卷》编委会成立会议	70
3	1985-10-10～21	山西太原市	第二次全国学术交流与两志审稿会议	88
4	1985-7	辽宁熊岳	第三次《中国果树志·李卷》、《中国果树志·杏卷》编委会议	40
5	1987-12	辽宁熊岳	第四次《中国果树志·李卷》、《中国果树志·杏卷》编委会议	50
6	1989-4-20～21	辽宁熊岳	北方梅园建设规划研讨会	40
7	1989-8-22～25	河北巨鹿县	第三次全国学术交流会议	114
8	1991-4-18～28	辽宁熊岳	首届中国北方露地梅花展	500
9	1992-4-18～28	辽宁熊岳	第二届中国北方露地梅花展	400
10	1992-5-21～25	陕西蓝田县	第四次全国学术交流会议	115
11	1995-6-13～16	福建永泰县	第五次全国学术交流会议	105
12	1998-6-21～23	河北涿鹿县	第六次全国学术交流会议	150
13	2000-6-20～23	陕西延安	第七次全国学术交流会议	160
14	2001-7-16～18	辽宁熊岳	中国园艺学会李杏分会成立大会	82
15	2002-6-17～29	新疆轮台县	第八次全国学术交流会议与南疆考察	116
16	2002-12-15～24	辽宁阜新市	《中国果树志·杏卷》终审定稿会议	20
17	2003-10-12～13	河南郑州市	首次全国李杏良种评选与一届三次常务理事扩大会议	63
18	2003-12-5～8	陕西西安市	全国首次优质李杏加工品评选暨食品安全学术研讨会	254
19	2004-7-4～7	辽宁阜新市	第九次全国学术交流会议	170
20	2004-10-17	河南郑州市	第二次全国优质李杏评选活动	9
21	2005-8-13～16	安徽黄山市	中国园艺学会李杏分会一届五次理事扩大会议	80
22	2005-8-20～21	新疆和硕县	首次欧洲李生产基地建设研讨会议	120
23	2006-9-16～20	河北石家庄、保定	第十次全国李杏学术交流会议	150
24	2007-7-4～7	内蒙古赤峰市	“三北”杏树产业带建设成就座谈会	50
25	2008-8-20～25	河北围场县	考察坝上生态与‘围选1号’新品种	30

（续表）

序号	时间	地点	内容	参加人数
26	2008-10-19～21	四川成都	首次果树专家、企业家高层联谊会议	25
27	2008-10-20～22	四川成都	第十一次全国李杏资源研究与利用学术交流会议	140
28	2009-5-18～20	四川成都	第二次果树专家、企业家高层联谊会议	20
29	2009-6-23～28	宁夏银川	第十二次全国李杏资源研究与利用学术交流会议暨李杏抗旱、抗霜冻栽培技术考察研讨会议	210
30	2009-9-20	辽宁普兰店	‘秋香李’现场观摩会议	100
31	2010-1-22～23	辽宁沈阳	中国园艺学会李杏分会第二届理事会期满换届筹备会议	50
32	2010-7-2～4	辽宁熊岳	中国园艺学会李杏分会第二届理事会期满换届暨学术交流会议	150

注：原文2008年5月发表于《李杏资源研究与利用（五）》上，本文有删节和增补。

66 黄河林果科学研究所的建制与十年发展规划

1 建所宗旨与目的

1.1 宗旨

用高科技防风治沙改善生态环境，在荒漠化土地上创建阳光沙产高效林果产业和旅游观光业，变荒漠化土地为宝地。

1.2 目的

集国内外先进的林果产业高新实用技术，在万亩沙荒地上，根据本地生态环境研究解决林果业生产中的实际问题，转化和研发先进的科研成果，实现经济、生态与社会效益的最大化。创建一个可持续发展的有机精品高效优质林果产业示范园区，带动周边农民共同致富。博采众长，因地制宜地创建一个生态文明的，集高效农业、科技开发、科学普及、旅游观光、休闲度假、采摘品尝为一体的公益型都市农业新景区，为银川“两个最适宜”城市

作者（右1）向宁夏建成建材有限公司张宝军董事长（左1）、宁夏自治区于革胜副书记（左2）、永宁县李建军县长（右2）介绍设施樱桃（李妍 提供）

增光添彩，提高广大市民生活质量。

2 单位性质

民营科技型企业。即以科技人员为主导，以科技成果转化并创新为主要特征，从事果树良种引进，技术创新、技术转让、技术咨询、技术服务、技术培训、中间试验、科技示范和科技普及等工作，实行科研、生产、销售与休闲娱乐为一体化的知识密集的民营科技型企业。

3 运行原则与机制

3.1 运行原则

坚持“自筹资金、自主经营、自愿组合、自负盈亏、自我发展”的运行原则，建立企业搭台组织、高等院校和科研单位共同参与实施的产学研相结合的创新体系。积极争取国家和地区项目与政策的支持。

3.2 运行机制

独立自主的决策机制，面向市场的经营机制，优胜劣汰的人才机制，工资与效益挂钩的分配机制，自我约束与规范发展的行为机制；实行固定人员与流动人员相结合的用人制度，充分发挥专家特长及其所在单位的优势，研究项目分工明确，工作时间与地点高度灵活的工作机制。创建具有最大生机与活力的民营园林果树科研机构。

3.3 运行路线

以市场为导向，建设科农贸与产学研一体化，产供销与加工贮藏一条龙的产业模式，面向经济、面向市场，着力转化果业最新科技成果，打造名牌产品，开发果树高新科技产业，建成西部地区果业龙头企业。

4 人员组成

汇聚懂管理、善经营、有远见、敢创新、能纳贤、有资金、胸怀大志、年富力强、决策果断的优秀人才和实业家；汇聚国内外知名度较高，科研成果与实践经验丰富的果树界专家和技师；汇聚掌握现代发达国家果树科沿与生产现状的，已取得实用科研成果（专利）并急待完善和转化的优秀科技骨干及有丰富实践经验的技术骨干； 汇聚有多年国际商贸实践经验，了解国内外市场行情，了解自己产品，善于攻关的经贸人才；有杨显防沙林场原有职工；招聘近年毕业的能吃苦勤钻研的大中专毕业学生，组成精干的技伍。

5 机构设置与职能

原则：机构精干适用。本所设所长（法人）1人，副所长2人，下设一室四部：即办公室、科技部、生产部、营销部、基建部。

(1)办公室职能：负责文秘、人事、财务、对外联络、内部关系协调、宣传、保卫、卫生、生活、接待等。(2)科技部职能：研究国家有关政策，制定和调整发展规划与年度计划，研究解决当地果业生产中的突出问题，转化最新科研成果及新技术经验，制定完善各树种生产技术规程，收集国内外科技信息，申报科研项目、组织成果鉴定、引进与开发国内外优良品种与先进技术、培训

宁夏建成建材有限公司董事长张宝军与专家们在三沙园实地勘察和规划建设黄河林果科学研究所（李妍 提供）

职工、检测产品质量等。(3)生产部职能：组织果园、温室、苗圃、畜牧、养蜂和冷库生产运转，负责生产工具、机械、农肥、农药的采购、使用、保管和维护，防风林网建设。(4)营销部职能：申办产品自主出口权，收集国内外市场信息，提出产品销售计划与措施，与国内外商洽谈，联系或建立国内销售网点，组织产品包装、运输与展销，开拓国内外高端市场。(5)基建部职能：整地、洗碱、改土，房屋、温室、厂房、库房、道路、水、电、供暖、排灌渠道、负责园区的规划等的建设及园区绿化等。

6 基本情况

6.1 地理位置

该所位于宁夏回族自治区银川市永宁县的胜利乡，永宁县位于北纬38° 17′，东径105° 58′，海拔高度1174m。北距银川市10km，东距黄河13km，西距贺兰山30km。

6.2 自然条件

该所占地面积1.8万亩，属荒漠沙丘地貌，土质为沙土。土地无污染，远离工业区。植被稀疏，在原杨显防沙林场及附近有人工种植的杨树、沙枣和柠条等生态植物，有少量人工种植的桃、梨、枣、李、杏等果树。这里属大陆性季风气候，春季大风与沙尘次数较多，3～5月时有冷空气寒潮入侵，夏季降水多，时有冰雹、暴雨发生，秋冬多雾，冬季气温偏低。从上述自然条件可见，限制在本所发展果树产业的主要因子是：绝地低温-25.1℃、无霜期165d，土壤pH值8.9～9.1和春季风沙。最大优势是土地、阳光、水源和城郊。

6.3 现有条件

已建成果树研究所办公楼1栋（1000m^2），可供多名专家办公、开会、议事、休息、食宿。已建成高标准果树设施栽培大棚共77栋（南部31栋，北部45栋），其中可移动盆栽果树大棚7栋（杏3栋、桃+樱桃4栋），不可移动的大棚葡萄18栋，毛桃8栋，油桃8栋，李24栋，杏5栋，枣1栋，苹果砧木6栋，并全部通水通电。在北部尚未建成的温室有24栋（100m×9.6m），共计101栋。已建成可供果树夏季休眠和果品贮存两用冷库1栋（1000m^2）4000m^3，已交付使用。已完成1.8万亩荒漠沙丘地网格固沙工程，种植杨树、沙枣、柠条、沙柳、洋槐、樟子松、沙枣、花棒、柽柳等树木450万株。所有沙丘基本固定，并修建沙区作业道路16km，打机井25眼，挖掘排灌渠道10km，机械平整并改良土壤1300亩，实行了全区禁牧。

7 发展策略、研究方向与目标

7.1 发展策略

(1)采用国内外最先进的栽培技术与生产方式，种植适宜本地区的最优良的品种。(2)优先发展结果早、见效快、效益高的树种品种；按规划发展省工、便于机械化管理、适宜深加工的优良品种，并逐步形成规模。(3)将果树反季栽培的先进经验与果树品种资源研究的最新成果结合在一起，创造并利用最佳的栽培条件与设施，瞄准国内外果品市场的淡季，生产精品优质有机系列果品，进入高端市场。(4)重视并掌握适宜我地区果树优良新品种的知识产权或开发权，依法生产和经营苗木市场。抓住我国西部设施果树起步阶段苗木短缺的机遇，大力开展优新果树苗木生产。(5)采用先进的工艺和设备进行综合加工利用，批量生产市场适销对路的系列加工产品，提高果品的附加值。(6)充分利用国家及地方有关的优惠政策，如国家西部大开发、荒漠化治理、生态文明建设，黄河流域护岸林建设，扶持民营科技型企业，加速科研成果转化，生态经济林建设、科技扶贫、农业龙头企业、出口创汇等方面的优惠政策，争取国家和地方资金与政策支持。

7.2 研究方向

重点研究与我单位经济、生态目标一致的实用栽培技术与优新品种：引进、转化已有的丰产、优质、有机、精品栽培技术，在转化中加以补充和完善，使之产生最大经济效益，形成规范的地方实用技术规程（企业生产标准），申报科技成果转化项目与成果鉴定。引进、驯化国内外有苗头的新品系或新资源（农家品种、国外品种或品系），开展杂交新品种选育，创造有自主知识产权的新品种。

7.3 研究的树种与内容

树种：苹果、梨、葡萄、桃、李、杏、樱桃、枣、大果榛子等树种，特种蔬菜、高档花卉、名贵植物。研究内容：桃、李、杏、樱桃、枣移动控温反季节丰产、优质、有机栽培技术规程；葡萄、桃、李、杏、樱桃常规设施丰产、优质、有机栽培技术规程；苹果（加工与鲜食品种)、葡萄(加工品种)、桃、李、杏、枣等露地丰产、优质、有机、精品果栽培技术规程。

7.4 果树品种选择的原则

设施果树栽培品种选择的原则。提早上市鲜食品种：早熟、需冷量少、丰产、优质、耐贮运。延迟上市鲜食品种：极晚熟、优质、丰产、耐贮运。露地示范栽培品种选择的原则加工品种：适宜制汁或酿酒或制脯等加工利用，适宜机械化大规模种植、抗寒、耐盐碱、丰产、抗病虫，生产成本低但加工附加值高的新品种。鲜食品种：抗寒、耐盐碱、耐贮运、优质、丰产、国内外市场价位高的新品种。观赏采摘园品种：多树种的早中晚熟、大中小、果形色泽特异品种搭配并具有观赏价值。

7.5 规模与效益目标

移动控温设施栽培5年生树亩产果3000kg，平均亩产值10万元，0.67hm^2，年产3万kg鲜果，年产值100万元。常规设施栽培5年生树亩产果4000kg，平均亩产值2万元，6.7hm^2，年产鲜果40万kg，年产值200万元。

露地桃、李示范园，4年生树亩产精品果2500kg，售价4元/kg，亩产值1万元，13.3hm^2，年产鲜果50万kg，年产值200万元。露地栽培加工苹果示范园，6年生树平均亩产3000kg，售价2元/kg，亩产值0.6万元，20013.3hm^2，年产量60万kg，年产值120万元。露地栽培加工葡萄示范园，4年生树平均亩产1500kg，售价2元/kg，6.7hm^2，年产鲜果15万kg，年产值30万元。露地栽培宁梨巨枣示范园，5年生树亩产800kg，售价10元/kg，亩产值0.8万元，100hm^2，年产量120万kg，年产值1200万元。露地栽培精品苹果示范园，5年生树亩产苹果1000kg，售价5元/kg，亩产值0.5万元，13.3hm^2，年产果20万kg，年产值100万元。苗圃40hm^2，两年后出圃苗木360万株，每株1.5元，年产值540万元。以上露地果园和苗圃共占地206.7hm^2，年产各种水果3080t，其中鲜果2330t，加工原料750t，初级产品年产值1950万元。

加工增值：综合利用本场生产的高酸苹果600t，北红酿酒葡萄150t，生产高酸苹果汁和高档葡萄酒等，提高附加值。600t苹果按70%的出汁率，目前国际市场1500美元的吨价，按1：7.5美元与人民币的比价计算：600×0.70×1500×7.5=472.5万元，年产苹果汁420t，增值3.94倍。150t葡萄按75%的出汁率和55%的出酒率，高档葡萄酒出厂价30元/kg（3万元/t）计算：150×0.75×0.55×30000=185.65万元，年产葡萄酒61.875t，年产值185.6万元，增值4.124倍。

总产值：露地果园初级产品年产值减去加工原料产值再加上加工增值，再加设施果树产值。1950−120−50+472.5+185.6+540=2978.15万元，即年产总值达2978.15万元。

8 总体规划与近期工作要点

8.1 总体规划

指导思想：常规与高新设施果业起步，规模种植与良种精品生产结合，批量加工与精品超市经营，旅游度假、观光采摘、综合经营、持续发展。总体设计：北区为生态治理区，变沙海为林海；中区为果业开发示范区，变沙滩为果树生产基地；南区为游览观光采摘区。总体目标：建成百栋设施果业生产基地。建成6000亩特色加工原料与精品果生产示范基地。高档加工制品和精品有机果品进入国内外高级市场。建成集旅游观光采摘为一体的万亩生态园区是，其中采摘园500亩。

三个发展阶段：第一起步阶段（2006～2010年），规划设计、投资建设、汇集人才、组织建设、培训队伍、引进资源、良种试种、培育苗木、组合技术、设施生产、开拓市场。第二发展阶段（2010～2015年），依据市场调整设施产业，大规模建设加工原料和精品果生产示范基地，投资建设加工生产线，打开国内外市场，加强都市农业与生态环境建设。第三提高经济效益阶段（2015年），设施果业批量生产反季节高效有机果品，加工原料和精品果生产示范基地进入盛果期，示范带动周边相关果业生产，优质原料基本满足自需，加工车间满负荷批量生产，系列加工产品占据市场出口创汇。积极开展观光、旅游、采摘等相关产业。

8.2 近期行动要点（2008～2010年）

(1)招聘人才，完成组织建设。(2)充分利用现有的设施，积极开展反季节生产。(3)完成园区地形、地貌、水位、土质测绘工作；全面完成园区发展规划与设计。(4)明确各树种引进的优新品种、种植方式和各品种的发展规模，并部分施工建园（由各树种的首席专家提出当选品种名称、引种时间与地点、价格、种植规模等引种计划）。(5)引进优新品种培育健壮苗木。(6)平整并改良（洗碱、培肥）土壤，确保排灌渠道畅通。(7)按规划完善防风林网和道路建设。(8)完成各树种（品种）不同生产方式的技术规程（2008年提出草稿，2010年定为本企业生产标准）。(9)完成旅游观光采摘生态园区的规划设计和基础建设；调研反季节鲜果、苹果汁、葡萄酒、果脯和罐头等的市场效益，提出建加工企业的依据。(10)考察和研究有关的加工工艺和设备，考察并适时购置先进的果园管理机械。(11)培训技术队伍。(12)申办产品自主出口权。(13)适时申报科技成果和专利。

注：本文由作者起草，2008年1月25日，在辽宁省营口市鲅鱼圈区宾馆，作者与宁夏建成建材有限公司董事长张宝军，以及汪景彦、李妍和南会秋4人，逐字逐句讨论通过。这份民营果树研究所十年规划虽然过早夭折，但这是探索我国未来果树科研体制的一次尝试，把它保留在此也许对后人有用。

67 宁夏民营黄河果树研究所闪光始末

2007年10月2日，宁夏建成建材有限公司的董事长张宝军和他哥哥张宝成及李妍主任在李宝田的带领下，来熊岳找我谈建所等事宜，并邀请我前去考察，11月我赴银川考察后，指出在该地建所的利和弊，当即董事长邀请我来出任这个所长，我推辞了，但我可以为他推荐人才协助策划建所工作。事后我查阅了大量国家相关文件和政策后起草了近万言的《黄河林果科学研究所的建制与十年发展规划》（即上篇文章），于2008年1月25日在辽宁省鲅鱼圈区曼哈顿宾馆与张宝军、李妍、汪景彦、南会秋逐条逐字斟酌修改定稿。

2008年基本完成了人才招聘工作，我先后推荐应聘的果树专家有：李宝田、李绍华、汪景彦、修德仁、王力荣、杨建民、吕德国、赵世华、李玉鼎、潘凤荣、朱更瑞、刘坤、李兴超、顾振刚等人。也明确了每位专家负责的树种和具体任务，也签定了部分科研成果转让合同，完成了园区的总体规划设计，引进了150个优良品种，培训了林场原有职工，设施果树已经开始生产，大型苗圃也建立起来了，一些国内外专家也前来参观访问……

2008年2月，宁夏永宁县三沙园全国应聘著名专家们合影

可惜这个备受农业部、中国沙产业基金会、宁夏回族自治区政府以及众多社会媒体关注的国内首个民营工业反哺林果业的新生事物，因为黄河果树科学研究所的注册和单位名称及申报科研项目等迟迟办不下来的原因，只运行了一年多就停止了。如果这个集中众多全国最优秀的老中青果树专家，又有民营企事业单位的灵活运行机制和充足财力支撑的研究所能够再坚持运行几年，肯定会走出一条轰动全国的民办科研单位的崭新道路，开创全国科技体制改革与发展的新纪元。

这个在当今社会改革浪潮中刚刚闪光即消失的新生事物，也反映出民营企事业单位虽然具备许多国营科研单位无可相比的优势，但也存在着随意性太强和感情用事的弱点。

68 宁夏三沙园专家组第三次集体活动纪要

1 参会人员

继2008年2月21～24日专家组成立，5月7～8日宁夏设施园艺与沙产业发展论坛活动之后，11月14日～19日，在宁夏建成农林开发公司专家楼又召开了第三次专家组集体活动。到会的专家有张加延、汪景彦、修德仁、李绍华、王力荣、赵世华、李玉鼎、杨建民 、王广友、卢振启、安广义、宋琼芳、吕德国、秦嗣军、顾振刚等，公司领导有张宝军、张宝成、汤臣、李妍、张海军等。宁夏回族自治区科技厅、林业局、发改委等部门的厅局长和永宁县李建军县长等领导会见了专家并出席了座谈。

2 本次活动主要内容

第一是审查验收河北农业大学园林旅游学院根据前两次活动公司与专家们提出的建议和要求，在多次实地考察与测绘的基础上，设计绘制的总体规划、分区方案、实施步骤、效果分析、建设资金概算等进行汇报和审查，经过认真的讨论和研究，大家一致认为：该园区的特点是以高科技的沙产果业（设施、采摘、精品）为重点，以优质、多样、新奇、丰富的果品和名贵、珍稀、罕见的花卉（梅花、牡

汪景彦研究员在宁夏三沙园指导设施盆栽杏拉枝

丹、桃花、海棠、荷花、菊花、沙枣花和枫树等）为亮点。在大漠与戈壁环抱的巍巍贺兰山东侧，创建一个四季果香飘，季季鲜花开，三季红叶展、鸟鸣鱼跃、花果溢香的，沙海、林海与水乡和谐依存的，科学而独特的产业景观，吸引我国西部各层次的游客，拉动本园区的健康旅游和餐饮业发展，以自制优质的加工品（果酒、果汁、果茶、果脯、果酱等）提升旅游餐饮业的文化品位和沙产业的附加值，再以

修德仁研究员在宁夏三沙园（中）指导葡萄夏剪

吕德国教授（左2）在宁夏三沙园指导设施李栽培

上述高科技的高效示范园区和畅通的销售渠道来带动周边农村共同发展，形成一个具有相当规模的高效阳光沙产业集团，在我国西部干旱风沙地区创建一个以沙产业为核心的新农村建设典范。

第二是对原林场职工进行技术培训：本次活动利用专家到来的机会，在晚间对三沙园的职工进行了技术培训，先后有王力荣、修德仁、汪景彦、张加延、吕德国等专家分别讲解了桃、苹果、梨、葡萄、杏、樱桃和梅花等果树的栽培技术要点，以及苗木根癌病的防治技术。根据已有设施栽培各种果树的现状，提出了树型和栽植密度改造的技术措施。利用中午时间，汪景彦、张加延、王力荣、李绍华、吕德国、秦嗣军等专家，进行了不同果树的整形修剪和拉枝的现场示范操作，工人们学习积极性很高。

第三是签定了首例科技成果转化协议书：在本次活动中，抓住了国家支持工业反哺农业，支持发展阳光沙产业和支持民营高科技涉农企业的良好时机，中国园艺学会李杏分会促成了沈阳农业大学2007年通过省科技厅鉴定，达到国际先进水平并获辽宁省农委科技贡献一等奖的“日光温室杏品种筛选及配套限根集成栽培技术”科技成果向宁夏建成农林开发公司转化的协议，举办了签字仪式，商定了立即行动的计划和实施方案。依此为例，尽快和其他专家签定类似的协议书，依据这些协议书和成果有关证件的复印件，公司可以在宁夏科技厅申办多项新品种、新技术成果引进转化示范推广科研项目，为双方争取一些发展资金和活动经费。

3 今后工作

第一，本次专家集体活动对总体设计规划原则通过，对专家们提出的建设性意见和建议，河北农业大学将做局部修改，拟定在本年底终审定稿。第二，年底将对各树种负责专家分别签定成果转化协议书，请有关专家做好准备。第三，本次活动后，公司立即部署新建三栋槽式基质限根栽培温室，年内完成，来年春栽大苗。与此同时，公司与专家达成建设西北首例梅园的口头协议，并立即行动，首先引进1棵20年生的镇园陕梅树，定植在新建成的会议中心南面。充分发挥了民营科技型企业决策果断，行动迅速的优势。第四，在此之间，公司出人出车从内蒙古阿拉善左旗和宁夏农科院种苗公司收集到四翅滨藜、花棒、沙拐枣、梭梭、沙冬青、内蒙古扁桃、柠条等7种沙生植物近千株苗木和种籽，免费赠送给辽宁省农科院风沙地改良利用研究所，支持辽宁省防沙治沙工作，于本月20日已将其空运至辽宁。第五，促成了沈阳农业大学“日光温室杏品种筛选及配套限根集成栽培技术”科技成果转让，举行了该项成果转让合同签字仪式。

注：本文写于2008年11月22日。

69 李杏分会近十年科技创新工作总结

中国园艺学会李杏分会在1996年根据杏树的特点和对国内外市场的分析，针对我国“三北”地区既贫穷又荒芜的现状，提出了建设“三北”杏树产业带的建议和再建议，建议启动原产于当地的杏资源来治荒治穷。这一建议迅速得到这一地区各级政府、广大群众和全体会员的积极响应。近十多年来，该地区鲜食杏栽培面积从18万hm^2猛增至36.3万hm^2，年产量从65.5万t上升至147.1万t，相当于1996年前发展总合的1～1.2倍。各位会员从新品种选育、抗旱与抗寒栽培、无公害生产技术标准、产品精深加工等方面创造了许多新成果（专利）和新产品，其中浓缩杏浆、脱衣杏仁、杏仁油和活性炭等现已成为我国出口创汇的热销产品，为“三北”地区的经济发展，农民增收和环境治理做出了新的贡献。现将我分会会员在近十多年来与产业化有关的重要科技成果汇总简介如下。

1 新品种选育、引进与推广

1.1 发现‘赛买提杏’

于希志等1997年6～7月在南疆考察杏资源中，于阿克苏地区的柯平县发现了极丰产的高糖杏品种——‘黄色赛买提杏’，在当地可溶性固形物达29.0%～31.5%，比世界上最好的土耳其制无糖杏脯的品种高出5个百分点，是加工无糖或低糖杏脯及杏汁的最佳品种，现已在南疆推广3.3万hm^2，成为主栽品种之一。

新疆柯平县‘赛买提’杏的结果状

1.2 选育出四个仁用杏和一个短低温杏新品种

刘宁等选育出‘超仁’、‘国仁’、‘丰仁’和‘油仁’4个仁用杏新品种，及设施栽培杏新品种‘仙居杏’（代号9803），

新品种‘超仁’仁用杏

于1998年通过辽宁省农作物品种委员会审定，分别是目前我国单仁重最大和需冷量最少的杏品种，现已在“三北”地区露地和设施生产中推广4.95万hm^2。

1.3 选育出‘龙园秋李’等8个李杏新品种

幕蕴慧等选育出8个抗寒、丰产、晚熟李新品种，其中‘龙园秋李’于1997年通过省品种委员会审定，现已推广至北方14个省（直辖市、自治区），栽培面积达2万余hm^2，总产量达50多万t，成为我国北方李的主栽品种之一。2007年获黑龙江省科技进步二等奖。

1.4 选育出极晚熟新品种‘秋香李’

何跃等从‘香蕉李’的芽变中选出了品质极佳的极晚熟李新品种‘秋香’，该品种有自花结实能力，极丰产，单果平均重60g，最大100g，色泽艳丽、具浓香、味酸甜，肉质硬脆、极耐贮藏，是目前我国有自主产权的最晚熟品种，2007年通过辽宁省品种审定备案。

1.5 引进推广了‘理查德早生’李

杨承时等自2001年以来，在新疆和硕县推广欧洲制干李生产基地达1333.3hm^2，2006年初加工李干获得成功，现已成为我国乃至亚洲最大的制干欧洲李生产基地。主栽品种为‘理查德早生’，辅栽品种为‘女神’、‘大玫瑰’、‘冰糖’、‘法兰西’等。

‘理查德早生’李在新疆轮台县的果实特写

1.6 引进推广了‘金太阳’与‘凯特’杏

2000年以来我国先后引入‘金太阳’和‘凯特’两个丰产的杏品种，现已在我国20余个省（市、自治区）露地和设施栽培中推广6.6万hm^2；2010年又在其自然杂交苗中选育出‘金凯特’新品种。丰富了我国的杏资源，促进杏产业的发展。

1.7 选育出抗寒红叶李新品种

李锋等在2004年选育出极抗寒的‘彩叶李’新品种，可在我国高寒的吉林省露地栽培，是园林界极罕见的抗寒红叶观赏树木，其抗寒性超过了美国红叶李‘好莱乌’，现已在东北、华北广为推广，填补了我国高寒地区的红叶观赏树种空白。

1.8 育种技术的创新与成果

陈学森等突破了早熟杏胚培育关键技术，通过有性杂交与胚培养相结合的育种方法，分别于1999年和2000年共同选育出了‘红丰’、‘新世纪’和8个试管杏新品种，开创了我国杏育种的新途径，其中‘红丰’和‘新世纪’已在“三北”地区推广6666.7hm^2。

1.9 全国李杏良种评选方法的创新

2003年和2004年，我分会在郑州市共同举办过两届全国鲜食李、杏良种评选活动，首创前述42字的李杏果品评选办法和测评项目与计分标准。克服了不同品种、不同季节、不同区域之间的不可比性，站在消费者的立场，两年共评选出全国各时令段上市的鲜食李杏良种共35个，其中杏14个，李21个，农业部为获优者颁发了证书，评选结果在刊物上公布，奠定了我国李杏良种化的基础。

1.10 山杏良种选育的突破

1995年至今，刘明国等从事山杏种质资源的调查、收集、鉴定、评价和选优，在辽宁省北票县创建了我国第一个山杏种质资源圃，保存了110个无性系山杏山品系。筛选出丰产优良单株12个、晚花优株10个、抗晚霜优株4个、丰产稳产且避霜单株14个、自交亲和单株11个、无败育花优株6个。通过山杏良种的推广，获得了显著的经济和生态效益，2007年荣获辽宁省政府科技进步一等奖。

2 栽培技术的创新

2.1 滴灌建园技术

2002年春，我分会参与指导在轮台县寸草不生的戈壁滩上拉电、打机井、采集地下水，上滴灌设施，建设4500亩高标准杏园，成活率达85%，2004年全部嫁接成‘小白杏’和‘赛买提杏’良种，2006年开始结果，并成为新建的绿洲。2007年进入初果期，将逐渐带来可观的经济效益。轮台县的年降水量仅有52mm，在这种极端干旱的地区，创造了我国规模种植杏树的新典型和新经验。

2.2 “88542”山地整地技术

张全科等在宁夏彭阳县（属六盘山丘陵沟壑山区）创造了雨季前“88542”隔带反坡水平沟整地新模式，比水平梯田省工省力，保土、蓄水、沃土等性能显著比我国传统的鱼鳞坑和撩壕强，第2年栽树时不浇水成活率达85%。至2006年在宁夏南部已经推广这种整地模式种植仁用杏2.7万余hm^2，实现了黄土山区水不下山的高标准建园目标。

2.3 漏斗式埋干深栽技术

赵世华等在宁夏固原市创造了盐碱地漏斗式整地和杏树埋干深栽新技术，在整地后的第二年春季栽植杏树，不浇水成活率达84.7%，创造了在干旱盐碱地发展杏产业的成功经验。

2.4 林果草畜综合治沙技术

何跃等在科尔沁沙地南缘的彰武县的章古台镇创造了4000亩“林果草畜现代农业综合发展模式”，在半干旱的风沙地区种植防风林网，网内种植仁用杏和麻黄草或苜蓿草，采用山杏人工授粉技术，实现了高额的经济效益和林果草畜的有机结合。现已成为辽宁省政府和农业部的生态农业新典型，受到中国沙产业基金会的高度评价和表彰，2006年其技术标准通过了辽宁省成果鉴定。

2.5 风沙地大扁杏栽培技术

2004年，何跃等的“北方仁用杏丰产优质栽培技术”通过辽宁省级成果鉴定，他们引进并筛选出‘超仁’和‘丰仁’两个良

1981年8月，关述杰在绥棱培育的‘绥李3号’结果状

1983年8月，张魁研究员在凌源改接山杏为仁用杏

1985年7月，在河北广宗县考察200年生杏树。从左到右依次为：刘志坚、吕增仁、普崇连、作者、王玉瑞

1986年6月，常振田（左1）等参加巨鹿县杏基地建设

2006年7月，张冰冰研究员在长白山考察野生果树资源

2005年7月，王玉柱研究员在延庆县观察‘骆驼黄’杏的结果习性

种，实施8项配套栽培技术，编制出“风沙半干旱地区大扁杏无公害丰产优质栽培技术规程”，累计推广16万hm^2，增产5.7万t，新增产值10亿多元，带动近200万农民致富，2005年该项成果获农业部丰收三等奖。

2.6 山杏植播建园技术

何跃等在13.3hm^2松林更新的沙丘上进行山杏直播建园栽培技术的研究，2005年得到辽宁省和阜新市政府的认可，2006年《辽西北风沙易旱冷凉地区山杏直播造林栽培技术规程》通过了省质量标准局成果鉴定，并颁布实施，编号为DB21—T1484—2007。

2.7 关于栽植坡向的研究成果

以往我们认为山地南坡杏产量最高，但经白岗栓等人的研究，结果正好相反，因其南坡土温和气温上升快，杏花期早，冻害重，产量最低。其产量是东北坡>东坡>西北坡>北坡>峁顶>西坡>东南坡>西南坡>南坡。此项成果对于山区发展杏产业选择适宜坡向有着重要的指导作用。

2.8 关于杏树干高的研究成果

白岗栓等人对杏树不同部位产量的研究结果告诉我们：在0.5m高处，花期7～8天，坐果率为0.42%；在1.0m高处，花期8～9天，坐果率为0.74%；在1.5m高处，花期为8～9天，坐果率为1.06%；在2.0m高处，花期为9～10天，坐果率为1.83%；在2.5m高处，花期为9～10天，坐果率为1.98%。说明杏树高处比低处花期长并坐果率高，这可能与光照和冷空气下沉有关。因此，建议新植树的定干高度要提高到0.8～1.0m，老树改造要抬高树干。

2.9 杏树抗霜冻技术研究与发明

2000年以来，杨建民先后发现了杏花器官上有3种冰核细菌，是它们加重了杏花的冻害程度，杀死它们可以减轻杏花和幼果冻灾，为此他们通过多年大量的药剂筛选，2006年选出了在杏树开花期60年不遇−8℃长达10h严重霜冻情况下，仍能保住部分产量的“农大4号防霜剂”，为我国“三北”杏产业的发展提供了新的科技希望。

2.10 杏防霜报警器的发明

2005年王保明发明了“便携式防霜报警器”，将其安置于杏园内，当气温下降至杏花或幼果抗霜冻临界值时，会及时准确地发出警报信号，提醒人们采取防霜措施，其准确度达0.1℃，现已在杏产区扩大应用，并获得了国家实用新型专利。

2.11 设施李丰产栽培技术的研究

杨建民在对李生物学特性系统研究的基础上，总结出一套李树露地和设施丰产栽培技术，推广‘大石早生’等李良种4.3万hm^2，直接经济效益5.9亿元，获省政府科技进步二等奖，带动了太行山下的易县、满城、高邑三个县的农民致富。

2.12 杏树槽式台田设施栽培技术的发明

2002年吕德国首创“槽式台田限根设施杏良种筛选与配套栽培技术”，创下了3年生‘凯特’杏亩产鲜杏3572kg，4年生亩产4723kg的全国设施杏最高产纪录，亩效益达7万余元，比露地杏提早上市

黑龙江省绥棱果树所孙伟在绥棱县指导李树修剪

刘海荣研究员在牡丹江观察野果资源

郑州果树所冯义彬研究员给农民讲课

西北农林科技大学魏安智教授（右1）在陕北指导仁用杏生产

作者（右）与山东果树所王金政所长在内蒙古赤峰考察

新疆农业大学园林学院李疆院长（右3）在阿克苏指导学生修剪

新疆农业大学园林学院廖康教授于隆冬季节在新疆霍城县大山沟考察资源

河北农业大学李彦慧教授在蔚县调查仁用杏丰产优株

四川国光公司漆信同工程师在宁夏彭阳县调查大棚杏果实

山西省果树所戴桂林研究员在山西修剪示范

内蒙古园艺研究所陈晓铃研究员在呼和浩特指导夏季修剪

彭阳县林业局韩占良主任在防霜棚中接待外宾

四川国光公司刘刚工程师在彭阳县做杏树防霜剂试验

50～60d，促进了我国设施果树的发展。

2.13 杏树盆栽移动控温技术的发明

2004年，李宝田创造了“设施盆栽杏移动调温高效栽培技术”，使鲜杏能够在隆冬的春节前后上市，比一般设施促早栽培杏又提早了2～3个月，比露地栽培杏提早了5～6个月，亩效益达10万元/年，创下了全国设施杏生产的最大经济效益，为实现鲜杏的周年供应提供了技术保障，现已在辽宁和宁夏等地推广33.3 hm^2。

2.14 病虫害防治技术创新

针对“三北地区”杏树的主要病虫害和自然灾害，颜昌绪研制并生产出‘冻害必施’、‘立效’、‘蚧必治’、‘树动力’、‘抑蒸发’等多种新型农药和施药新方式，有效地防治了病虫害，受到果农的欢迎。

2.15 完成了多项国家和省部级技术规程的制定

近年来，我分会的许多骨干参与大量国家或行业及地方标准的制定工作，如张魁同志制定了“仁用杏丰产栽培技术行业标准”；王玉柱所长等编制的国标“杏仁质量标准”；李清泽等制定了“鲜李行业标准”、“无公害食品李行业标准”、“李苗木行业标准”等；刘宁主笔制定了“鲜杏行业标准”；阎淑艺和冯义彬参与了“无公害食品杏行业标准”的制定；张敬茹主笔起草了“植物新品种DUS测试指南——李”等等，许多理事还参与了各省（市、区）相关标准的起草制定工作，使我国李与杏产业更加规范并与国际接轨。

3 加工设备与工艺的引进与创新应用

3.1 开口杏核产品的发明

1998年韩建新董事长创造了“开口杏核”新产品，上市后受到市场的欢迎，2000年以来迅速在河北、陕西、山西、辽宁和浙江等省推广，带动了全国炒货市场新产品的发展，为我国仁用杏产业开发出新市场，拉动了杏产业的发展。

3.2 浓缩杏酱技术的引进与应用

2000年以来，在我分会宣传和引导下，先后有十多个大型杏产品加工企业在南疆投资建厂，他们引进和采用国际最先进的加工设备和加工工艺，使南疆80%以上的杏进入加工厂，加工的浓缩杏浆95%～98%销售到国际市场，现已占据国际杏浆市场30%～35%的份额，使我国成为世界杏浆第一大生产和出口国，为国家创造了大量外汇，使南疆人民增加了收入，拉动了扩大绿洲的生态环境建设。

3.3 杏仁油的提取技术与应用

2000年以来，在王宝明的指导下，采用国际先进的CO_2超临界萃取设备与技术，加工出高档而精制的杏仁油、杏仁油胶囊、杏仁油化妆品等系列新产品，不仅填补了我国杏仁油生产和利用的空白，而且成为新的出口创汇产品，拉动了杏树种植面积的扩大，目前已有辽宁、山西、甘肃三省6个企业可以生产精制杏仁油。

3.4 实用新型活性炭炉型的发明专利

2004年，何跃等新研制的“160型果壳活化炉及其生产工艺”通过了辽宁省科技成果鉴定，居国际先进水平。与原有的苏式288型活化炉相比较：产量质量相同，但建炉投资下降了66%，年节杏壳原料280t，节煤1820t，节水11233t，节电20.1万度，生产成本下降25%，且无废渣、废水、无污染、无噪音，是安全、节能、环保型活化炉，现已获国家实用新型专利，专利号为ZL.20052009028.8。

3.5 双高保健饮料的发明专利

陈锦屏教授1998年以苦杏仁为主要原料，加入果汁（果肉）精制成一种酸性复合功能型饮料，既有高蛋白又有高Vc，色泽天然、杏仁香浓、果味突出、酸甜适口、风格独特，还具有17种氨基酸和多种微量营养元素，是具保健功能的系列饮料，现已获得国家发明专利。

3.6 李与杏酒的发明专利

郭意如研究员在多年从事果酒研制的基础上，对李杏原料（品种）、酵母菌种和果胶酶的优选，在不添加亚硫酸的情况下，利用生物酶和二次脱核技术，结合果浆发酵工艺，研制并生产出高档的李子酒和杏酒。其中杏酒在2003年和2005年两届全国评酒会上被评为我国酒行业名牌，李子酒2003年在国际布鲁塞尔评酒会上获得银奖，现已申报国家发明专利并扩大生产。

3.7 果肉与杏仁烘干炉的发明专利

陈锦屏教授解决了杏肉和杏仁脱水的难题，研究设计了一种独特的单体或连体的砖砌的烘干炉，这种炉投资不大，效率高，经济实用，烘干的杏肉和杏仁不仅可长期保存，且色泽不变，营养元素不损失，个体果农或大型企业均适用，使果农增加了收入，企业增加了原料，现已申报国家发明专利。

3.8 全国李杏优质加工品的评选

2003年12月，在西安市陕西师范大学举办了“全国首次李杏加工品评选暨食品安全学术研讨会议”，对来自16个省（市、区）的35个李杏加工品进行了评选，评委们参照国家标准制定了8个打分项目标准，经9名专家评选，在果脯、果汁、凉果、杏干、小食品、果酒等6大类加工品中评选出11个优质产品。农业部为获奖企业颁发了证书，评选结果在刊物公开表，促进了我国杏李产品加工业的发展。

4 主要问题与主攻方向

(1)2005年我国“三北”地区山杏林面积达154.2万hm^2，产量为7.3万t，平均亩产只有3.2kg，亩效益为12.80元。如何提高山杏的经济效益，推广简单易行的丰产栽培技术应是首要的主攻方向。

(2)杏树花期和幼果期如何防霜减灾，保证杏树丰产和稳产的关键技术，要根据我国国情，研究经济实用保花保果技术措施是当务之急，我们要利用现代生物技术，从种质资源、强树壮花、科学预报、生化调节和简易设施栽培等五个方面联合攻关。

(3)李细菌性穿孔病是阻碍我国李大规模发展的主要病害之一，其浸染机理和防治方法是我们今后攻关的重点。

(4)品种创新是提高李、杏产业效益的关键技术之一，但育成能够大规模种植的主栽品种极少，主攻方向应是适应不同用途的加工专用新品种，在鲜食品种选育时应把耐贮运输和货贺期长做为主要目标。

(5) 在产品加工方面，工艺简单的粗加工产品多，高科技含量多的精深加工产品少，多营养元素复合保健型产品几乎没有，这是制约我国李、杏产业升级的瓶颈和障碍，应着力攻关。

(6) 我们在建设“三北”杏树产业带的实践中，如何落实扬长避短的方针，走“多采光、少用水”的技术路线，尚缺少充分的理论研究和成熟配套的实用技术，应给予充分的关注。

总之，摆在我们面前的困难很多，我们要牢固树立科学发展观、坚定信心、勇于探索、不断创新，最终一定能够把我国的杏树带建设成知识密集，效益显著的产业带，实现改善生态环境与发展经济的双赢目标。

注：原文于2007年7月4～7日，在赤峰召开“三北杏树产业带建设成就座谈会”上征求意见，2008年5月，发表于作者主编的《李杏资源研究与利用进展（五）》上，本文有删节。

70 第十一次全国李杏学术交流会纪要

1 会议组织与参会人员

2008年10月19日至24日，第十一次全国李杏资源研究与利用学术交流会在四川省成都市四川国光松尔科技园区隆重召开。会议由中国园艺学会李杏分会主办，四川省园艺学会、四川省农业厅、四川省农科院园艺所、西南农业大学协办，四川国光农化有限公司承办。

来自黑、吉、辽、京、冀、鲁、晋、陕、宁、新、豫、苏、浙、闽、鄂、粤、桂、滇、川、渝等20个省（市、自治区）的140余名代表参加了会议。农业部原果树顾问汪景彦、马宝锟，著名果树专家郗荣庭和中国园艺学会梨、桃、草莓、干果、小浆果、枇杷等分会的理事长或秘书长也应邀出席了会议。张加延理事长在会上致开幕词，陈锦屏副理事长宣读了农业部原常务副部长、中国园艺学会名誉理事长相重扬的贺信。辽宁省农科院孙占祥副院长出席了开幕式并讲话，农业部种植业司原副司长、四川省农业厅涂建华副厅长、国光农化有限公司颜昌绪董事长先后致欢迎辞。

2 会议交流情况

本次会议学术气氛浓郁，有18位代表踊跃发言。张加延理事长首先做了《杏树抗旱抗霜冻栽培十项新技术述评》的报告，总结归纳出选用晚花抗霜冻品种、用土壤调节剂改良果园土壤、正确使用植物生长调节剂、节水深层渗灌等十项杏树抗旱抗霜冻丰产栽培新技术，旨在解决杏树栽培中存在的关键技术问题，提高我国杏树种植者的经济效益。四川省农业厅经作处原处长、四川省园艺学会副会长罗楠介绍了四川杏李生产现状和发展方向，河北农业大学园林与旅游学院杨建民院长介绍了杏花期霜冻害及防治研究进展，四川大邑县果梅研究所吴襄宁所长与国光农化有限公司技术部主任邹涛共同介绍了使用“防落素”可使果梅增产50%、并品质优良的试验报告，中国农科院郑州果树研究所王力荣研究员介绍了国家果树种质资源圃30年工作成就及与发达国家的差距和发展建议，浙江大学贾惠娟副教授研究揭示了‘槜李’低产的原因并研制出相应的丰产栽培技术，华南农业大学何业华教授从著名的‘三华李’中选育出‘华蜜’和‘白脆’两个优新品种，山西省果树研究所陈秋芳同志和河北省石家庄果树研究所赵习平研究员分别介绍了新近选育的杏、李新品种，沈阳农业大学刘明国院长介绍了山杏资源的多样性和晚花抗霜冻优异资源，陕西师范大学陈锦屏教授讲解了杏仁的营

2008年10月，第十一次全国李杏资源研究与利用学术交流会议全体与会专家们与企业家合影

养成分与健康食疗，河南省三门峡市仁用杏协会赵佳副秘书长介绍了协会工作经验等等。专家、学者与企业家们从不同的领域和角度做了精彩的学术报告，所有报告都图文并茂、观点明确、论据翔实、科学新颖、引人入胜、实用性强。会议还就贯彻我国沙产业发展的“多采光，少用水，新技术，高效益”技术路线，制定了相关的技术措施。大会出版了载文89篇59万字的《李杏资源研究与利用进展（五）》论文集。四川国光农化有限公司还提供了《农化产品应用文献汇编》和《今日国光》等技术资料。

会议期间，代表们参观了四川国光农化有限公司的松尔科技园区和平泉生产基地，在国光企业文化陈列馆和新产品展览馆了解到公司是一个以研发并生产植物生长调节剂和功能肥为主的高新技术企业，现有获国家AA级优质农资产品证书的氨基酸螯合剂——“稀施美”多功能系列高效叶面肥等70余种产品，获得200余个注册商标和70多个农业部的登记证书，其中“稀施美”功能肥、“防落素”、“裂果必治”、“国光萘乙酸”、“优丰”等多种产品在果树生产中应用效果显著。通过参观，代表们对国光农化有限公司的经营理念和产品质量有了认识，增进了相互之间的友谊，奠定了今后合作的基础。

会上山西百利士生物科学技术有限公司展示了以杏仁油为基础油的“灵芝按摩油”、“苍耳油”和“野生杏仁精油”等新产品，理事长介绍了辽宁阜新振隆土特产品有限公司首创用仁用杏果肉酿造的内供“冰杏酒”，品评了新疆和硕县选送的欧洲李蜜饯和四川地震灾区茂县选送的‘脆红李’等，为李杏产业发展开辟了新的途径。

3 会议取得圆满成功及其他决定

本次会议的圆满召开，得到了四川国光农化有限公司的大力支持，加强了学会与企业之间的信息交流与技术合作，将有力促进我国果业和农化产业的发展。会议中还吸纳了5名新会员，其中有四川、云南、广东和江苏各增补一名果梅方面的理事，为分会组织增添了新鲜血液。挂靠单位辽宁省果树科学研究所张秉宇所长在闭幕式上做了“继续支持学会工作，团结全国专家和企业家促进我国李杏和果梅资源的深入研究与利用，加速科技成果转化”的讲话。会上中国园艺学会李杏分会向四川国光农化有限公司赠送了写有“团结协作、共谋发展、为民造福、为国争光”的锦旗。

最后会议代表们应宁夏林业局经济林中心赵世华主任的盛情邀请，同意2009年全国李杏会议在宁夏举行。

71 促进我国果业发展暨调节剂与功能肥应用第二次高层联谊会议纪要

2009年5月18～24日，中国农学会葡萄分会会长修德仁研究员，中国园艺学会李杏分会会长张加延研究员、柿子分会会长王仁梓研究员、猕猴桃分会秘书长姜正旺研究员和全国著名果树专家刘志坚、王际轩、唐志鹏、赖澄清、莫丽红等，以及我国果树和中国瓜菜科技期刊的主编或副主编陈新平、赵进春、张静茹、李兴超、徐乐菌等，会同成都与四川国光农化有限公司的颜昌绪董事长、颜亚奇总经理等共30余人召开了“促进我国果业发展暨生长调节剂与功能肥应用第二次高层联谊会议”，会议由张加延和颜昌绪主持。

会议中，代表们参观了四川国光农化有限公司的企业文化与产品展览、功能肥料和调节剂生产车间、田间应用试验园区等，大家在轻松愉快的气氛中进行了座谈。

到会人员对该企业由小到大25年的艰苦创业历程表示钦佩，对树立“做百年、做祥和、产品等于人品”等企业文化表示赞赏，对企业获得农业部证书之多，产品质量之精良表示惊叹和信服，对该企业能够获得中国驰名商标，企业领导人颜亚奇总经理能够作为我国企业家代表团成员跟随胡锦涛主席出访美国和南美洲感到骄傲和自豪，确有相见相识恨晚的感觉。

大家就在果树生产中如何正确的应用植物生长调节剂和功能肥等展开了热烈的讨论，在充分了解植物生长调节剂的来源、作用和对人体安全的基础上，进一步研讨了近年在果树生产中应用的经验教训和成功的范例，最后一致认为：植物生长调节剂来自于植物本身，其用量甚微但作用极大，正确使用能显著地增强果树的抗逆性并改善生长与结果的关系，明显提高产量和改善果实的外观，提高果品的商品性和市场价位，并保证食用安全。但是要保持果品的风味和提高品质则要正确使用功能肥。使用功能肥是弥补用生长调节剂增产后品质欠佳的配套措施。国光农化有限公司生产的依尔·稀施美功能肥，是获得国家AA级绿色食品生产资料证书的新型肥料，因此是安全的。它是采用国际最先进的熔融油冷喷浆螯合造粒技术生产的，是由氨基酸、EDTA、腐植酸等有机分子螯合了铜、铁、锰、锌、钼、钙、镁等7种微量元素，同时螯合了17种稀土族稀有元素形成的有机态复合肥料，又特别添加了国光GG功能剂（高活性物质），它不同于我们常见的N、P、K三元复合（混）肥，其特点是果树生长结果所需要的营养元素齐全，与果树、蔬菜和各种农作物亲和性强，吸收率高，见效快。在果树上应用能够增加果实的风味和含糖量，促进着色，提早成熟，显著提高品质和市场价位；同时能克服果树的小叶病、黄叶病等各种缺素症，提高树体的抗病、抗旱、抗寒性，因其功能多而被称之为功能肥。这在我国农化肥料中是颇具前瞻性的新型肥料。国光生产的功能肥从形状看有颗粒状、棒状和球状的；从用法上看有土施、叶面喷施、冲施和吊袋注干的；从肥效上看有速效、缓效和迟效的。因此可供各种果树、蔬菜和农作物因地制宜地选用。据介绍现已在南方果树香蕉生产中大面积应用，在粮食、棉花、地瓜、土豆等作物生产中，在园林绿化和高尔夫球场建设等方面也已广泛应用，受到用户的欢迎和好评。同时国光生产的生长调节剂和功能肥还大量销往美国、欧盟、日本、加拿大、韩国、巴基斯坦、印度、新西兰、越南、泰国、缅甸等地区和国家，在国际农化市场上，该企业被誉为中国西南地区一个有特色的、专而强的“小巨人”，为国家争了光。

与会人员在示范园区看到了市场青睐的顶花带刺的黄瓜；看到了在吊针注射下硕果累累的核桃树；看到了使用国光矮丰后根系特别发达粗壮抗倒伏的玉米；看到了显著丰产的番茄、苦瓜和茄子等。大家深信，正确使用国光农化有限公司生产的调节剂和功能肥能够显著的提高产量和品质。为了让更多的果树生产者了解和使用国光产品，与会的各分会领导都决定在近期将组织本分会的专家和生产大户到国光来参观学习，促进我国果业的健康发展。

散会前，正在成都召开年会的中国园艺学会南瓜分会会长刘宜生研究员和蔬菜专家崔崇士、严饮平、杨红波等人也闻讯赶来，他们参观了国光的企业文化和产品，受益匪浅。

通过本次会议，与会代表与国光农化有限公司的领导和员工们结下了深厚的友谊，今后的联系与合作将更加密切。这种在学会“桥梁与纽带”作用下跨学科、跨行业的结合，必将为我国果业和农化产业的发展带来辉煌的共赢。

注：园艺专家与农化企业家联手将促进我国园艺产业的发展。

截止2011年10月，先后有中国农学会葡萄分会，中国园艺学会李杏分会、桃分会、柿子分会、干果分会等近千余名专家到四川国光农化有限公司办会并参观了企业的生产流程和产品，园艺专家们增长了应用农化产品的科学知识，有助于提高园艺产品的产量和质量，企业产品的销售量也将提高，园艺生产者和农化企业家紧密联手，不仅惠及双方，更重要的是能够进一步促进我国农业生产的发展。

2009年5月，第二次高层联谊会议全体合影

AA级稀施美优质高产抗病剂

国光农化公司总经理颜亚奇

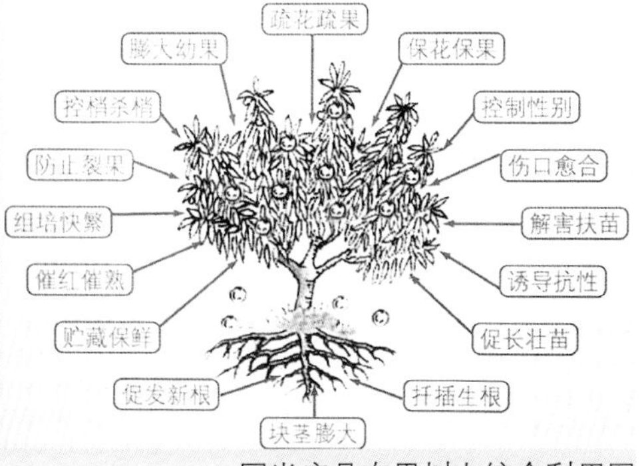

国光产品在果树上综合利用图

72 全国李杏抗旱防霜技术交流会议纪要

1 本次会议的目的与组织

随着全球气候不可逆转的持续变暖，干旱和晚霜已成为制约我国“三北”地区杏、李等多种果业经济效益的最大障碍因子。为了解决这个难题，努力提高“三北”杏树产业带的经济效益，巩固这一产业带的建设成果，应宁夏回族自治区林业局赵世华主任的盛情邀请，2009年6月23日至28日由中国园艺学会李杏分会主办，宁夏回族自治区林业局经济林中心和宁夏森林旅行社会议接待服务中心承办，宁夏林业产业办公室，宁夏经济林协会，宁夏高级专家联合会，宁夏固原、中卫、中宁、永宁、彭阳等市县林业局协办，在宁夏召开了“全国杏树抗旱防霜高效栽培技术及加工利用考察与研讨会议”。与会代表分别来自全国18个省（市、自治区）的20个国家和省级科研单位、15个农林高等院校、25个主产市县、5个相关企业及新闻媒体等单位的专家、教授、生产领导者、企业家、记者等，共210余人。

原中国科协副主席、中国沙产业基金会主任刘恕教授，原中国农科院副院长、研究生院院长王汝谦研究员，原宁夏回族自治区林业厅兰泽松厅长，辽宁省农科院副院长袁兴福研究员，宁夏回族自治区林业局李月祥副局长，辽宁省果树科学研究所张秉宇所长，原辽宁省阜新市敖秉义副市长等出席了会议，并作了重要讲话。会议由中国园艺学会理事长张加延，副理事长陈锦屏、刘威生、杨建民、何跃、杨承时和秘书长于德林等分别主持。

2 会议进行情况

会议采取先考察后研讨的形式进行。与会代表用两天的时间，由北向南再向北先后长途考察了永宁县宁夏建成农林开发有限公司的三沙园百栋设施果树生产基地、中宁县万亩枸杞观光园区、中卫市万亩压沙瓜枣间作基地、沙坡头包兰铁路治沙护路成果展览馆、中科院治沙所沙生植物种质圃、彭阳县阳洼流域杏树抗旱栽培示范基地、彭阳县阳洼仁用杏优质高效栽培示范园、彭阳县长城塬杏树壁霜栽培示范基地等。代表们还参观了六盘山国家森林保护区的红军长征纪念馆、贺兰山下的西夏王陵与西部影视城等地。

考察与参观之后，代表们在固原市进行了一整天的热烈研讨与交流，先后有唐慧锋、陈学森、赵桂玲、李彦慧、高连祥、何跃、薛晓敏、魏安智、戴桂林、秦嗣军、张全科、刘刚、赵兴宝、王保明、马心坦、房经贵、费显伟、陈锦屏、李

2009年7月，宁夏会议全体代表合影

世明、杜锡莹等20名专家和企业家做了精彩的学术报告。分别阐明了：新选育的抗霜冻的杏、李新品种及优异的山杏种质资源、杏树的抗旱机理与国内外先进的抗旱节水栽培技术、科学预报晚霜和防冻减灾的实用仪器设备与使用技术、设施果树高产高效栽培技术、李杏主要病虫害防治技术、植物生长调节剂与保水蓄肥改土剂在果树生产中的应用、杏李枣等鲜果的干制与精深加工的设施与工艺以及获得的高额附加值等。

3 会议的收获

通过本次会议，代表们学到了宁夏回族自治区人民创造的抗旱、避霜发展果业的实用先进技术与经验；知道了抗霜冻的仁用杏新品种（围选1号）和山杏的优良品系，明确了可作为主栽的李新品种（秋香李）；学到了如何准确预报和有效防治晚霜冻害的方法与技术；学到了如何正确地使用植物生长调节剂和保水剂，增强杏树自身的抗逆性；了解到如何将初级杏产品干制保存并加工成高档畅销商品的途径与方法。与会代表们增强了提高"三北"杏树产业带经济效益的信心和技能，学到了"真经"！

会议中专家们还针对彭阳县杏产业的发展提出了有益的意见和建议。在本次会议中，我分会又接纳了12名新会员，增补了2名常务理事和1名理事，加强了组织建设。同时对本届拟表彰的优秀会员和先进团体的突出贡献进行了宣讲和投票表决，也为拟在今年9月于辽宁熊岳召开的换届选举会议和农业部李杏专家体系的建设做了铺垫、打了招呼。

参会代表们一致认为：本次会议抓住了当前生产中的关键问题，主题明确，典型考察和学术交流结合紧密，时间安排紧凑有序，会议内容针对性、实用性和可操作性强。大家一致表示要将学到的新技术和新经验带回去，加以推广应用，用高新技术和新品种来提高我国"三北"杏树产业带的管理水平和经济效益，努力打造我国北方以杏树为主的生态经济林长城。会议达到了预期目的，取得了圆满成功。

最后，全体代表们对宁夏人民盛情款待和周到的服务表示感谢！

中国园艺学会李杏分会

二OO九年七月六日

73 在中国园艺学会李杏分会第二届期满换届选举筹备会议上的讲话

尊敬的陶承光院长、尊敬的各位理事：

大家上午好！

在这数九隆冬、天寒地冻并且是虎年伊始工作十分繁忙之际，大家能够响应分会的召唤来到沈阳参加这次分会的换届筹备会议，这说明各位理事的组织观念很强，关注我分会的组织建设与持续发展，对此我代表本届理事会对各位与会同志表示由衷的感谢和敬意！

我们今天召开这次常务理事扩大的换届筹备会议其主要任务是：第一，推选第三届理事会的候选人。第二，对换届会议及“十二五”期间的重大活动内容进行审议，希望各位理事积极建言献策。

回顾我分会包括其前身全国李杏协作组从1983年成立以来，我们合作共事已经走过了27个春秋，在这27年中，我继邱毓斌所长和萧韵琴所长之后，作为本团体最高领导人已经长达17年之久，其间我们大家志同道合、团结一致、艰苦奋斗，共同完成了全国李杏种质资源考察与收集的艰巨任务，建成了被誉为“世界之最”的

2006年7月，陶承光院长在彰武县章古台镇仁用杏生产现场研讨产业如何发展（何跃 提供）

2007年7月分会秘书长于德林（右3）在赤峰主持“三北杏树产业”建设成就座谈会议

国家果树种质熊岳李杏圃，出版了《中国果树志》李、杏两卷科技专著和五部《李杏资源研究与利用》论文集，挖掘并发现了许多新种和新变种，选育出许多抗逆性强且适宜商业性开发的新品种，提出了宏伟的建设我国“三北”杏树产业带的倡议和建议，建起了一些规模种植的试验示范基地，办起了一批相关的精深加工企业，引导着新产品进入国内外市场，使我国李、杏和果梅的种质资源优势与产业得到了长足的发挥与发展，为国家为人民做出了可喜的贡献。在这27年中我尽职尽责、尽心尽力，努力为事业和会员们多做一些事情，也得到了广大会员的巨大支持和帮助，同时也得到了挂靠单位与辽宁省农科院的有力支持。最庆幸的是，我始终得到了一批志同道合、患难与共、忘年之交的好兄弟、好姐妹的帮助，在此对多年来给予我鼎力相助的领导和理事们表示深深的感谢和崇高的敬意。

如果说在这27年的前半阶段，我们的主要任务是摸清家底，收集整理和贮备种质资源，挖掘、筛选、推广农家（地方）良种，探索开发利用的途径等基础性工作。此时我正处于精力旺盛的壮年时期，可以与大家共同爬山涉水四处奔走。那么进入这27年的后半阶段，我们的主要任务则转变为产业化大规模开发之前的准备阶段，即科学调研、试点、论证、宣传与倡导；同时选育优良品种，研究高效栽培新技术，探索提高产品附加值的途径，试探国内外高端市场。在这一阶段我虽步入老年，但尚能与大家共同奋斗。可是，在即将到来的“十二五”期间，农业部和国家林业局都把李、杏和果梅纳入了国家产业化发展的重点，将得到国家的大力支持。换句话说，我们提出的建设‘三北’杏树产业带的建议和倡议得到了国家的采纳。与此同时，我们在南疆筛选出适宜制浆与制无糖杏脯的‘赛买提’杏良种；在北疆挖掘出适宜制干的良种‘吊树干’杏；在河北省围场县选育出花期能耐-6℃低温且自花结实率高达19%、单仁平均重达0.93g的仁用杏良种‘围选一号’；在辽宁省选育出自花结实、品质优良、极晚熟、较耐贮运的李良种‘秋香李’；在浙江省我们发现了大果型、完全花率高达100%、适应性极广的‘仙居杏’新种；在广东省我们发现了休眠需冷量仅为28小时的极值资源‘早食李’；在黑龙江省的龙江县也培育出冬季可抗-40℃低温的甜仁仁用杏新品系，在辽宁省喀左县我们又发现了完全花率高达100%、抗晚霜的甜仁山杏资源；在山西和宁夏我们也展示了抗旱、抗霜冻的实用栽培新技术等等。这些都为“十二五” 产业化大规模发展奠定了坚实的基础。

现在东风来了，我们也做好了充分的准备，可是在这大好形势与机遇到来之际，我在分会本届的任期已满，并且步入了古稀之年，体力和精力大不如从前，深知难以承担如此重任。本着对事业和全体会员负责的态度，我诚恳地及早向挂靠单位和其上级乃至分会的领导层提出了不再担任理事长的请求，并在宁夏会议上向全体理事们表明了这一态度。辞职请求提出后得到挂靠单位及其上级的高度重视，也得到理事会领导层和理事们的重视与关心，挂靠单位和辽宁省农业科学院领导多次召开会议，并派出所长与分会有关领导协商，经过半年多的研究与沟通，最后征求了中国园艺学会理事长方智远院士及分会顾问相重扬老部长等人乃至部分副理事长和常务理事们的意见，提出了由辽宁省农科院院长陶承光研究员作为第三届理事长候选人，在稳定的大前提下，适当调整理事会候选人员组成的草案。希望能同多数与会者达成共识，拥护这一方案，奠定换届选举的基础。

我认为陶院长如果能够出任我分会第三届理事长，应该是我分会的最佳人选，这是我们在宁夏会议之前不敢奢望的，他有许多优点和长处是值得我们学习的，并且恰恰是我分会下一发展阶段所需要的。首先陶院长他专业对口，还特别热心学会工作。他是1982年沈阳农业大学园艺专业毕业的，现在是果树学博导，又是中国园艺学会的常务理事。他不仅积极参加中国园艺学会的活动，而且还在省农科院设置了学会办公室，抽调精兵强将专职从事学会的组织领导工作，这在全国农科院系统中罕见。第二，他有着卓越的组织领导能力和丰富的创业经历与经验。他曾担任过辽宁省农业厅的副厅长，领导过全省的农业生产，硬是把一个工业大省农业小省推进到全国农业十强省区之内；他曾创办过全国最大的辽宁东亚种子集团公司，并担任首届董事长。第三，陶院长的职务较高眼界宽，在国内外社会交往深厚，可以争取更高层面领导对我分会的关心与支持，能够更快更好地促进我国李、杏、果梅产业化体系的建设与发展，能够促进我分会与国际同行专家的学术交流与科技合作，提高我分会活动的质量、水平、效率和社会影响力。第四，陶院长博学多识，思维超前，善于捕捉当前和长远地发展机遇，而且是言必行、行必果的人。在辽宁省他最先倡导发展我国第三代水果——树莓和蓝莓，仅用3年的时间就建成了我国第一个农业部小浆果重点试验室，并任其室主任，有力地推动了全省小浆果产业的发展和壮大。这种工作效率和创业精神正是我分会持续发展所需要的。第五，陶院长他特别重视科技人才的培养。他对虚心学习、勇于实践的青年科技人员备加关心，能够想方设法地为你创造条件，送你出国深造，招收为其博士生，培养你尽快成才、出成果。我曾亲眼目睹他能在百忙之中花费整整半天的时间，认真听取我所一个课题组的汇报，详细询问每一个细节，乃至每个执行人的工作，最后高瞻远瞩、条理清晰地指出今后主要研究方向和具体实施措施，这在我院历任院长中是极为罕见的。

总之，根据我分会持续发展的需要，根据陶院长的资历、阅历、人品、能力和积极性与责任心，我深信如果他能够出任李杏分会的理事长，一定能比我干得更加有声有色，一定能尽快地带领我们这个团队从学会向协会过渡，承担起更多的国家赋予的社会化职能。因此，我荣幸地推荐他作为下一届理事长候选人，希望能够得到大家的共识、支持和拥护。

最后，预祝本次会议取得圆满成功！谢谢！

张加延

二○一○年一月二十三日

74 中国园艺学会李杏分会第二届优秀会员业绩简介

1 种植业优秀科学家（排名不分先后）

陈学森

陈学森：山东农业大学园艺科学与工程学院教授委员会主任、二级教授、博士生导师。先后任我分会的理事、常务理、副理事长等职务，长期从事杏种质资源和杏杂交育种工作。培育出4个杏新品种，推广面积达10余万亩，均获国家品种权保护并获省科技进步二、三等奖各1项；多次赴天山考察，揭示了普通杏的起源与传播途径；开展杏远缘杂交，获得一批新种质；独创三级放大育种技术获国家发明专利；发表有分量的原创研究论文多篇，培养出一批高质量的博士生。

刘明国

刘明国：沈阳农业大学林学院院长、教授、博士生导师。先后任我分会的理事和常务理事，长期从事山杏资源考察研究工作。他系统地揭示了辽冀蒙地区山杏种质资源的多样性，筛选出晚花、抗霜冻、甜仁、丰产的优异山杏单株，创建我国第一个山杏种质资源圃；获省政府科技进步一等奖和二等奖各1项，获省优秀青年二等奖1项。

贾惠娟

贾惠娟：浙江大学农学院副教授。是我分会早期会员，先后任分会理事和常务理事。早年在宁夏从事杏种质资源调查与良种开发工作，赴日本留学回国后在江浙一带从事李生物学研究，揭示了2500年以来制约我国鲜食李第一良种‘槜李’低产的生理生态原因，研究出实用的丰产栽培新技术，提高‘槜李’结果率的方法获国家发明专利，科技成果待报科技进步奖。

何业华

何业华：华南农业大学生物技术研究所教授、博士生导师、所长，我分会的常务理事。鉴定筛选出需冷量仅为30h的短低温休眠极值李种质资源；选育出品质优于‘三华李’的‘华蜜’和‘白脆’两个李的新品种；同时修正了我国李生产区划南界的生态地理指标。

何 跃

何 跃： 辽宁省风沙地改良利用研究所所长、研究员，我分会的创始人之一，任分会副理事长。参加了全国李杏种质资源考察和建设国家李杏圃及资源鉴定等工作，在阜新市仁用杏生产开发中贡献突出，选育出品质极优综合性状国内领先的‘秋香’李新品种；研制出活性炭160型活化新炉型，获国家实用新型专利；发现用山杏花粉给仁用杏授粉亲和力极高，首创仁用杏大面积人工授粉丰产的成功范例，获省科技进步等奖多项。

杨建民

杨建民： 河北农业大学园林与旅游学院院长、教授，博士，先后任分会副秘书长和副理事长。发现二种杏花致冻的冰核细菌，筛选鉴定出抗霜冻的仁用杏优良品种及抗霜冻的植物生长调节剂新配方，研究出‘大石早生’李设施丰产高效栽培新技术，带动易县、满城、高邑三县农民致富。发表论文出版著作多（篇）部，获省科技进步二等奖1项，三等奖2项。

吕德国

吕德国： 沈阳农业大学园艺学院副院长、教授、博士生导师、我分会的常务理事。首创设施杏限根集成栽培新技术，创设施杏三年生亩产3 572kg，四年生4 723kg，亩效益达6.7万元/年的全国最高产高效记录，并积极推广。获省农委科技贡献一等奖。

牟蕴慧

牟蕴慧： 黑龙江省农科院园艺分院研究员，我分会常务理事。长期从事寒地李新品种选育工作，近年选育出‘龙园黄杏’、‘龙园桃李’两个李杏远缘杂交新品种；早年选育的‘龙园秋李’已经推广北方14省（市、自治区），经济效益显著，获省政府科技进步二等奖1项。

张全科

张全科： 宁夏林业勘察设计院院长、研究员，我分会常务理事。在宁夏彭阳县山区创造88542隔坡反坡整地节水仁用杏栽培技术，秋季栽树不浇水成活率达85%以上，使杏园土壤含水量增加9.1%，遇大雨水土不下山，保持了水土，推广面积达1.87万hm^2。获自治区科技进步三等奖1项。

李　锋

李　锋：吉林省农业科学院果树所研究员，我分会创始人之一，任分会副秘书长、常务理事。曾参加全国李杏种质资源考察收集和建圃等工作，一直从事李杏种质资源考察与新品种选育工作，先后选育出‘长李15号’、‘彩叶李’等8个新品种；培育出李杏杂种实生苗近万株；获省科技进步一等奖2项，三等奖1项，长春市一等奖1项，发表论文30余篇。

郭忠仁

郭忠仁：中国科学院南京植物所副所长、研究员，先后任我分会的常务理事、副理事长。是全国李杏种质资源考察与收集小组成员之一，收集我国南方13个省（市、自治区）的李种质资源110余份，在南京建立我国南方李种质资源圃；获国家和省科技进步一、二、三等奖共6项。发表论文40余篇，著作8部，推广良种20多万株，效益显著。是江苏省“333”高层次人才培养工程培养对象。

张静茹

张静茹：中国农业科学院果树研究所研究员，我分会的常务理事。一直从事李资源研究工作，完成了《国家李DUS测试技术标准》、《李苗木标准》等的制定工作，发表论文30余篇，出版著作6部，主编《果树实用技术与信息》杂志，多次深入四川汶川地震灾区讲授李良种与丰产栽培技术。

费显伟

费显伟：辽宁省农业职业技术学院教授。我分会常务理事。在果树病虫害防治方面获9项国内领先成果，其中获省政府科技进步三等奖、省教委科技进步二等奖、省农业厅科技进步二等奖各1项，出版果树病虫害防治教材4部，李细菌性穿孔病研究有创新，获省教学名师奖。

2 加工业优秀科学家

王保明

王保明： 山西省农业科学院园艺研究所研究员，我分会的常务理事。大力推广本省仁用杏生产，与企业合作研制并生产出杏仁油系列产品与高级化妆品及保健油等新产品，研制出便携式防霜报警器，解决了准确预报霜冻害的难题，报警器与杏仁油深加工技术，获国家实用新型专利2项。

陈锦屏

陈锦屏： 陕西师范大学食品工程学院教授、博士生导师，我分会副理事长。研制出并在多省（区）大力推广实用的果品烘干炉；研制出李汁与杏仁的复合蛋白新饮料的加工工艺、杏仁与红枣复合高V_C高蛋白双高保健饮料工艺，获国家发明专利3项；多次承办本分会的活动。

郭意茹：（女），天津农科院果树所研究员，我分会理事。研制出李子酒，获国际布鲁塞尔银奖，研制出香杏酒，连获两届全国优质酒，创办我国第一个李杏专业酒厂，获天津市科技进步二等奖1项，三等奖2项，申请发明专利5项。

3 优秀企业家和营销家

颜昌绪

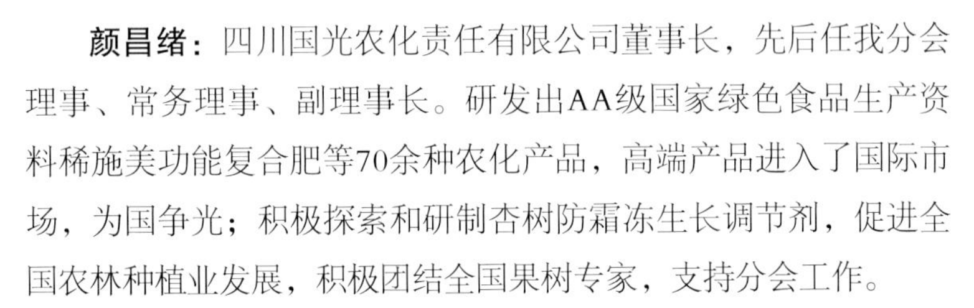

颜昌绪： 四川国光农化责任有限公司董事长，先后任我分会理事、常务理事、副理事长。研发出AA级国家绿色食品生产资料稀施美功能复合肥等70余种农化产品，高端产品进入了国际市场，为国争光；积极探索和研制杏树防霜冻生长调节剂，促进全国农林种植业发展，积极团结全国果树专家，支持分会工作。

张宝军

张宝军： 宁夏建成建材责任有限公司董事长，我分会常务理事。全国首个民营工业反哺果业的优秀企业家，吸纳众多全国知名果树专家，应用高科技创建万亩阳光沙产果业研发中心，促早设施杏能在2～3月上市，以百栋高标准大棚果业带动宁夏设施园艺产业发展和永宁县胜利乡新农村建设。

4 优秀农民

杜锡莹

杜锡莹： 农民育种家、科技企业家，民办西安市杏果研究所任所长，我分会理事。培育出‘丰园红’和‘丰园77号’两个早熟杏新品种，通过省级审定并获品种保护；带动西安市杏产业发展，为农民提供种苗和技术培训。获科技部星火科技先进工作者、陕西省农村优秀实用人才、农业部全国科普惠农兴村带头人等荣誉称号。

5 优秀生产领导者

马心坦

马心坦：新疆和硕县政协主席，我分会常务理事。通过调研和考察，坚信2006年秋季和硕县‘理查德早生’李大面积冻害是偶然现象，顶住撤项毁园的压力，坚持继续发展，终于在戈壁滩上创建了我国首个万亩欧洲李生产和加工基地，成为该县支柱产业，开辟了该县农民致富的新产业。

敖秉义

敖秉义：辽宁省阜新市人民政府主管农业的副市长，我分会常务理事。20多年来，始终把仁用杏作为该市防风治沙和改善生态环境与农民致富的主要经济林树种，发展规模达40余万亩，多种深加工产品进入国内外市场，安置了大量因煤炭资源枯竭下岗职工，使之成为该市的支柱产业。退居二线后仍然继续抓仁用杏高标准示范园建设并关注杏仁加工企业，使仁用杏产业在该市得以巩固并发展壮大，受到省和国家领导的重视与高度评价。

75 在中国园艺学会李杏分会第三届会员代表大会换届后的致词

各位会员代表和同志们：

首先让我们对本次分会换届选举取得圆满成功，表示热烈的祝贺！

众所周知，李杏分会的宗旨是：团结全国从事李杏科研、教学、生产、贮藏、加工、营销等相关工作的人士，促进我国李、杏、果梅产业又好又快发展。也就是说要团结起来共同发掘原产于我国的李、杏、果梅种质资源，建设一个李、杏和果梅产业的强国。

经过多年的研究，我们特别看中的是杏属果树的抗逆性、营养价值和加工增值的潜力，更看重的是杏树与我国基本国情的相关关系。我国的基本国情是：人口多耕地少，我们只能用占世界7%的耕地养活占世界22%的人口，即在仅占我国土地面积10%的18亿亩耕地红线上，艰难地维持食物安全。因此，我们常想如何能突破耕地的限制，科学地去向非耕地索取食物，索取经济效益，索取较为宽敞的生存环境……1984年5月，钱学森院士在中国农科院高瞻远瞩地指出：要在占我国国土面积45.58%的荒漠化土地上，开展第六次产业革命，运用知识密集型的综合尖端农业工程技术，大搞阳光沙产业，即农工贸一体化的大农业生产。就果树产业而言：在众多的栽培果树树种中，我们认为杏树最抗干旱、最抗寒冷、也最耐瘠薄，且杏树自古就是我国“三北”荒漠地区的乡土和当家树种，久享“木本粮油、铁杆庄稼”之美誉。杏的果实除可鲜食外又最适宜深加工，加工制品的高额附加值和巨大的国内外市场，又充满着无限的商机，大力发展杏产业可以获得持续增长的经济、生态和社会三大效益，能够极大地缓解我国粮油短缺的根本问题。因此，唯有杏树堪此大用，这是时代赋予我分会的崇高事业。为此，我们艰苦创业近40余年，使杏树从山野和农家宅院里走了出来，形成了如今的大规模、集约化连片种植基地，为加工业提供了较为充足的原料，杏浆、杏脯、杏酒、杏仁露、杏仁油、高档化妆品、活性炭等加工制品也先后进入了国内外市场……万里长征我们着实地迈出了坚实的第一步。

实践证明，我们的宗旨和努力是完全正确的，其发展前景和意义是重大的。但我们也深知“三北”杏树产业带的建设绝非一朝一夕就能完成，需要依靠多学科的联合攻关，需要先进科学技术的不断支撑，需要国家和民间财力的大力支持，更需要有几代人坚持不懈的努力奋斗！

今天我和陈锦屏、杨承时同志从分会的领导岗位上退了下来，但我们希望我们

2010年7月6日，中国园艺学会李杏分会第二届换届会员代表合影

这个团队能够紧密地团结在以陶承光理事长为核心的第三届理事会周围，坚定我们的方向和意志，广泛团结社会各界有关人士和力量，继续为我国李、杏和果梅产业的发展，为“三北”地区经济与生态环境的建设做出新的、更大的贡献！把李杏分会办成百年兴旺的学会！

祝新一届理事会工作顺利、业绩更加辉煌！

谢谢！

二〇一〇年七月三日

我的前半生

我的父亲张望是广东省大埔县南山乡人，1916年出生于一个张氏大家族中。听父亲讲祖辈六叔公张振勋（字弼士，号张裕）是南洋爱国华侨巨商，清末曾任驻法国外交官，1890年在山东烟台创办张裕葡萄酒公司，辛亥革命前他慷慨资助南洋同盟会30万银元，1912年孙中山曾亲临烟台会见他……。父亲1934年毕业于上海美术专科学校西画系，随即以美术教师为掩护在上海和广东潮州一带从事地下革命工作，是鲁迅先生的及门弟子，他的“负伤的头”等4幅木刻作品被鲁迅收入《木刻纪程》中，1938年与我母亲江秀根（又名江滨）结成革命伴侣。

听母亲说，我是出生在那个战火纷飞的年代，1939年9月13日，我父母从潮州奔赴革命圣地延安途经重庆，在渡嘉陵江时遭遇到日本飞机的狂轰乱炸，母亲在船上受到惊吓提前生下了我，后来就留在八路军驻重庆办事处，1941年在邓颖超和叶剑英等领导的亲切关怀下辗转来到延安，父亲在鲁迅文艺学院美术部任教，母亲在延安抗日军政大学读书工作，我自幼就生活在延安保育院里。

1945年，国民党军队大举进攻延安前夕，我们保育院向东北大后方转移，为躲避敌机轰炸和跨越封锁线，同学们都吃睡在驴驮子里，每头驴一边驮一个小孩，昼伏夜行，走到张家口时，由于敌人切断了由多伦和赤峰通向东北大后方的道路，又调集重兵进攻张家口，保育院被迫紧急化整为零。我被单独寄养在河北省北部一个非常偏僻小山村的农民家中，全村只有10多户人家，两山之间有一条小溪，踩着石头可以通过，溪边有一眼浅井和两棵大核桃树，农宅沿溪两侧零散分布。那家老乡待我非常好，如同他们自己的孩子，他们用土硫黄治好了我身上的疥疮，把仅有的一只鸡下的蛋留给我吃……在这山清水秀的小村子里，我整天与村里儿童们一起爬山、打柴、割草、放羊、爬树掏鸟蛋等，目睹了农民的春种秋收，尝遍了山里的酸枣、山杏、山梨、红枣、核桃等野果，也闻惯了泥土和柴草的芳香。我深深地爱上了那个小山村和那家老乡，山里好吃的野果也在我幼小的心灵中留下了深刻的印象。（1978年我曾借公出之机去张家口市委和档案局查找那家老乡，但因为年龄太小没有记住村名和老乡的姓名，没有找到，但我始终怀念着那个小山村和那家老乡）。

1947年夏，保育院的儿童又重新集中起来，南下绕道去东北，在沿途解放军的接力护送下，通过了敌人层层封锁线，经河北到达山东烟台，乘苏联的轮船避开敌人的海上封锁，于1948年6月底到达大连，7月1日我们合影时共有40名儿童（下图后排右数第六名是我）。在大连休整一段时间后，又从海上绕道安东（今丹东市），再经朝鲜和图门，于10月初才抵达哈尔滨。在哈尔滨与我母亲短暂相见后，就上了东北野战军南岗子弟小学，开始了全日制住校半军事化的集体生活。

1948年11月2日沈阳解放，学校从哈尔滨迁至沈阳，由张闻天、徐特立等老一辈革命家在沈阳创立了东北第一育才完全小学，1949年5月1日正式开学，东北局主席高岗夫人李力群任首届校长（离休前曾任国家教育部基础司司长），老师们都是经过徐特立推荐从全国选调的优秀教师，俄语女教师是苏联人。首批190名学生大多是延安保育院和第四野战军以及从苏联回国的干部或烈士子弟，其中有毛泽东、任弼时、林彪、贺龙、高岗、张闻天等国家领导人和许多开国将军的子

1947年7月1日，东北干部子弟在大连合影，后排（左11）是我

1953年，我在东北育才小学

女，以及金日成的儿子金正日等，我是第一届从一年级到六年级的学生。

由于长年的“行军”生活，我的身体特别虚弱，经常住进学校的卫生所，就连每个星期一师生们排队站在操场上听校长讲话，十几分钟我都坚持不了，常常会晕倒。起初学校的伙食很差，老吃窝窝头、高粱米，后来在乌兰夫的帮助下学校建立了奶牛场，同学们才喝上了牛奶。1950年朝鲜战争爆发，美国轰炸机经常空袭沈阳，还非人道地投下许多细菌弹，老师和阿姨们就及时给我们每个学生打预防针，因为我的体质太差，学校保育处的孟蕾老师还特别将她的O型血输给我。为躲避敌机轰炸，1950年10月学校被迫迁回哈尔滨，直到1951年3月才迁回沈阳。从小学四年级起我们就自己洗衣服、钉扣子、补袜子，到小学毕业时我都能自己买布买棉花做被子了，父母不在身边一切都要靠自己。

1954年，我考入了辽宁省实验中学，在校期间我特别喜欢植物课，非常崇拜苏联的米丘林，曾是班级的植物课代表，课余时间经常在校园里莳弄花草树木，或在学校的实习农场种瓜种菜。这时我开始了体育锻炼，踢足球、跳高、400m接力赛和游泳等体育活动都积极参加。1955年暑假期间，我到广州探望母亲时，在华南农垦局的几个农场里，我看到了许多奇妙的热带果树，有香蕉、菠萝、荔枝、番石榴、番木瓜、椰子、木波罗等等，野外到处都有会动的含羞草和好看的热带鱼，对此我产生了浓厚的兴趣，便非常想到这些农场去当一名园林工人。

1956年初中毕业（16岁），我就不想念高中非要南下去当园林工人，但遭到了父母的坚决阻止和强烈反对。后来在辽宁省农业厅金肇野厅长的推荐下，我考入了辽宁省熊岳农业专科学校，从中专到大专学习了6年的果树专业。期间正赶上“大跃进”的时代潮流和三年自然灾害及苏联逼债的国家最困难时期，学校的生活和学习环境也特别艰苦：教室和宿舍都是平房，一个大宿舍住30多人，没有暖气，屋中间设一个砖砌的炉子和火墙，南北大板铺，每人只有不足1m宽的位置，冬天睡觉时要把棉衣和棉裤全压在被子上，甚至还要带上棉帽子。宿舍里没有自来水，用水得去室外从手压井取水担回来，厕所也在室外。学校有电灯但经常没有电，每个同学不得不都自制一个小油灯。大食堂里吃饭没有凳子，我们吃的主食是限量的、用“增量法”做的高粱米饭、玉米面和柞树叶粉做的窝窝头或发糕、玉米芯稀粥和地瓜等粗粮，副食是学校自产的“爪菜代”和小球藻汤。为了改善生活我曾组织同学们在教室门外养了十几只兔子，同学们用树叶和杂草喂养，过年时请厨房宰杀，大家吃了一顿兔肉饺子。

为了取暖和吃饱肚子，初冬我们还要利用课余时间去十几里外的水峪山上，从山顶往山下溜冰放大柴和采集柞树叶，然后背回学校，大柴用于教室和宿舍取暖，柞树叶学校过秤验收后按数量给同学发可在学校食堂用的“粮票”。为了勤工俭学，学校还组织了西农场（原日本人修建的飞机场）深翻（1米）改土，到九寨和许家屯火车站修建复线铁路路基等全校劳动大会战，一干就是一个来月，我班在全校劳动成绩最好，经常受到表扬。1958年冬，为了庆祝建国十周年，我们刨冻土挖大苹果树，带土用火车运到北京，绿化首都至机场的公路……由于劳动强度大和伙食不好，各班级都先后出现了一些吃不了苦的农村同学，偷偷地背着行李离校回家当了“逃兵”。

我们这所学校就建在苹果园里，同学们在课间由老师或工人师傅带领，按农时在果园里参加诸如修建水渠、叠树盘、施肥、开机井灌水、除草、嫁接、整形修剪、防寒涂白、识别病虫害、喷打农药、刮治腐烂病、熬制石灰硫磺合剂、配制波尔多液、采收和分级包装等专业生产技术工作，直至能够熟练掌握。我们亲手挑选包装的苹果每年都用火车运到北京，学校还收到了中央办公厅和毛主席的回信，我们特别高兴。母校理论与生产紧密联系的校风全国闻名，不仅磨炼了意志、强壮了身体，还养成了动手实际操作的习惯，这使我终生受益。

1963年毕业时，我填报志愿是去最艰苦的新疆或服从分配，结果被省公安厅提前选去，分配到了辽宁省盘山新生农场，场领导给我的任务是解决全场一万多人水果自给的问题。这里是辽宁的“南大荒”（苇塘沼泽地），是绕阳河的入海口，地势低洼且盐碱重，不适宜种果树。但我创造了“台田种树、截雨压碱和流水排盐”等改土措施，

1972年，我在辽宁省盘山新生农场研究苹果矮化栽培

又从全国各地采购来许多抗盐碱的果树和砧木，带领60余名农场职工子女组成的青工队和部分家属，冬天我们冒雪进驻大苇塘拔钢草，打成钢草绳代替铁丝拉葡萄架，用芦苇加土覆盖葡萄越冬，大量施用有机肥，精细修剪和防治病虫害……经过13年的艰苦努力，硬是在这465亩涝洼盐碱地上，奇迹般地生产出苹果、梨、葡萄、桃、李、杏、枣和山楂及沙枣等多种水果，年产量达到40余万公斤，全场自食有余，还支援了地方水果公司。因此吸引来了许多参观者，推动了当地及我国沿海地区的果树生产。1974年，辽河油田进驻开发时，在盘锦地区到处打井采油，但对这个果园是特别衷爱，油田指挥部曾下令不准在这个果园里及周边地区打油井。

对此初步的成功我并不满足，我的理想是从事果树科学研究。1976年，我被辽宁省农业厅溪康敏厅长推荐到辽宁省果树科学研究所工作，从此我步入了梦寐以求的果树科研殿堂……

2009年5月1日，是东北育才小学成立60周年校庆之日，有近70多名1951～1956年毕业的老校友集体返校，大家回忆撰写的《永远珍藏的记忆》一书，也由辽宁教育出版社出版。这些六七十岁退休的“老顽童”，经过短暂的排练，竟然熟练地在近万名十几岁小同学面前唱起了我们儿时的歌曲：指挥是国家一级表演艺术家，参加合唱的有国家核能专家、航天专家、军事家、外交家、地理学家、高级工程师、资深教授、主任医师、著名导演、文学作家、企业家、编审、评论家等等。闲谈中得知，这些从延安窑洞里出来的“红小鬼”，从事农业工作的不多，但他们对国家的贡献都比我大……

张加延

二〇一三年五月二十八日

[1] 路得·布尔班克. 如何培育植物为人类服务（第二卷）[M]. 北京：科学出版社，1959，184-193

[2] 中国科学院植物研究所植物化学研究室油脂组. 中国油脂植物手册[M]. 北京：科学出版社，1973

[3] 陕西省果树研究所. 陕西果树志[M]. 西安：陕西人民出版社，1978，213-275、351-369

[4] 俞德浚. 中国果树分类学[M]. 北京：农业出版社，1979，43-62

[5] [美] C. O. 赫西等. 桃、李、杏、樱桃育种进展[M]. 北京：农业出版社，1980，112-175

[6] 孙云蔚. 中国果树史与果树资源[M]. 上海：上海科学技术出版社，1983，3-5、34-36、103-115

[7] 张加延，李体智，傅裕民. 软核杏[J]. 中国果树，1984，1：28-29

[8] 张加延，何跃，李体智. 关于我国李与杏分布南界的考察报告[J]. 辽宁果树，1986（1）：9-11

[9] 俞德浚，李朝銮，陈绍煌. 中国植物志·第三十八卷[M]. 北京：科学出版社，1986，25-40

[10] 中国油脂植物编写委员会. 中国油脂植物[M]. 北京：科学出版社，1987

[11] 张加延，何跃，李体智等. 我国热带—亚热带李的种质资源及地理分布[J]. 山西果树，1988，11-14

[12] 张加延，李体智，李秀杰，何跃. 杏属三新变种[J]. 植物研究，1989，9(3)：65-68

[13] 何跃，张加延，李秀杰，李体智. 李属一新变种[J]. 植物研究，1989，9(3)：71-72

[14] 张加延. 全国李与杏资源考察报告[J]. 中国果树，1990，46(4)：29-34

[15] 内蒙古果树品种及野生资源编辑委员会. 内蒙古果树品种及野生资源[M]. 呼和浩特：内蒙古人民出版社，1990，189-219

[16] 新疆生产建设兵团农业局. 新疆兵团果树品种志[M]. 乌鲁木齐：新疆人民出版社，1990，160-178、202-212

[17] 中国农学会遗传资源学会. 中国作物遗传资源[M]. 北京：中国农业出版社，1994，831-858

[18] 黄凤洪. 花生芝麻加工技术[M]. 北京：金盾出版社，1995，2-5

[19] 胡永红，张启翔，陈俊愉. 真梅与杏梅杂交的研究[J]. 北京林业大学学报，1995，17（1）：149-151

[20] 陈俊愉，张启翔，刘晚霞，等. 梅花抗寒育种及区域试验的研究[J]. 北京林业大学学报，1995，17（增刊）：42−45

[21] 张加延. 提高大石早生李坐果率的技术措施{J}. 北方果树，1995(4)：19转28[10]郗荣庭，张毅萍. 中国果树志・核桃卷[M]. 北京：中国林业出版社，1996，1−2

[22] 山东果树研究所. 山东果树志[M]. 济南：山东科学技术出版社，1996，250−305

[23] 张加延，何跃，李秀杰等. 试论我国杏业的起步与前景[J]. 北方园艺，1997，112 (1)：3−5

[24] 张加延. 我国果品生产的产销矛盾与对策[J]. 科技导报，1997，111（9）：42−45

[25] 张加延，周恩. 中国果树志・李卷[M]，北京：中国林业出版社，1998，3−6，13−32

[26] 刘培埴，张加延. 关于建设“三北杏树带”的建议[J]. 科技导报，1998，118（4）：24−26

[27] 刘培埴，张加延. 关于建设“三北杏树带”的再建议[J]. 科技导报，1999，131（5）：45−49

[28] 张加延. 中国李杏资源及开发利用研究[M]. 北京：中国林业出版社，1999，19−82

[29] 张加延，吕亩南，王志明. 杏属二新种[J]. 植物分类学报，1999，37（1）：105−109

[30] 张加延，孙升. 建设北方梅园的希望[J]. 辽宁农业科学，1999（1）：38−39. 5

[31] 孙升，张加延. 抗寒杂种梅花和“类梅花”品种研究初报[J]. 北京林业大学学报，1999，21（2）：136−138

[32] 邱武凌. 福建果树50年[M]. 福州：福建教育出版社，2000，279−280

[33] 刘振武，李振三. 山东果树[M]. 上海：上海科学技术出版社，2000，677−733

[34] 张加延. 全国李杏种质资源研究与利用的总结报告[A]. /张加延，孙升主编. 李杏资源研究与利用进展[C]，北京：中国林业出版社，2000：1−10

[35] 杨建民. 李优良品种及实用栽培技术[M]. 北京：中国农业出版社，2000，104−113

[36] 郗荣庭，曲宪忠. 河北经济林[M]. 北京：中国林业出版社，2001，297−315

[37] 张加延，孙升，杨承时. 西部大开发应首选既治荒又治穷的杏产业[C]. /中国园艺学会第九届学术年会论文集，中国园艺学会编，北京：中国科学技术出版社，2001，81-84

[38] 赵锋，张加延. 李杏资源研究与利用进展（二）[C]. 北京：中国农业科学技术出版社，2002，7-11

[39] 张加延，张钊. 中国果树志・杏卷[M]. 北京：中国林业出版社，2003，84-90

[40] 张加延，张钊. 中国果树志・杏卷[M]. 北京：中国林业出版社，2003，6-9、17-42

[41] 刘建枢. 试论中国梅花北进的可能性、重要性和紧迫性[J]. 辽宁农业科学，2003（6）:28-29

[42] 张加延，孙升. 类梅花实生选育初报[J]. 北京林业大学学报，2004，26（增刊）：166-167

[43] 张加延，李清泽，杜维春，方金豹. 首次全国李杏良种评选活动述评[J]. 北方果树，2004（2）：34-36

[44] 张加延. 2004年全国优质李杏评选结果与述评[J]. 西南园艺，2004(6)：51-53

[45] 张加延，张有林. 李杏资源研究与利用进展（三）[C]. 北京：中国林业出版社，2004，54-73

[46] 张加延，何跃，李清泽等. 我国杏壳活性炭的产销现状与应用前景[J]. 辽宁农业科学，2005，5：23-25

[47] 刘恕，田裕钊，朱雪芳. 促进沙产业发展基金1994～2004[M]. 北京：中国环境科学出版社，2005，4-20

[48] 张加延，何跃. 我国“三北”杏树带的发展现状[A]. /杨建民、周怀军、张加延. 李杏资源研究与利用（四）[C]，北京：中国农业出版社，2006：18-31

[49] 方嘉禾，常汝镇. 中国作物及其野生近缘植物・经济作物卷[M]. 中国农业出版社，2007，48-226

[50] 田裕钊. 留下阳光[M]. 北京：科学普及出版社，2008，51-65

[51] 张加延，李锋. 论李与杏的育种目标、遗传倾向及特异种质资源[A]. /张加延. 李杏资源研究与利用进展（五）[C]. 北京：中国林业出版社，2008：102-110

[52] 张加延，于德林. 李杏分会近十年科技工作总结[A]. /张加延. 李杏资源研究与利用进展（五）[C]. 北京：中国林业出版社，2008：11-17

[53] 张加延. 我国李、杏产业结构与布局[A]. /张加延. 李杏资源研究与利用进展（五）[C]. 北京：中国林业出版社，2008：18-31

[54] 张加延，何跃. 李新品种‘秋香李’[J]. 园艺学报，2008，35（11）：1712

[55] 张加延，吴相祝，张铁华，张静茹. 杏属植物新种鉴定与开发利用的研究[J]. 园艺学报，2009，36（增刊）：1910

[56] 张加延，吴相祝. 杏属一新种[J]. 植物研究，2009，29(1)：1-2

[57] 韩俊，谢扬，张云华. 我国油料供求现状、前景与对策，国务院发展研究中心信息网，2009. 12

[58] 农业部信息中心. 中国农作物播种面积产量[J]. 世界农业. 2009.（1）：69-70

[59] 农业部信息中心. 中国城乡居民家庭人均食品消费量比较[J]. 世界农业. 2009.（5）：59

[60] 农业部信息中心. 中国大豆供求及价格变化情况[J]. 世界农业. 2009，(7):58-59

[61] 内蒙古沙产业、草产业协会，西安交通大学先进技术研究院编. 钱学森论沙产业草产业林产业[M]. 西安：西安交通大学出版社，2009：39-40、313、322-325、385、441、456、467

[62] 钱七虎. 城市化发展呼唤积极和科学发展利用城市地下空间[J]. 科技导报. 2010，(10):3

[63] 张铁华，张加延，李锋等. 东北类梅花新品种选育[J]. 北京林业大学学报，2010，32（增2），216-217

[64] 张加延. 我国李杏种质资源调查研究的突破性进展[J]. 园艺与种苗，2011（2）7-10

[65] 张加延. 我国李杏种质资源利用和产业开发 [J]. 园艺与种苗，2011（3）1-6

[66] 张加延，张铁华. 学习大师的理论 建设人机两用“油田”[A]. /内蒙古沙产业、草产业协会，西安交通大学先进技术研究院编，学习钱学森第六次产业革命思想论文集[C]. 西安：西安交通大学出版社，2011：256-260

[67] 高琛，胡玉清. 永远珍藏的记忆——我们心中的东北育才[M]. 沈阳：辽宁教育出版社，2009，序1、序2、11-16、255-256